STRUKTUR UND EIGENSCHAFTEN DER MATERIE
IN EINZELDARSTELLUNGEN
BEGRÜNDET VON M. BORN UND J. FRANCK
HERAUSGEGEBEN VON S. FLÜGGE
XXIII

GRUPPENTHEORIE DER EIGENSCHWINGUNGEN VON PUNKTSYSTEMEN

VON

FRANK MATOSSI
ORD. PROFESSOR FÜR PHYSIKALISCHE CHEMIE
AN DER UNIVERSITÄT FREIBURG I. BR.

MIT 25 ABBILDUNGEN

SPRINGER-VERLAG
BERLIN · GÖTTINGEN · HEIDELBERG
1961

ISBN-13: 978-3-642-86919-8 e-ISBN-13: 978-3-642-86918-1

DOI: 10.1007/978-3-642-86918-1

Softcover reprint of the hardcover 1st edition 1961

Clemens Schaefer herzlich zugeeignet

Vorwort

Gruppentheoretische Methoden haben in der Behandlung von Molekülschwingungen mehr und mehr Bedeutung gewonnen. Eine Darstellung, die dem Physiker und Physikochemiker nicht nur die Rezepte gibt, sondern auch die Grundlagen systematisch vermittelt, die für fruchtbare selbständige Anwendung notwendig sind, scheint aber zu fehlen. Das vorliegende Buch versucht diese Lücke nicht nur für den fertigen Forscher, sondern auch für den fortgeschrittenen Studenten auszufüllen. Es vermittelt nicht so sehr Ergebnisse als eine Methode.

Die Gruppentheorie wird als mathematische Hilfsdisziplin behandelt, nicht um ihrer selbst willen. Es ist daher nur das gebracht, was zur Behandlung der Molekülschwingungen notwendig ist, aber auch möglichst alles was dazu gehört. Trotz dieser Beschränkung kann aber auch der allgemeine Physiker wenigstens eine Einführung in die Grundgedanken der Gruppentheorie erhalten, auf der weitergehende Studien für andere Anwendungen aufbauen können. Neben den endlichen Symmetriegruppen sind auch Raum- und Liniengruppen behandelt worden, soweit ihre Berücksichtigung für das Problem von Kristallspektren von Bedeutung erscheint. Empirische Ergebnisse sind dort herangezogen worden, wo es sich um die Abgrenzung der Anwendungsmöglichkeiten handelt.

Die Strenge der mathematischen Behandlung ist nicht zum Äußersten getrieben, doch glaube ich nicht gegen den Geist der Mathematik verstoßen zu haben. Beweise darzustellen ist nicht gescheut worden; zum mindesten wurde alles zu begründen versucht. Manchmal wurde allerdings nur ein Beweis dafür gegeben, daß eine bestimmte Bedingung hinreichend sei, da der Beweis der Notwendigkeit zu viel rein mathematischen Aufwand erfordert hätte. Für die Vermittlung des Verständnisses erscheint dieses Verfahren jedenfalls „hinreichend". In bezug auf die mathematische Grundlegung habe ich dabei das meiste dem bekannten Buch von SPEISER zu verdanken.

Mit dem physikalischen Thema dieses Buches befaßten sich in den letzten Jahren schon andere Darstellungen, insbesondere Bücher von BHAGAVANTAM-VENKATARAYUDU und von WILSON-DECIUS-CROSS. Die Behandlung der Symmetriekoordinaten im zweiten Kapitel schließt, mit Modifikationen, an die Darstellung der erstgenannten Autoren an, die aber weniger tief in die Systematik eindringt, als es hier versucht wurde. Die Wilsonsche Methode der Symmetriekoordinaten brauchte angesichts der ausführlichen Behandlung durch WILSON selbst und seine Mitarbeiter nicht auch hier beschrieben zu werden. Trotzdem ist sie in ihren Grundlagen erwähnt. Ich glaube aber, daß die hier gegebene Behandlungsweise in vielen Fällen einfacher zu handhaben ist.

Freiburg i. Br., Oktober 1960

FRANK MATOSSI

Inhaltsverzeichnis

§ 1. Einleitung

Moleküle können, wenn nicht allgemein, so doch in wenigstens einer Beziehung als endliche Punktsysteme aus Atomen, zwischen denen Kräfte wirken, aufgefaßt werden. Die Schwingungsfrequenzen der Atome im Molekül können nach den Ergebnissen der Quantenmechanik auf klassische Weise berechnet werden, eben als die Schwingungen eines endlichen Punktsystems. Selbst da, wo die klassische Methode an sich nicht mehr ausreicht, wie z. B. bei der Wechselwirkung der Schwingungen mit Rotationen oder bei Intensitätsproblemen, treten die klassisch berechneten Daten, Schwingungsfrequenzen und Amplituden, als Parameter der Theorie auf. Es ist also auch heute noch sinnvoll und berechtigt, die Schwingungen von Punktsystemen als Grundlage von molekülphysikalischen Fragen zu behandeln. Die Frequenzen und Intensitäten der Schwingungen können experimentell durch spektroskopische Untersuchungsmethoden bestimmt werden, insbesondere aus dem ultraroten Spektrum in Absorption oder Reflexion, und aus dem Raman-Effekt.

Weist ein Molekül bestimmte Symmetrien seiner Struktur auf, so findet man, daß die möglichen Schwingungen sich in verschiedene „Typen", auch „Rassen" oder „Arten" genannt, einordnen lassen, je nach dem Verhalten gegenüber den Vertauschungen, die das ruhende Molekül in sich selbst überführen würden, d. h. gegenüber den Symmetrieoperationen, die das ruhende Molekül zuläßt. Diese Einteilung in verschiedene Typen ist insofern von Bedeutung, als experimentelle Kriterien vorhanden sind, die die Zuordnung der spektroskopisch gefundenen Frequenzen zu diesen Typen auf Grund sogenannter Auswahlregeln vornehmen lassen. Diese beziehen sich im wesentlichen auf Intensität und Polarisationszustand (Schwingungsrichtung) der den mechanischen Frequenzen des Moleküls zuzuordnenden Absorptions- oder Streustrahlungsbanden.

Es genügt sehr oft, allein die Anzahl der in den verschiedenen Typen vorliegenden Schwingungen zu wissen, um schon Aussagen über die Symmetrie des Moleküls zu machen. Die Regeln, die zu diesen Aussagen führen, sind ein Ergebnis der Anwendung der Gruppentheorie auf die Schwingungen von Punktsystemen. Die Symmetrieoperationen, die ein Molekül zuläßt, bilden nämlich ein System, dessen innere Ordnung durch die Gruppentheorie ausgedrückt wird. Alles, was zu dieser inneren

Ordnung in Beziehung steht, und dazu gehören gerade die Molekülschwingungen, wird daher durch gruppentheoretische Betrachtung einfach und durchsichtig werden, und zwar ohne daß es nötig wäre, die Berechnung der Schwingungsfrequenzen tatsächlich, etwa nach den klassischen Methoden der Newtonschen Mechanik, zu Ende durchzuführen. Dies ist im wesentlichen das Thema der ersten Kapitels.

Aber auch die Berechnung der Frequenzen selbst — und diese ist nötig, wenn man aus einem Vergleich der theoretisch berechneten mit den beobachteten Werten der Frequenzen Schlüsse auf die Kräfte im Molekül ziehen will — wird durch gruppentheoretische Methoden wesentlich erleichtert. Diese erlauben, den Einfluß etwaiger Symmetrie eines Moleküls schon frühzeitig in die Rechnung einzubauen. Dadurch wird das Problem, das sich mathematisch als die Lösung von Gleichungen $3N$ten Grades darbietet (N die Zahl der Atome im Molekül), in engem Zusammenhang mit der Einteilung der Schwingungen in verschiedene Typen reduziert auf die Lösung von Gleichungen geringeren Grades, und zwar oft sehr drastisch reduziert. Dieses Problem wird im zweiten Kapitel behandelt.

Spezialliteratur wird nur in Ausnahmefällen zitiert werden. Dafür folgt hier ein Verzeichnis jener Literatur, die entweder auf das vorliegende Buch von besonderem Einfluß war (Nr. 1—6) oder die zum ergänzenden Studium empfohlen wird (insbesondere Nr. 5, 7, 10, 11).

Literaturverzeichnis

1. Bhagavantam, S., and T. Venkatarayudu: Proc. Ind. Acad. Sci., A **9**, 224—258 (1939). (Anwendung der Gruppentheorie auf Kristallschwingungen).
2. Bhagavantam, S., and T. Venkatarayudu: Theory of Groups and its Application to Physical Problems. Waltair: Andhra University 1948. (Kurze zusammenfassende Darstellung, auch nicht spektroskopische Anwendungen).
3. Placzek, G.: Handbuch der Radiologie, 2. Aufl., Band VI, Teil 2, p. 209—374. Leipzig: Akad. Verlagsges. 1934. (Polarisierbarkeitstheorie).
4. Rosenthal, J. E., and G. M. Murphy: Rev. mod. Physics **8**, 317—346 (1936). (Gruppentheorie der Molekülschwingungen).
5. Speiser, A.: Theorie der Gruppen endlicher Ordnung. 4. Aufl. Basel: Birkhäuser 1956. (Mathematische Grundlagen).
6. Tisza, L.: Z. Physik **82**, 48—72 (1935). (Gruppentheoretische Behandlung von Oberschwingungen).

Weitere theoretische Werke:

7. Lomont, J. S.: Applications of Finite Groups. New York: Academic Press 1959. (Mathematische Grundlagen; verschiedene Anwendungsgebiete).
8. Specht, W.: Gruppentheorie, Berlin-Göttingen-Heidelberg: Springer 1956. (Mathematische Grundlagen).
9. Mathieu, J.-P.: Spectres de vibration et symétrie des molécules et des cristaux. Paris: Herman et Cie 1946. (Ausführliche Behandlung von Symmetrieeinflüssen, aber ohne explizite Benutzung gruppentheoretischer Hilfsmittel).

10. BRIGHT WILSON, jr. E., J. C. DECIUS and P. C. CROSS: Molecular Vibrations. New York: McGraw-Hill Book Comp. 1955. (Ausführliche Darstellung der Theorie der Molekülschwingungen, teilweise von anderem Gesichtspunkt aus).

Die Verbindung zum Experiment schlagen:

11. HERZBERG, G.: Infrared and Raman Spectra of Polyatomic Molecules. New York: D. van Nostrand Comp. 1945. (Standardwerk; Diskussion der experimentellen Ergebnisse mit Hilfe des Formalismus der Gruppentheorie).
12. MATOSSI, F.: Der Raman-Effekt. 2. Aufl. Braunschweig: F. Vieweg & Sohn 1959. (Einführung in die experimentelle Methodik, mit kurzer Zusammenfassung des gruppentheoretischen Apparates).
13. KOHLRAUSCH, K. W. F.: Der Smekal-Raman-Effekt. Berlin: Springer 1931; Erg.-Bd. 1938. (Standardwerk; im Ergänzungsband Diskussion der Symmetrie-Einflüsse).

Hinweise auf dieses Verzeichnis sind im Text im allgemeinen durch „l. c." gekennzeichnet.

Kapitel I

Gruppentheorie der Molekularschwingungen

§ 2. Grundbegriffe

a) Gruppenpostulate. Eine Gruppe besteht aus einer Menge von Elementen. Diese Elemente brauchen nicht anders als durch gewisse Beziehungen unter ihnen definiert zu sein. Dann bewegen wir uns im Bereich der abstrakten Gruppentheorie. Zur Definition der formalen Grundlagen ist dieser Bereich ausreichend. Um allerdings die formalen Begriffe der Gruppentheorie auf physikalische Gesetzmäßigkeiten anwenden zu können, müssen wir den Elementen einen konkreten Inhalt geben; sie müssen, wie wir sagen wollen, „realisiert" werden. In unserem Fall (von § 4 ab) wird diese Realisierung im allgemeinen darin bestehen, die Elemente mit geometrischen Deckoperationen zu identifizieren. Es können aber auch Zahlen sein oder andere Begriffe, vorausgesetzt nur, daß die folgenden Beziehungen gelten:

Die Menge der Elemente soll in dem Sinn eine geschlossene Menge sein, als man durch eine (noch näher zu definierende) Verknüpfung je zweier Elemente immer nur wieder auf ein Element dieser Gruppe kommt. Formal schreibt man diese Verknüpfung zweier Elemente A und B wie ein algebraisches Produkt AB, obwohl dieses „Produkt" nicht notwendigerweise algebraische Bedeutung hat. Es könnte z. B. darunter auch Addition zweier Zahlen verstanden werden oder, wie wir es später brauchen werden, Aufeinanderfolgen zweier Deckoperationen. Die eben genannte Bedingung, daß das Produkt $C = AB$ wieder ein Element der Gruppe sei, ist noch zu vage, um für exakte rechnerische Schlußweisen brauchbar zu sein. Elemente, die zwar diese Bedingung erfüllen, aber nicht einige weitere im folgenden genannten, besitzen zwar „Gruppeneigenschaft", bilden aber nicht notwendigerweise eine Gruppe. Wir verlangen von einer Gruppe noch folgende Eigenschaften, wobei die schon besprochene Beziehung als erstes von vier „Gruppenpostulaten" nochmals auftritt.

1. $C = AB$ ist ein Element der Gruppe, wenn A und B es sind. $AB \neq AC$ dann und nur dann, wenn $B \neq C$. Dies sichert die Eindeutigkeit der Verknüpfung. Es muß *nicht* sein $AB = BA$, also im allgemeinen $AB \neq BA$. Aus den eben genannten Forderungen folgt sofort: Wenn A ein bestimmtes Element der Gruppe ist und wenn X_i nacheinander jedes Element der Gruppe (einschließlich A) bedeutet, so durchlaufen die Produkte AX_i oder X_iA alle Elemente der Gruppe; höchstens ist die Reihenfolge der Elemente AX_i eine andere als die der X_i. Denn jedes Element AX_i ist verschieden von jedem anderen wegen der Eindeutigkeit; und wegen der Forderung der Geschlossenheit können keine anderen Elemente erhalten werden als schon in der Gruppe vorhanden sind; ferner ist die Anzahl der Produkte AX_i gleich der Anzahl der verschiedenen Elemente X_i, also gleich der Anzahl aller Elemente der Gruppe. Dabei haben wir hier vorausgesetzt, daß diese Zahl, die „Ordnung" der Gruppe, endlich sei. Diese Voraussetzung wird bis auf wenige Ausnahmen von jetzt an immer als gültig angesehen werden.

2. Das assoziative Gesetz soll gelten: $(AB)C = A(BC)$.

3. Es soll ein „Einheitselement", E, existieren, für welches gilt $EX = XE = X$, wenn X ein Element der Gruppe ist.

4. Es soll zu jedem Element X der Gruppe ein „inverses Element" X^{-1} in der Gruppe existieren, so daß $XX^{-1} = X^{-1}X = E$.

Ferner definieren wir $X^n = XXX \ldots$ mit n Faktoren. Eine Gruppe, in der alle Elemente als Faktoren eines Produktes vertauschbar sind, heißt Abelsche Gruppe. Die genannten vier Postulate können auf etwas weniger weitgehende reduziert werden. Die Postulate 3 und 4 fordern nämlich mehr als notwendig ist. Es würde genügen, die folgenden Postulate aufzustellen:

3a. Für jedes Element X einer Gruppe gibt es wenigstens ein Element E, für das $XE = X$.

4a. Zu jedem Element X einer Gruppe existiert ein inverses, X^{-1}, für das $XX^{-1} = E$.

Daraus folgen dann die Postulate 3 und 4. Zunächst ist zu zeigen, daß nur *ein* Element E existiert. Sei z. B. auch $XE' = X$ mit $E' \neq E$, so müßte $(XE')E = XE$ sein; da aber $E'E = E'$ (nach 3a), so ist also auch $X(E'E) = XE' = XE$ und daraus, wegen der Eindeutigkeit (Postulat 1) $E' = E$. Sodann haben wir

$AX = (AE)X = (AXX^{-1})X = A(XX^{-1}X)$, also $X = XX^{-1}X$; dann aber auch $XE = XX^{-1}XE = XX^{-1}X$ oder $E = X^{-1}X$, also $X^{-1}X = XX^{-1}$. Schließlich, $AE = A(A^{-1}A) = (AA^{-1})A = EA$. Man beachte, daß während der Schlußfolge nirgends die Reihenfolge der Faktoren vertauscht worden ist; nur das assoziative Gesetz (Postulat 2) ist wiederholt angewandt worden.

Eine wichtige Folgerung aus den Postulaten ist die, daß eine „Gleichung" der Form $AX = B$, wo X ein zu bestimmendes Element sei, eindeutig wie folgt lösbar ist: Man multipliziere links mit A^{-1}, woraus $A^{-1}AX = A^{-1}B$ oder $X = A^{-1}B$. Gleichermaßen folgt aus $XA = B$ die Lösung $X = BA^{-1}$, was von $A^{-1}B$ verschieden sein kann.

Eine weitere oft gebrauchte Beziehung ist ausgedrückt in der Gleichung $(AB)^{-1} = B^{-1}A^{-1}$, die sofort aus $(AB)(B^{-1}A^{-1}) = AEA^{-1} = E$ folgt.

Eine Gruppe ist vollständig bestimmt, wenn alle ihre Elemente gegeben sind und die Verknüpfung dieser Elemente zu Produkten definiert ist. Der zweite Teil dieses Satzes ist ebenso notwendig wie der erste. Ein und dieselbe Menge von konkret gegebenen Elementen (z. B. die Reihe aller negativen und positiven ganzen Zahlen) kann bei einer Art der Verknüpfung (z. B. algebraische Addition) eine Gruppe bilden, bei einer anderen aber nicht. So ist diese selbe Reihe, selbst wenn die Null ausgeschlossen wird, keine Gruppe für die algebraische Multiplikation als Verknüpfungsregel, da ja die inversen Elemente fehlen würden. Wenn so auch die Aufzählung *aller* Elemente die Gruppe eindeutig bestimmt, so genügt doch oft schon eine kleinere Zahl von Elementen zusammen mit einigen ihrer Produkte, die ganze Gruppe aus ihnen zu erzeugen. Solche Elemente werden „erzeugende Elemente" genannt. Beispiele dafür werden wir weiter unten kennenlernen.

Die Ordnung der Gruppe sei mit h bezeichnet. Für jedes h gibt es nur eine endliche und im allgemeinen sehr kleine Zahl von wesentlich verschiedenen Gruppen. So gibt es bis zur Ordnung 215 nur vier Ordnungszahlen, für die eine dreistellige Zahl von Gruppen möglich ist, und 39 mit einer zweistelligen Zahl. Das allgemeine Problem, alle möglichen Gruppen für jedes gegebene h zu finden, ist noch nicht gelöst. Die Vollständigkeit des besonderen Systems von Gruppen, mit denen sich dieses Buch beschäftigt, wird jedoch in § 6 aufgezeigt werden.

Als Beispiel für das oben Gesagte betrachten wir Gruppen der Ordnung 4. Tab. 1 gibt einige dieser Gruppen in Form einer Multiplikationstafel („Gruppentafel"), die an jeder Stelle das Produkt der an der Spitze und in der linken Kolonne außerhalb des Rahmens liegenden Elemente angibt. Eine bemerkenswerte Eigenschaft dieser Tafeln ist die, daß in jeder Reihe und Kolonne nur verschiedene Elemente auftreten können. Das folgt aus der Eindeutigkeit der Multiplikation.

Die Verergruppe kann schon vollständig definiert und erzeugt werden durch zwei Elemente A und B, die den Beziehungen $A^2 = E$, $B^2 = E$, $AB = BA = C$ gehorchen. Daraus folgt z. B. $CB = AB^2 = AE = A$ usw. Daß die unter b) gegebene Gruppe cyclisch heißt, ist aus der Anordnung (cyclische Vertauschung) verständlich. Sie kann aus einem einzigen Element A erzeugt werden, das der Bedingung genügt $A^4 = E$. So ist z. B., wenn A^2 mit B bezeichnet wird, das Produkt $AB = AA^2 = A^3$; ferner, wenn $C = AB$, so ist $AC = AA^3 = A^4 = E$ usw. An Stelle des Elements A hätte man auch C als erzeugendes Element mit $C^4 = E$ ansehen können, aber nicht etwa B. Übrigens sind beide Gruppen Abelsch. Allgemein wird eine cyclische Gruppe der Ordnung n durch $A^n = E$ erzeugt.

Tabelle 1. *Gruppen der Ordnung 4*

a) „Vierer-Gruppe“

	E	A	B	C
E	E	A	B	C
A	A	E	C	B
B	B	C	E	A
C	C	B	A	E

b) Cyclische Gruppe

	E	A	B	C
E	E	A	B	C
A	A	B	C	E
B	B	C	E	A
C	C	E	A	B

c) Andere Anordnung von b)

	E'	A'	B'	C'
E'	E'	A'	B'	C'
A'	A'	E'	C'	B'
B'	B'	C'	A'	E'
C'	C'	B'	E'	A'

Die unter c) in Tab. 1 gegebene Anordnung läßt äußerlich nicht erkennen, daß sie von der unter b) nicht wesentlich verschieden ist. Man kann überhaupt zeigen, in diesem Fall durch Durchprobieren aller denkbaren Anordnungen, daß die Vierergruppe und die cyclische Gruppe vierter Ordnung die einzigen wesentlich verschiedenen Gruppen der Ordnung 4 sind. Wir definieren dabei als nicht wesentlich verschieden voneinander solche Gruppen, für die folgende Aussage gilt: Jedem Element X, Y, Z der einen Gruppe kann je ein Element der anderen Gruppe, X', Y', Z', so zugeordnet werden, daß aus $XY = Z$ auch $X'Y' = Z'$ folgt. So ist die Zuordnung der Gruppen unter b) und c) gegeben durch die Korrespondenzen

$$E \leftrightarrow E', \quad A \leftrightarrow B', \quad B \leftrightarrow A', \quad C \leftrightarrow C',$$

und es ist z. B. $AC = E$ und gleichzeitig $B'C' = E'$.

Solche Gruppen, für die diese Art der ein-eindeutigen Zuordnung möglich ist, sind im abstrakten Sinn identisch, obwohl es sich im Falle von konkreten Realisierungen um ganz verschiedene Elemente handeln kann. Die rein formalen Beziehungen sind aber dieselben, und das genügt, um solche Gruppen als wesentlich identisch oder als isomorph oder „holomorph“ zueinander anzusehen. Die Zuordnung braucht übrigens nicht ein-eindeutig zu sein; es kann vorkommen, daß ein

Element der einen Gruppe mehreren der anderen zugeordnet werden muß. Dann ist die Korrespondenz „homomorph".

b) Untergruppen. Aus den Elementen der Gruppen von Tab. 1 können Teilmengen herausgezogen werden, die schon für sich alle Postulate einer Gruppe erfüllen. Diese Teilmengen bilden eine Untergruppe der Gruppe. Zum Beispiel sind E, A; E, B; E, C Untergruppen zweiter Ordnung der Vierergruppe. Sie enthalten E, zu jedem Element A das Inverse A^{-1}, und das Produkt führt nicht aus der Gruppe hinaus. Auch E allein kann als Untergruppe jeder Gruppe angesehen werden und ebenso die ganze Gruppe. Diese trivialen Grenzfälle von Untergruppen werden als „uneigentliche" Untergruppen von den eigentlichen unterschieden. In unserem Beispiel läßt sich keine Untergruppe der Ordnung 3 finden. Das ist nur ein Spezialfall einer allgemeinen Gesetzmäßigkeit, nach der die Ordnung einer eigentlichen Untergruppe ein echter Teiler der Ordnung der ganzen Gruppe sein muß (siehe § 3). Das Verhältnis der Ordnung der ganzen Gruppe zu der der Untergruppe wird als „Index" bezeichnet.

Um festzustellen, ob eine gewisse Menge von Elementen eine Untergruppe einer Gruppe bilden, ist es nicht nötig, alle Postulate auf ihr Zutreffen zu prüfen. Es genügt das erste Postulat. Die Postulate 2 und 3 sind von selbst erfüllt. Daß aber auch zu jedem Element, das dem ersten Postulat genügt, sein Inverses mit zur Untergruppe zählen muß, ersieht man aus folgender Überlegung. Auf Grund dieses Postulats muß zu jedem Element X irgendein anderes Element Y der ausgewählten Menge existieren, für das $XY = E$; denn jedes Element, so auch E, muß als Produkt zweier anderer Elemente der Gruppe bzw. Untergruppe darstellbar sein; also muß $Y = X^{-1}$ ein Element der Untergruppe sein, wenn X es ist.

Die Gruppen der Ordnung 4 haben nur cyclische Untergruppen, und zwar solche zweiter Ordnung. Doch hat jede Gruppe wenigstens einige cyclische Untergruppen, nämlich solche, die aus den Potenzen eines Elements X bestehen. Wegen der Endlichkeit der Gruppe können nicht beliebig viele Potenzen existieren, sondern es muß für ein bestimmtes m die Beziehung $X^m = E$ gelten, die eine Untergruppe definiert. Die Zahl m nennt man die Ordnung des Elements X. Es ist ferner $X^{am+p} = X^p$, wenn a eine ganze Zahl ist. Übrigens kann das zu X^p inverse Element $(X^p)^{-1} = X^{m-p}$ geschrieben werden, da ja $X^{m-p}X^p = X^m = E$. Durch die Definitionen $(X^m)^{-1} = X^{-m}$ und $X^0 = E$ gelten die Rechenregeln für Exponenten von algebraischen Potenzen auch für die „Potenzen" von Gruppenelementen.

Die Einteilung von Elementen einer Gruppe in Untergruppen gibt Überschneidungen, da ein Element mehreren Untergruppen angehören kann, was mindestens für E gilt, das in allen Untergruppen vorkommen muß. Eine andere Einteilung der Gruppenelemente ist die in „Klassen".

c) **Klassen.** Im Gegensatz zur Einteilung der Gruppenelemente in Untergruppen sondert die Einteilung in Klassen die Elemente in voneinander getrennte Mengen, so daß kein Element mehreren Klassen angehören kann. Der Begriff der Klasse gründet sich auf den „konjugierter“ oder „transformierter“ Elemente. Wenn X irgendein Element der Gruppe ist, dann wird $B = XAX^{-1}$ definiert als ein zu A konjugiertes Element oder ein mit X aus A transformiertes Element. Zu der Klasse von A gehören nun alle aus A mit allen X der Gruppe transformierten Elemente. Diese sind nicht notwendigerweise alle verschieden voneinander, sonst bestünde die Klasse von A ja aus allen Elementen der Gruppe, und es gäbe nur eine Klasse. In der Tat ist die Anzahl verschiedener Elemente in einer Klasse (der „Grad“ der Klasse) ein Teiler der Ordnung der Gruppe, und es gibt immer mehr als eine Klasse. Für konjugierte Elemente gelten die folgenden Beziehungen:

1. *Wenn A zu B konjugiert ist, ist auch B zu A konjugiert.*
Denn: Wenn $A = XBX^{-1}$, dann auch $X^{-1}AX = B$.

2. *Wenn sowohl B als auch C zu A konjugiert sind, dann sind B und C auch untereinander konjugiert.*
Denn: Es sei $B = XAX^{-1}$, $C = YAY^{-1}$; dann ist auch $Y(X^{-1}BX)Y^{-1} = YAY^{-1} = C$ oder $ZBZ^{-1} = C$ mit $Z = YX^{-1}$, wobei Z wieder ein Element der Gruppe ist (als das Produkt solcher Elemente).

3. *E bildet eine Klasse für sich.*
Denn: $XEX^{-1} = E$ für alle X. Also muß mindestens eine weitere Klasse existieren.

4. *Kein Element kann zwei Klassen angehören.*
Denn: Es seien XAX^{-1} und YBY^{-1} zwei gleiche Elemente aus den als verschieden angenommenen Klassen von A bzw. B, also $XAX^{-1} = YBY^{-1}$. Dann ist aber auch

$$Y^{-1}(XAX^{-1})Y = Y^{-1}YBY^{-1}Y = EBE = B.$$

Also ist B zu A konjugiert, gehört also mit allen seinen zu ihm konjugierten Elementen schon zur Klasse von A, und die beiden als verschieden angenommenen Klassen sind tatsächlich nur eine einzige Klasse.

5. *In Abelschen Gruppen besteht jede Klasse aus einem einzigen Element.*
Denn: $XAX^{-1} = XX^{-1}A = A$ für jedes X.

6. *Alle Elemente einer Klasse haben die gleiche Ordnung.*
Denn: Wenn $A^n = E$, dann auch $(XAX^{-1})^n = XAX^{-1}XAX^{-1}XA \ldots X^{-1} = XAEA \ldots X^{-1} = XA^nX^{-1} = XEX^{-1} = E$.

7. Das zu A inverse Element A^{-1} gehört nicht notwendigerweise zur Klasse von A. Es ist aber oft nützlich, die Klassen von A und A^{-1} gemeinsam zu betrachten und zu einer „*Oberklasse*“ zu vereinen.

Um ein Beispiel für einige der eben besprochenen Aussagen für Klassen zu geben, betrachten wir die (abstrakte) Gruppe, die durch die Multiplikationstafel der Tab. 2 gegeben ist.

Ihre Ordnung ist 6. Sie ist nicht Abelsch; denn z. B. $AC = D$, aber $CA = F$. Sie hat die Untergruppen E, A, B; E, C; E, D; E, F der Ordnungen $3 = 6/2$ und $2 = 6/3$. Sie kann erzeugt werden durch E, A, B mit den Beziehungen $A^3 = E$, $C^2 = E$, $C^{-1}AC = A^{-1}$. (Sie entspricht übrigens einer der Symmetriegruppen, die in § 5 eingeführt werden, nämlich $\mathfrak{D}_3$.) Weiter ist $A^{-1} = B$, $B^{-1} = A$, $C^{-1} = C$, $D^{-1} = D$, $F^{-1} = F$. Die Klasse von A besteht aus den Elementen A, $B^{-1}AB = A^2B = B^2 = A$, $C^{-1}AC = A^{-1} = B$, $D^{-1}AD = DF = B$, $F^{-1}AF = FC = B$; also aus A und B, beide von dritter Ordnung. Die Klasse von C besteht aus C, $A^{-1}CA = BF = D$, $B^{-1}CB = AD = F$, $D^{-1}CD = DB = F$, $F^{-1}CF = FA = D$; also aus C, D, F, alle von zweiter Ordnung. Dazu kommt die Klasse von E. In dieser Gruppe ist A^{-1} in derselben Klasse wie A, eine Oberklasse einzuführen ist also nicht notwendig.

Tabelle 2. *Beispiel einer Gruppe 6. Ordnung*

	E	A	B	C	D	F
E	E	A	B	C	D	F
A	A	B	E	D	F	C
B	B	E	A	F	C	D
C	C	F	D	E	B	A
D	D	C	F	A	E	B
F	F	D	C	B	A	E

d) Direktes Produkt. Zwei Gruppen[1] $\mathfrak{G}_1$ und $\mathfrak{G}_2$ können zu einer neuen Gruppe Anlaß geben, dem direkten Produkt $\mathfrak{G} = \mathfrak{G}_1 \times \mathfrak{G}_2$, wenn folgende Voraussetzungen gegeben sind: Außer E enthalten $\mathfrak{G}_1$ und $\mathfrak{G}_2$ keine anderen gemeinsamen Elemente; alle Elemente X_i von $\mathfrak{G}_1$ sind mit den Elementen Y_j von $\mathfrak{G}_2$ als Faktoren eines Produkts vertauschbar, wobei die Indices i und j die Zahlen 1 bis zu den Ordnungen h_1 und h_2 der beiden Gruppen durchlaufen. Dann besteht $\mathfrak{G}$ aus allen Produkten X_iY_j. Die Ordnung von $\mathfrak{G}$ ist das Produkt aus den Ordnungen von $\mathfrak{G}_1$ und $\mathfrak{G}_2$, da für jedes Element X_i von $\mathfrak{G}_1$ eine Anzahl h_2 *verschiedener* Produkte erhalten werden. Wären diese Produkte nicht verschieden, wäre z. B. $X_mY_n = X_kY_l$, dann wäre auch

$$X_k^{-1}X_m = (X_k^{-1}X_m)(Y_nY_n^{-1}) = X_k^{-1}(X_kY_l)Y_n^{-1} = Y_lY_n^{-1}.$$

Dies ist eine Gleichung zwischen einem Element von $\mathfrak{G}_1$ und einem von $\mathfrak{G}_2$, die nach Voraussetzung nur richtig sein kann, wenn dieses

[1] Gruppen werden in Zukunft mit Frakturbuchstaben bezeichnet.

Element das Einheitselement ist. $X_k^{-1}X_m = E$ und $Y_l Y_n^{-1} = E$ ist aber nur möglich für den trivialen Fall $X_k = X_m$ und $Y_l = Y_n$. In allen anderen Fällen muß daher $X_m Y_n \neq X_k Y_l$ sein.

Die Gruppen $\mathfrak{G}_1$ und $\mathfrak{G}_2$ sind Untergruppen von $\mathfrak{G}$, denn sie enthalten jeweils die Produkte $X_i E$ bzw. $E Y_i$. Die Voraussetzung der Vertauschbarkeit der jeweiligen Elemente X und Y wird daraus verständlich. Wäre sie nicht gegeben, dann wäre unter Umständen die Ordnung dieser Untergruppen nicht mehr ein Teiler der Ordnung $h = h_1 h_2$ der ganzen Gruppe. Ein einfaches Beispiel macht dies klar: $\mathfrak{G}_1$ bestehe aus E, A; $\mathfrak{G}_2$ aus E, B. Dann hat $\mathfrak{G}$ die Elemente $EE = E$, $AE = A$, $EB = B$, $AB = BA = C$, also vier Elemente, wobei notwendig $A^2 = E$, $B^2 = E$. Wäre $AB \neq BA$, so erhielten wir fünf Elemente, die einerseits nicht mehr als Produkte zweier Elemente von Untergruppen dargestellt werden könnten (denn eine Gruppe 5. Ordnung hat keine eigentlichen Untergruppen), und andererseits wäre es überhaupt unmöglich, eine eindeutige Multiplikationstafel dieser angeblichen Gruppe aufzustellen, da aus $AB = C$, $BA = D$, $A^2 = E$, $B^2 = E$ folgen würde $AC = A^2B = B$; nun ist weiter $AE = A$, $AA = E$, $AB = C$, $AC = B$, also müßte $AD = D$ sein, woraus $A = E$, gegen die Voraussetzung.

Die Zahl der Klassen des direkten Produkts ist gleich dem Produkt der Anzahlen der Klassen von $\mathfrak{G}_1$ und $\mathfrak{G}_2$.

Weitere Begriffe und Sätze sowie Beweise einiger der oben erwähnten Behauptungen werden in § 3 besprochen.

§ 3. Einige gruppentheoretische Theoreme

a) Nebengruppen; Ordnung von Untergruppen. Nebengruppen sind nicht Gruppen! Eine Nebengruppe entsteht auf folgende Weise: Man greife eine Untergruppe $\mathfrak{G}'$ von $\mathfrak{G}$ mit den Elementen $A_1 = E, A_2, \ldots A_g$ heraus, sodann ein Element X von $\mathfrak{G}$, das dieser Untergruppe nicht angehört. Man bilde alle Produkte $A_i X$ $(i = 1, \ldots g)$. Diese bilden die Nebengruppe, und zwar genauer eine rechtsseitige Nebengruppe, während die linksseitige die Elemente XA_i enthalten würde. Wir wollen diese Nebengruppe symbolisch mit $co\,X$ bezeichnen („*co*“ als Abkürzung für die englische Bezeichnung „coset“, Nebenmenge); auch die Bezeichnung $\mathfrak{G}X$ ist gebräuchlich. Beide deuten an, daß die Nebengruppe durch X bestimmt wird. Linksseitige und rechtsseitige Nebengruppen mögen durch $co_l X$ und $co_r X$ unterschieden werden.

Alle Elemente von $co\,X$ sind verschieden von denen von $\mathfrak{G}'$, da ja X nicht zu $\mathfrak{G}'$ gehört. Gerade deshalb sind Nebengruppen keine Gruppen und werden auch oft als Nebenklassen bezeichnet; sie sind aber auch keine Klassen im Sinne der Definition von § 2. Zwei Nebengruppen $co\,X$ und $co\,Y$ sind entweder völlig identisch, oder keine enthält Elemente der anderen Nebengruppe. Wäre z. B. $A_iX = A_jY$ (A_i und A_j verschiedene Elemente von $\mathfrak{G}'$), dann wäre auch $A_nA_iX = A_nA_jY$ (A_n ebenfalls in $\mathfrak{G}'$). Nun erhält man aber *alle* Elemente von $\mathfrak{G}'$ aus A_nA_i oder A_nA_j, wenn A_n jedes Element von $\mathfrak{G}'$ durchläuft. Also gilt die Gleichung $A_nA_iX = A_nA_jY$ für alle Elemente von $\mathfrak{G}'$, wenn sie für eines gilt. Daher ist die Nebengruppe $co\,X$ unter diesen und nur unter diesen Umständen mit $co\,Y$ identisch. Die Untergruppe $\mathfrak{G}'$ ist selbst eine Nebengruppe, nämlich $co\,E$, die einzige Nebengruppe, die selbst eine Gruppe darstellt.

Nun können alle h Elemente von $\mathfrak{G}$ in Nebengruppen einer bestimmten Untergruppe $\mathfrak{G}'$ (Ordnung g) aufgeteilt werden. Jede dieser Nebengruppen muß g Elemente enthalten, und zwar verschiedene Elemente. Wären nun bei dieser Aufteilung der h Elemente von $\mathfrak{G}$ einige Elemente noch nicht in einer der Nebengruppen enthalten, dann wählen wir eines dieser Elemente, z. B. X, aus und bilden eine neue Nebengruppe $co\,X$, die natürlich wieder nur Elemente enthält, die von denen der bisher gebildeten Nebengruppen verschieden sind. Der Prozeß wird wiederholt, solange es Elemente X außerhalb einer Nebengruppe gibt. Wegen der endlichen Ordnung von $\mathfrak{G}$ muß dieser Prozeß notwendigerweise nach einer endlichen Zahl m von Schritten beendet sein. Daher muß die Zahl der Elemente von $\mathfrak{G}$ gleich sein $h = mg$; d. h. $m = h/g$. Der Index m der Untergruppe $\mathfrak{G}'$ ist ein Teiler von h, und g ist ebenfalls ein Teiler von h, wie es in § 2 behauptet wurde. Das eben beschriebene Verfahren lehrt gleichzeitig, daß es nur *ein* Resultat der Aufteilung in Nebengruppen geben kann, wenn $\mathfrak{G}$ und $\mathfrak{G}'$ vorgegeben sind.

Als Beispiel greifen wir die Gruppe der Tab. 2 heraus. $\mathfrak{G}'$ sei die Untergruppe aus E, A, B. Eine Nebengruppe $co\,C$ würde die Elemente $EC = C$, $AC = D$, $BC = F$ enthalten, und damit sind wir hier schon am Ende (2 Nebengruppen zu je 3 Elementen). Wenn die Untergruppe E, C genommen wird, so hätten wir eine Nebengruppe $co\,A$ aus $EA = A$, $CA = F$; jetzt sind B und D noch nicht untergebracht; wir bilden $co\,B$ aus $EB = B$, $CB = D$ und haben damit die Aufteilung wieder beendet.

b) Zahl der Elemente einer Klasse. Die Klasse des Elements A einer Gruppe $\mathfrak{G}$ der Ordnung h besteht nach Definition aus den Elementen

$$EAE^{-1} = A, \;\ldots\; A_iAA_i^{-1}, \;\ldots\; A_hAA_h^{-1} \quad (A_1 \equiv E,\; A_2 \equiv A).$$

Wären diese alle verschieden, dann bestünde die Klasse von A aus h Elementen! Das ist unmöglich, da mindestens eine weitere Klasse, die von E, existiert (§ 2). Also müssen einige Elemente der Klasse von A einander gleich sein. Wir nehmen an, die Elemente seien so geordnet, daß die m ersten ($A_1AA_1^{-1}$ bis $A_mAA_m^{-1}$) alle gleich A selbst seien, wobei m mindestens gleich 2 sein muß, da sicher $EAE = A$ und $AAA^{-1} = A$. Sowohl E und A sind mit A vertauschbar. Alle anderen

Produkte $A_i A A_i^{-1}$ $(i \leqslant m)$ würden ebenfalls mit A identisch, wenn und nur wenn alle diese A_i mit A vertauschbar sind. Elemente mit dieser Eigenschaft bilden aber eine Untergruppe von $\mathfrak{G}$. Denn: Wenn A_k und A_i mit A vertauschbar sind, so ist es auch $A_i A_k$; das Produkt zweier Elemente der vermuteten Untergruppe gehört also auch dazu, wodurch die Vermutung zur Gewißheit wird. Daher muß m, als Ordnung einer Untergruppe, ein Teiler von h sein. Wir schreiben $m = h/h'$, wobei h' der Index der Untergruppe ist.

Nun gehören zu dieser Untergruppe Nebengruppen, und zwar nach Abschnitt b) genau $h' = h/m$. Da m mindestens gleich 2 ist, so ist h' höchstens gleich $h/2$. Der Index h' ist aber auch gleich der Zahl der verschiedenen Elemente der Klasse von A, wie nun gezeigt werden soll:

Es seien $B = S^{-1}AS$ und $B = T^{-1}AT$ zwei gleiche Elemente der Klasse von A. Dann wäre

$$TS^{-1}AST^{-1} = TBT^{-1} = TT^{-1}ATT^{-1} = A.$$

Also müßte TS^{-1} mit A vertauschbar sein und zu der oben betrachteten Untergruppe gehören. (Es sei daran erinnert, daß $(TS^{-1})^{-1} = ST^{-1}$.) *Verschiedene* Elemente der Klasse von A erhalten wir nur dann, wenn TS^{-1} nicht mit A vertauschbar ist. Angenommen nun, daß T und S zur gleichen Nebengruppe der Untergruppe der mit A vertauschbaren Elemente gehören, sei z. B. $A_i X = T$, $A_j X = S$, dann wäre $TS^{-1} = A_i X X^{-1} A_j^{-1} = A_i A_j^{-1}$, also doch gleich einem Element, das zur Untergruppe gehört (als Produkt solcher Elemente). Daher müssen T und S verschiedenen Nebengruppen angehören, falls $S^{-1}AS$ und $T^{-1}AT$ verschiedene Elemente der Klasse von A sein sollen. Es kann also nur soviel solcher Elemente geben als verschiedene Nebengruppen vorhanden sind, nämlich h'.

Alle diese Aussagen sind wieder leicht an der Gruppe von Tab. 2 zu verifizieren. Zum Beispiel ist A nur mit E, A und B vertauschbar, also mit den $m = 3$ Elementen einer der Untergruppen; daher ist die Klasse von A durch den Index $h' = 2$ gekennzeichnet, entsprechend der Zahl der Nebengruppen der Untergruppe E, A, B.

c) Zahl der Klassen des direkten Produkts. Die Gruppe $\mathfrak{G}_1$ habe die Elemente A_i, die Gruppe $\mathfrak{G}_2$ die Elemente B_j. Wir wollen die Klasse von $A_i B_j$ bilden. Wir gehen aus von der Klasse von A_i in $\mathfrak{G}_1$, bestehend aus den Elementen $A_l A_i A_l^{-1}$, und der Klasse von B_j in $\mathfrak{G}_2$, bestehend aus $B_m B_j B_m^{-1}$. Die dazugehörigen Elemente von $\mathfrak{G}$ sind also $A_l A_i A_l^{-1} B_m B_j B_m^{-1}$. Da A_i mit B_j vertauschbar sein muß (Definition des direkten Produkts), haben wir

$$A_l A_i A_l^{-1} B_m B_j B_m^{-1} = A_l B_m A_i B_j B_m^{-1} A_l^{-1},$$

und dies ist konjugiert zu $A_i B_j$. Also wird die gesamte Klasse von $A_i B_j$ aus den Produkten der Elemente je einer Klasse von $\mathfrak{G}_1$ und von $\mathfrak{G}_2$

erhalten und nur aus diesen, da die Produkte $A_l B_m$ für variables l und m die sämtlichen Elemente von $\mathfrak{G}$ durchlaufen; und daraus folgt sofort, daß die Zahl der Klassen von $\mathfrak{G}$ gleich dem Produkt der Zahl der Klassen $\mathfrak{G}_1$ und $\mathfrak{G}_2$ ist.

d) Invariante Untergruppen; Normalteiler. Unter den Untergruppen spielen gewisse eine ausgezeichnete Rolle. Wir gehen aus von einer Untergruppe $\mathfrak{G}'$ der Gruppe $\mathfrak{G}$ und transformieren alle Elemente $\ldots A_i, A_j \ldots$ von $\mathfrak{G}'$ mit einem fest gewählten Element T der Gruppe $\mathfrak{G}$ und erhalten die Elemente TA_iT^{-1}. Auch diese bilden eine Untergruppe von $\mathfrak{G}$, denn mit TA_iT^{-1} und TA_jT^{-1} ist auch das Produkt $TA_iT^{-1}TA_jT^{-1} = TA_iA_jT^{-1}$ ein mit T transformiertes Element von $\mathfrak{G}'$. Diese neue Untergruppe $\mathfrak{G}''$ ist mit $\mathfrak{G}'$ isomorph infolge der Zuordnungsmöglichkeit $A_i \leftrightarrow TA_iT^{-1}$. Es kann nun vorkommen, daß $\mathfrak{G}''$ direkt identisch wird mit $\mathfrak{G}'$ insofern, als alle TA_iT^{-1} schon in der Reihe der A_i vorkommen, aber nicht notwendigerweise in derselben Reihenfolge. In diesem Fall enthält schon $\mathfrak{G}'$ alle zu den A_i konjugierten Elemente, also mit jedem A_i auch dessen ganze Klasse. Solche Untergruppen heißen invariant oder Normalteiler $\mathfrak{N}$ von $\mathfrak{G}$.

Beispiele hierzu: 1. Jede Untergruppe einer Abelschen Gruppe ist trivialerweise invariant, da hier jedes Element seine eigene Klasse bildet. 2. Alle Untergruppen mit dem Index 2 sind Normalteiler. Es sei N_i ein Element der Untergruppe $\mathfrak{G}'$, die genau $h/2$ Elemente enthalte. Dann existiert höchstens eine von $\mathfrak{G}'$ verschiedene Nebengruppe, nämlich die der Elemente XN_i, wo X nicht zu $\mathfrak{G}'$ gehören darf. Die zu N_i konjugierten Elemente mögen als YN_iY^{-1} geschrieben werden. Gehört Y zu $\mathfrak{G}'$, dann natürlich auch YN_iY^{-1}. Wenn aber Y nicht zu $\mathfrak{G}'$ gehört, wenn also z. B. $Y = XN_j$ wäre (wenn Y nicht in $\mathfrak{G}'$, muß es ja in der einzig davon verschiedenen Nebengruppe sein), dann wäre

$$YN_iY^{-1} = XN_jN_iN_j^{-1}X^{-1}.$$

Wenn dieses Element etwa nicht zu $\mathfrak{G}'$ gehören sollte, dann müßte sein

$$XN_jN_iN_j^{-1}X^{-1} = XN_k,$$

woraus $N_jN_iN_j^{-1}X^{-1} = N_k$; aber dies ist nur möglich, wenn X zu $\mathfrak{G}'$ gehört, und das ist gegen die Voraussetzung. Also muß auch dann YN_iY^{-1} zu $\mathfrak{G}'$ gehören, wenn Y nicht in $\mathfrak{G}'$ enthalten ist, also in jedem Fall; und tatsächlich enthält $\mathfrak{G}'$ der Ordnung $h/2$ mit einem Element N_i dessen ganze Klasse, ist also ein Normalteiler. 3. Die Faktoren eines direkten Produkts sind Normalteiler, wie ohne näheren Beweis ersichtlich ist. 4. Die Untergruppe E, A, B der Gruppe der Tab. 2 ist ein Normalteiler, denn sie enthält die ganze Klasse von A bzw. B. Die anderen Untergruppen sind es nicht.

e) Faktorgruppe. Die Faktorgruppe entwickelt sich aus dem Begriff des Normalteilers einer Gruppe $\mathfrak{G}$. Sie enthält als Element nicht irgendwelche Elemente der Gruppe $\mathfrak{G}$ selbst, sondern die Nebengruppen eines Normalteilers von $\mathfrak{G}$, wobei also diese Nebengruppen zu individuellen Einheiten zusammengefaßt werden und die Elemente von $\mathfrak{G}$, aus denen sie bestehen, nicht mehr als Individuen auftreten. Die Faktorgruppe eines Normalteilers $\mathfrak{N}$ von $\mathfrak{G}$ wird oft mit $\mathfrak{G}/\mathfrak{N}$ bezeichnet. Sie hat so viele Elemente, als Nebengruppen von $\mathfrak{N}$ vorhanden sind.

Wir haben zunächst zu prüfen, ob denn überhaupt aus Nebengruppen Gruppen gebildet werden können, ob also die Gruppenpostulate erfüllbar sind und was als Produkt zweier Nebengruppen definiert werden soll. Das Produkt zweier Nebengruppen $co X$ und $co Y$ (mit den Elementen $X N_i$ bzw. $Y N_i$) wird definiert als die Nebengruppe $co X Y$, deren individuelle Elemente durch $X Y N_i$ gegeben sind.

Das Einheitselement von $\mathfrak{G}/\mathfrak{N}$ ist $\mathfrak{N}$ selbst. Ein Element von $co X co N_j = co X N_j$ ist nach der oben gegebenen Definition bestimmt durch $X N_j N_i = X N_k$, also ein Element von $co X$, so daß in der Tat $co X co N_j = co X$ ist.

Das zu $co X$ inverse Element $co Y = (co X)^{-1}$ muß der Bedingung gehorchen, daß $co X co Y \equiv co X Y = co N_j$. Das ist der Fall, wenn $X Y N_i = N_k$; denn dann muß auch $X Y$ ein Element von $\mathfrak{N}$ sein, woraus Y bestimmbar ist.

Nebengruppen können also tatsächlich Gruppenelemente sein, und die Faktorgruppe $\mathfrak{G}/\mathfrak{N}$ ist eindeutig durch $\mathfrak{G}$ und $\mathfrak{N}$ bestimmt. Das Produkt zweier Nebengruppen ist wieder eine Nebengruppe, und alle Gruppenpostulate sind erfüllbar.

Der Begriff der Faktorgruppe ist so lange für uns ohne größere Bedeutung, als wir es mit endlichen Punktsystemen zu tun haben. Erst bei der Anwendung gruppentheoretischer Begriffe auf die Verhältnisse in Kristallgittern wird sich die Faktorgruppe als wesentliches Hilfsmittel herausstellen. Dabei ist es wichtig, daß die Faktorgruppe einer Gruppe mit unendlich vielen Elementen endlich sein kann, indem endlich viel Nebengruppen auftreten, die ihrerseits unendlich viel Elemente enthalten. Die endliche Faktorgruppe kann nun isomorph sein mit einer anderen endlichen Gruppe $\mathfrak{G}^*$. Wenn das der Fall ist, dann besteht nicht nur eine Korrespondenz zwischen den Elementen von $\mathfrak{G}^*$ zu denen von $\mathfrak{G}/\mathfrak{N}$, d. h. zu den Nebengruppen als solchen, sondern auch zu jedem Einzelelement der betreffenden Nebengruppe. Die Isomorphie ist hier also nicht mehr ein-eindeutig, insofern einem Element von $\mathfrak{G}^*$ viele Elemente von $\mathfrak{G}$ entsprechen, aber jedem Element von $\mathfrak{G}$ nur eins von $\mathfrak{G}^*$.

Es sei z.B. die Gruppe $\mathfrak{G}$ eingeteilt in die Nebengruppen $co N$; $co A_1$; $co B_1$ usw. mit den Einzelelementen

$$E, N_2, \ldots N_k, \ldots; \; A_1, \ldots A_k = A_1 N_k, \ldots; \; B_1, \ldots B_k = B_1 N_k, \ldots \text{ usw.}$$

Die Gruppe $\mathfrak{G}^*$ haben die Elemente $e, a, b, \ldots$, und es entspreche $e \leftrightarrow coN$, $a \leftrightarrow coA_1$, $b \leftrightarrow coB_1$ usw., so daß aus $ab = c$ folgt $coA_1 coB_1 = coA_1B_1 = coC_1$, wo coC_1 gemäß der Definition des Produkts von Nebengruppen die Elemente $C_k = C_1N_k = A_1B_1N_k$ enthält. Dann besteht aber auch die Korrespondenz $a \leftrightarrow A_j = A_1N_j$, $b \leftrightarrow B_l = B_1N_l$ usw., da mit $ab = c$ dann auch folgt $A_jB_l = A_1B_1N_jN_l = A_1B_1N_k = C_k$.

Im Beispiel der Gruppe von Tab. 2 besteht die Faktorgruppe aus zwei Elementen $F_e = coE$ und $F_c = coC$. Die Gruppentafel dieser Faktorgruppe ist

	F_e	F_c
F_e	F_e	F_c
F_c	F_c	F_e

Diese Faktorgruppe ist Abelsch. Eine allgemeine Bedingung dafür, daß eine Faktorgruppe Abelsch ist, läßt sich leicht ableiten. Soll nämlich $F_xF_y = F_yF_x$ sein, dann muß auch gelten $XYN_i = YXN_k$, woraus folgt $XY = YXN_j$ mit $N_j = N_kN_i^{-1}$. Es muß also jedes Produkt XY zu jener Nebengruppe gehören, die durch YX erzeugt wird. Das ist bei der hier betrachteten Gruppe der Fall, denn es ist z. B. $CD = B$, $DC = E$; CD gehört aber in der Tat zur Nebengruppe, die von $DC = E$ erzeugt wird.

§ 4. Symmetrieelemente als Gruppenelemente

Die §§ 2 und 3 gaben einen Abriß der abstrakten Gruppentheorie, in der rein formale Beziehungen zwischen Gruppenelementen mittels ebenso formaler Regeln abgeleitet wurden. Um die Begriffe der abstrakten Gruppentheorie auf spezifische Probleme anzuwenden, müssen wir versuchen, die abstrakten Elemente mit mathematischen oder physikalischen Größen oder Operationen zu identifizieren. Daß gewisse Größen und Operationen überhaupt solche Identifizierung zulassen, ist nicht selbstverständlich. In einem sehr allgemeinen Sinn kann man jede solche Identifizierung eine „Darstellung" der abstrakten Gruppe nennen. Im allgemeinen bezeichnet man aber nur die Darstellung durch lineare homogene Transformationen oder ihre Koeffizientenmatrizen mit diesem Wort. Wir ziehen vor, von einer Realisierung der Gruppen zu sprechen, wenn nicht die eben genannte spezielle Darstellung gemeint ist. Zwischen beiden besteht aber ein enger Zusammenhang.

Im Hinblick auf die Anwendungen auf die Schwingungen eines Moleküls führen wir hier die „Symmetrieelemente" von Molekülen und auch Kristallgittern als mögliche Gruppenelemente ein. Ein Punktsystem läßt eine gewisse Symmetrieoperation zu oder besitzt ein gewisses Symmetrieelement, wenn diese Symmetrieoperation das Punktsystem in eine Lage überführt, die geometrisch sich von der ursprünglichen nicht unterscheidet, wobei aber die Bezeichnung der Punkte sich geändert haben mag. So wird ein gleichseitiges Dreieck aus den Punkten ABC durch eine Drehung um 120° um eine durch den Mittelpunkt senkrecht zur Dreiecksebene gehende ,,Symmetrieachse" in eine identische Position gebracht, und zwar so, daß z. B. A an die Stelle von B, B nach C, C nach A zu liegen kommt.

Wir betrachten in diesem Paragraphen nur die möglichen Symmetrieoperationen von Punktsystemen, ohne schon zu untersuchen, ob auch wirklich Gruppen aus ihnen erhalten werden können. Es soll aber doch schon hier definiert werden, was als Produkt zweier Symmetrieoperationen gelten soll, nämlich das Resultat der Ausführung einer Operation *nach* der andern. Zum Beispiel würde das oben erwähnte Dreieck durch eine auf die erste Drehung folgende zweite Drehung um 120° wieder mit sich selbst zur Deckung kommen, wobei nun A an die Stelle des ursprünglichen C, B nach A, C nach B gelangt. Das ist gleichbedeutend mit einer Drehung aus der Ausgangsstellung um 240°, so daß also das Produkt zweier Drehungen um 120° als Resultat die Drehung um 240° hat. Auch ein inverses Element ist leicht zu definieren; es bedeutet einfach die Rückgängigmachung der Operation, also z. B. Drehung um −120° anstatt um +120°.

Für endliche Punktsysteme kann man folgende Symmetrieelemente unterscheiden[1] (Tab. 3):

Tabelle 3. *Symmetrieelemente von Punktsystemen*

Symmetrie- oder Deckoperation	Name des Elements	Symbolische Bezeichnung
keine, bzw. Drehung um 0° oder 360°	Identität	E (C_1)
Spiegelung an einem Punkt	Symmetriezentrum	i
Spiegelung an einer Ebene	Symmetrieebene	σ
Drehung um $2\pi/n$	n-zählige Drehungsachse oder Symmetrieachse	C_n
Drehung um $2\pi/n$ kombiniert mit Spiegelung an Ebene senkrecht zur Achse	n-zählige Drehspiegelachse	S_n
Drehung um $2\pi/n$ kombiniert mit Spiegelung an Punkt auf der Achse	n-zählige Drehinversionsachse (wird nur in § 6 benutzt)	I_n

C^z = Achse parallel z; σ_z = Ebene senkrecht zu z; σ_h, σ_v = Ebenen senkrecht bzw. parallel einer ausgezeichneten Achse.

[1] Eine Ausdehnung des Symmetriebegriffs auf n Dimensionen hat C. HERMANN, Acta Crystallogr. 2, 139 (1949) gegeben.

In Kristallen kann die Multiplizität n nur die Werte 2, 3, 4 oder 6 annehmen. Für freie Moleküle ist n nicht beschränkt, jedoch haben nur die weiteren Werte 5 und 8 praktische Bedeutung.

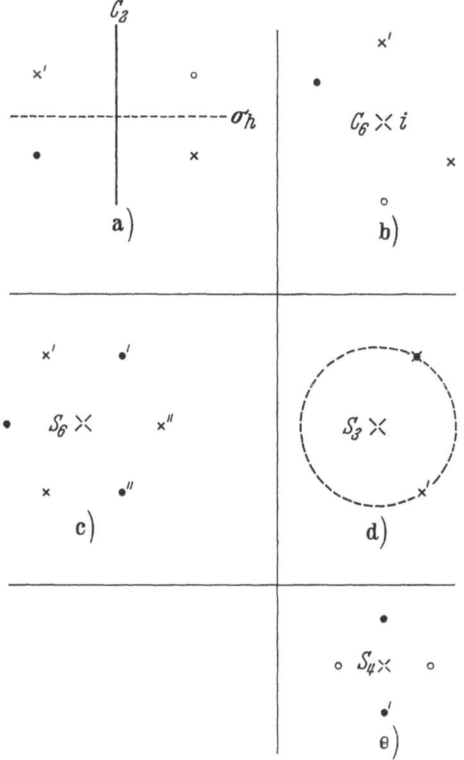

Abb. 1a—e. *Einige Symmetrie-Beziehungen*

a $\bullet \to \times \to \circ = \sigma_h C_2 = \bullet \to \times' \to \circ = C_2\sigma_h = \bullet \to \circ = i$
$\bullet \to \times' \to \times = i\,\sigma_h = \bullet \to \circ \to \times = \sigma_h i = \bullet \to \times = C_2$
$\bullet \to \times \to \times' = i\,C_2 = \bullet \to \circ \to \times' = C_2 i = \bullet \to \times' = \sigma_h$
C_2 in Zeichenebene, σ_h senkrecht dazu.

b i und C_6 senkrecht zur Zeichenebene. $\bullet \to \times \to \circ = C_6 i = \bullet \to \times' \to \circ = iC_6$

c S_6 senkrecht zur Zeichenebene. $\bullet$ oberhalb, $\times$ unterhalb } Zeichenebene.
$\bullet \to \times' = S_6 = \bullet \to \times'' \to \times' = C_3^{-1} i.$

d S_3 senkrecht zur Zeichenebene. $\bullet \to \times' = S_3 = \bullet \to \times \to \times' = C_3\sigma_h$

e S_4 senkrecht zur Zeichenebene $\bullet \to \circ = S_4$, $\bullet \to \bullet' = S_4^2 = C_2$

Die Elemente S_n und I_n bedürfen besonderer Erläuterung. Die Form der Definition in Tab. 3 ließe vermuten, daß es sich um ein Produkt zweier Operationen handeln würde. Das wäre aber nur dann erlaubt, wenn das betreffende Punktsystem auch die einzelnen Faktoren als Symmetrieelemente enthielte. Das ist tatsächlich oft der Fall. Aus dem Beispiel von Abb. 1d geht hervor, daß ein System, das eine ungeradzählige S_n enthält (S_{2m-1}), gleichzeitig auch eine C_{2m-1} und eine σ_h enthält derart, daß $S_{2m-1} = C_{2m-1} \cdot \sigma_h = \sigma_h \cdot C_{2m-1}$. Ferner ist eine S_{4m-2} (Abb. 1c) gleichwertig dem Produkt $C_{2m-1}^m \cdot i$. Für $n = 4m$ ist diese Spaltung in zwei unabhängige Faktoren nicht mehr möglich, wie am Beispiel der Abb. 1e ersichtlich ist, wo das Punktsystem zwar eine S_4 zuläßt, aber weder eine C_4 noch eine σ_h. Ähnlich kann die Drehinversion auf andere Elemente zurückgeführt werden, und zwar ist $I_{4m} = S_{4m}^{2m+1}$, $I_{4m-2} = C_{2m-1}^m \cdot \sigma_h$, $I_{2m-1} = C_{2m-1} \cdot i$, so daß wir auf dieses Element verzichten können. Außer diesen Beziehungen gibt es viele andere, die ohne weiteres aus der Betrachtung geeigneter Punktsysteme gewonnen werden können. Wir erwähnen nur

$$i C_n = C_n i,\ \sigma_h C_2 = C_2 \sigma_h = i,\ \sigma_h i = i \sigma_h = C_2,\ C_2 i = i C_2 = \sigma_h,\ \sigma_x \sigma_y = \sigma_y \sigma_x,$$
$$C_n^z \sigma_x \neq \sigma_x C_n^z .$$

Beispiele findet man in Abb. 1a und 1b, sowie in Abb. 2.

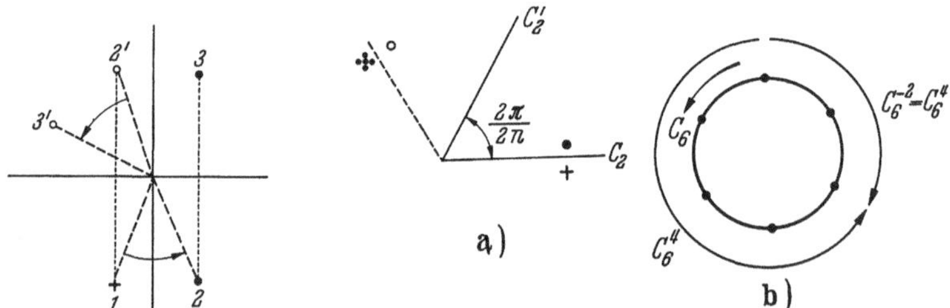

Abb. 2. *Die Operation $C_n^z \sigma_x$*
$1 \to 2 \to 3 = \sigma_x C_n^z$, $1 \to 2' \to 3' = C_n^z \sigma_x$

Abb. 3a u. b. *Abhängigkeit von Symmetrieelementen*
a Zwei Achsen C_2 in Zeichenebene
$+ \to \bullet = C_2$, $\bullet \to \circ,\ + \to \bullet$ $\} = C_2'$, $+ \to \circ,\ \bullet \to \bullet$ $\} = C_n\ (n = 3)$
— — — = neue Achse C_2
b Potenzen von C_6

Mit Hilfe solcher Beziehungen kann eine Symmetrieoperation in verschiedener Weise bezeichnet werden. Davon zu unterscheiden ist eine andere Art von Beziehung, die aussagt, daß gewisse Elemente als Folge gewisser anderer Elemente auftreten. Nur einige charakteristische Beispiele sollen hierfür gegeben werden (Abb. 3).

§ 5. Symmetriegruppen von Molekülen und Kristallen

Symmetrieelemente können in der Tat zu Gruppen vereinigt werden, jedoch nicht willkürlich. Solche Gruppen sollen Symmetriegruppen genannt werden; sie heißen oft auch Symmetrieklassen bzw. Kristallklassen. Wir werden die beiden letzten Bezeichnungen vermeiden, um mögliche Verwechslungen mit den Klassen von Elementen einer Gruppe auszuschließen.

Ein Punktsystem möge eine C_n als Symmetrieelement zulassen. Dann läßt es auch alle Potenzen von C_n zu, und diese Elemente bilden eine cyclische Gruppe[1], $\mathfrak{C}_n$, mit den Elementen

[$\mathfrak{C}_n$] $$C_n, C_n^2, \ldots C_n^{n-1}, C_n^n = E,$$

die man auch, wie leicht ersichtlich, als

$$C_n, C_{n/2}, \ldots C_{n/(n-1)}, C_1 = E$$

schreiben könnte. Diese Gruppe ist Abelsch; sie hat die Ordnung $h = n$; sie hat ebenso viele Klassen wie Elemente; sie hat echte Untergruppen nur, wenn n keine Primzahl ist. Die inversen Elemente bestimmen sich aus der Beziehung (siehe z. B. Abb. 3b)

$$C_n^i \cdot C_n^{n-i} = C_n^n = E.$$

Eine andere Gruppe wird erhalten, wenn an Stelle von C_n eine Drehspiegelachse S_n auftritt. Es wird dann die Gruppe $\mathfrak{S}_n$ mit den Elementen

[$\mathfrak{S}_n$] $$S_n, S_n^2, \ldots S_n^n = E$$

erzeugt, vorausgesetzt, daß n gerade ist. Im abstrakten Sinn sind $\mathfrak{S}_n$ und $\mathfrak{C}_n$ identisch. Ihre Isomorphie bzw. Holomorphie wird durch die Zuordnung $C_n \leftrightarrow S_n$ augenscheinlich. Wie aus § 4 hervorgeht, hat $\mathfrak{S}_n$ nur dann selbständige Bedeutung, wenn n durch 4 teilbar ist. In den anderen Fällen ist S_n durch andere Symmetrieelemente ersetzbar, und es ist dann üblich, die Gruppe in einer der weiter unten erläuterten Weisen zu bezeichnen.

Der Spezialfall der Gruppen mit der Ordnung 2 verdient besondere Erwähnung. Hierzu gehört zunächst $\mathfrak{C}_2$ mit E und C_2 als Elementen. Weitere Symmetriegruppen mit $h = 2$ können aber aus E und i bzw. aus E und σ gebildet werden, die natürlich alle untereinander holomorph sind. Sie werden bezeichnet als

[$\mathfrak{C}_i$] $$\mathfrak{C}_i\,(E, i) \quad \text{und} \quad \mathfrak{C}_s\,(E, \sigma).$$

[$\mathfrak{C}_s$] Aus $\mathfrak{C}_n$, $\mathfrak{C}_i$ und $\mathfrak{C}_s$ können nun weitere Gruppen aus Symmetrieelementen durch die Bildung direkter Produkte erzeugt werden. Und zwar kann man bilden

[$\mathfrak{C}_{ni}$] $$\mathfrak{C}_n \times \mathfrak{C}_i = \mathfrak{C}_{ni} \quad \text{und} \quad \mathfrak{C}_n \times \mathfrak{C}_s = \mathfrak{C}_{nh}.$$

[$\mathfrak{C}_{nh}$] Im Fall von $\mathfrak{C}_{nh}$ ist dies nur möglich, wenn die Symmetrieebene σ senkrecht zur Achse C_n steht, weil ja nur dann die Elemente von $\mathfrak{C}_n$

[1] Zur Erleichterung des späteren Auffindens der Definitionen der verschiedenen Gruppen sind deren Bezeichnungen beim ersten Auftreten am Rand in fetterem Druck hervorgehoben.

mit denen von $\mathfrak{C}_s$ als Produktfaktoren vertauschbar sind (vgl. § 2). Aus gleichem Grunde verlangen wir, daß i von $\mathfrak{C}_{ni}$ auf der Achse C_n liegen soll. Hierfür gibt es aber noch einen anderen Grund. Wenn Symmetrieelemente zu Symmetriegruppen zusammengefaßt werden sollen, deren Symmetrieoperationen ein endliches Punktsystem in sich überführen („Punktgruppen"), so kann das nur dann geschehen, wenn alle Symmetrieelemente des Punktsystems einen Punkt im Raum gemeinsam haben.

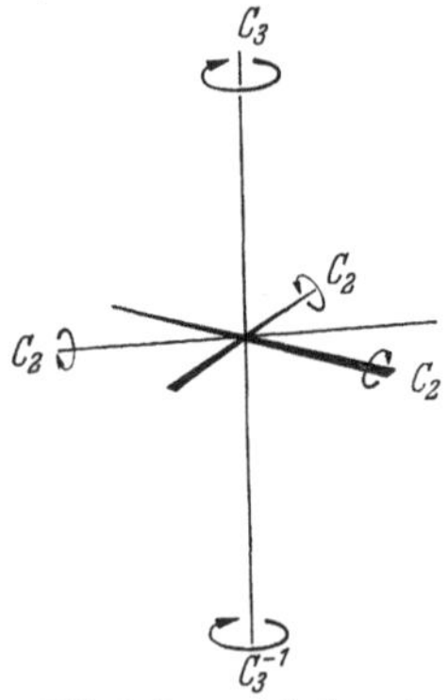

Abb. 4. *Symmetrieelemente von $\mathfrak{D}_3$ (perspektivisch)* Die Drehrichtungen von C_3 und C_3^{-1} sind entgegengesetzt

Für *gerades* n ist $\mathfrak{C}_{ni}$ identisch mit $\mathfrak{C}_{nh}$. Für *ungerades* n hätte man für $\mathfrak{C}_{ni}$ auch $\mathfrak{S}_{2n}$ schreiben können, insofern für die Elemente

$$E,\ C_n,\ C_n^2,\ \ldots\ C_n^{n-1},\ i,\ iC_n,$$
$$\ldots\ iC_n^{\frac{n+1}{2}},\ iC_n^{\frac{n+3}{2}},\ \ldots\ iC_n^{\frac{n+n-2}{2}}$$

auch geschrieben werden kann

$$E,\ S_{2n}^2,\ S_{2n}^4,\ \ldots\ S_{2n}^{2n-2},\ S_{2n}^n = i,\ S_{2n}^{n+2},$$
$$\ldots\ S_{2n}^{n+(n+1)} = S_{2n},\ S_{2n}^3,\ \ldots\ S_{2n}^{n-2}.$$

Die Gruppe $\mathfrak{S}_{2n}$ ist nicht eine neue, mit $\mathfrak{C}_{ni}$ isomorphe Gruppe; es ist dieselbe Gruppe $\mathfrak{C}_{ni}$, nur in anderer Schreibweise der Elemente, während aber z. B. $\mathfrak{S}_4$ und $\mathfrak{C}_4$ verschiedene, aber isomorphe Symmetriegruppen darstellen. Man kann übrigens an Beispielen leicht feststellen, daß tatsächlich unter den angegebenen Elementen von $\mathfrak{S}_{2n}$ alle Potenzen von S_{2n} vorkommen, wie es sein muß. In ähnlicher Weise ist für ungerades n die Gruppe $\mathfrak{C}_{nh}$ mit $\mathfrak{S}_n$ identisch.

[$\mathfrak{D}_n$] Neue Symmetriegruppen werden erhalten, wenn zu einer C_n^z eine C_2 senkrecht zur z-Richtung hinzugefügt wird, etwa eine C_2^x. Dann gibt es nach § 4 im ganzen n Achsen C_2 in der Ebene senkrecht zu z mit gleichen Winkeln untereinander. Diese Elemente bilden die Gruppe $\mathfrak{D}_n$ (Diedergruppe), die also aus $2n$ Elementen besteht, nämlich (vgl. Abb. 4)

$$E,\ C_n^z,\ \ldots\ (C_n^z)^{n-1}, \qquad n \text{ Achsen } C_2 \text{ (oder kurz } nC_2).$$

Diese Gruppe ist nicht Abelsch. Es kann daher in einer Klasse mehr als ein Element auftreten, und es sollen nun die Elemente von $\mathfrak{D}_n$ auf ihre Klassen aufgeteilt werden. Um die Bedeutung des Klassenbegriffs für die Symmetriegruppen besser zu verstehen, soll eine geometrische Beschreibung des Begriffs der konjugierten Elemente gegeben werden. Wir greifen zwei Symmetrieelemente heraus, die mit Bezug auf ihre Lage im Raum mit a und b bezeichnet werden mögen; die diesbezüglichen Symmetrieoperationen sollen mit A und B bezeichnet werden, und es soll B zu A konjugiert sein; es soll also gelten $B = G A G^{-1}$, wobei G irgendeine andere Symmetrieoperation der Gruppe ist. Damit diese Beziehung zwischen B, A und G gültig ist, muß G eine Operation sein, die a in die Lage von b bringen würde. Denn dann bringt G^{-1} das Element b in die Lage von a; die Operation A ändert nichts an der neuen Lage[1], so daß also auch $A G^{-1}$ das Element b nach a bringt. Weitere Multiplikation mit G bringt das Element nach b zurück, so daß also

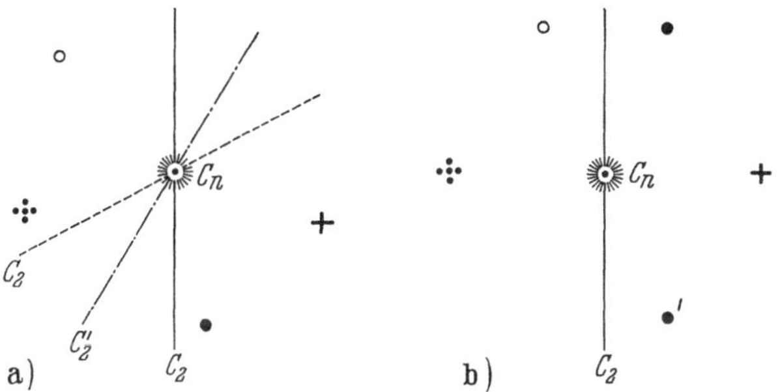

Abb. 5a u. b. *Konjugierte Operationen.*

a) $C_n^{-1} C_2 C_n = C_2$

● → + = C_n, + → ⁘ = C_2, ⁘ → ○ = C_n^{-1}

● → ○ = C_2 in anderer Lage;

═══ sind in derselben Klasse, —·—·— in einer anderen Klasse;

b) $C_2^{-1} C_n C_2 = C_n^{-1}$

+ → ⁘ = C_2, ⁘ → ○ = C_n, ○ → ● = C_2^{-1}, + → ● = C_n^{-1}

+ ● oberhalb, ⁘ ○ unterhalb } Zeichenebene, ⊛ = C_n senkrecht dazu

Wenn C_2 zu C_n parallel wäre, dann würde gelten $C_2^{-1} C_n C_2 = + \rightarrow$ ●′

$G A G^{-1}$ an der Lage von b nichts ändert und mit der Operation B identisch ist. Das bedeutet demnach, daß solche Symmetrieoperationen konjugiert sind, zu einer Klasse gehören, deren zugehörige Elemente durch irgendeine Operation der Gruppe ineinander übergeführt werden können. Beispiele findet man in Abb. 5.

Wendet man dieses Prinzip auf die Gruppe $\mathfrak{D}_n$ an, so erkennt man, daß die C_n und ihre Potenzen durch eine Rotation um eine der Achsen C_2 in ihre Inversen transformiert werden (Abb. 4 oder Abb. 5b). Also gehören die zwei verschiedenen Elemente C_n^i und C_n^{-i} einer Klasse an. Wenn aber $n = 2p$, so gibt es einen Spezialfall, in welchem eine Potenz von C_n, nämlich C_n^p, allein in ihrer Klasse steht, da dann ja $C_n^p = C_n^{-p} = C_2$ ist.

In gleicher Weise stellt man fest, daß die verschiedenen Achsen C_2 zu Klassen zusammengefaßt werden können, wobei die Fälle $n = 2p$ und $n = 2p + 1$ unterschieden werden müssen. Wenn $n = 2p + 1$, so

[1] Hier ist zu bedenken, daß Symmetrie*operationen* als Faktoren eines Produkts fest im Raum verankert gedacht werden.

wird die wiederholte Drehung um $2\pi/n$ *alle* Achsen C_2 reproduzieren, wenn von einer ausgegangen wird. Ist aber $n = 2p$, so gibt es zwei verschiedene Systeme von Achsen C_2 (C_2 und C_2'), die nicht auseinander durch Drehung um $2\pi/n$ hervorgehen. Nur eine C_{2n} würde das eine in das andere System überführen (vgl. Abb. 3).

$\mathfrak{D}_n$ hat also folgende Klassen:

$$(n = 2p) E,\ C_n + C_n^{-1} = 2C_n,\ 2C_n^2,\ \ldots 2C_n^{p-1},\ C_n^p,\ pC_2,\ pC_2' \qquad (p + 3 \text{ Klassen})$$

$$(n = 2p + 1)\, E,\ 2C_n,\ 2C_n^2,\ \ldots 2C_n^{p-1},\ 2C_n^p,\ nC_2 \qquad (p + 2 \text{ Klassen}).$$

Die Gruppe $\mathfrak{D}_2$ bildet einen interessanten Spezialfall. Sie ist isomorph zur abstrakten Vierergruppe des § 2. $\mathfrak{D}_2$ ist im Unterschied zu den anderen Gruppen $\mathfrak{D}_n$ eine Abelsche Gruppe, und es gibt keine ausgezeichnete Drehachse.

[$\mathfrak{C}_{nv}$] Gruppen, die isomorph mit $\mathfrak{D}_n$ sind, werden erhalten, wenn für jede C_2 von $\mathfrak{D}_n$ eine Symmetrieebene σ_v durch die C_n substituiert wird. Man erzeugt so die Gruppe $\mathfrak{C}_{nv}$ mit E, C_n, $\ldots$ C_n^{n-1}, $n\sigma_v$.

Aus $\mathfrak{D}_n$, $\mathfrak{C}_i$ und $\mathfrak{C}_s$ können wieder neue Gruppen als direkte Produkte gebildet werden. Man erhält

[$\mathfrak{D}_{nh}$] $$\mathfrak{D}_{nh} = \mathfrak{D}_n \times \mathfrak{C}_s \qquad (n \text{ gerade oder ungerade}),$$

wobei die Elemente $C_n \cdot \sigma_h$ auch als S_n oder iC_{2n}^{-1} geschrieben werden können;

$$\mathfrak{D}_{nh} = \mathfrak{D}_n \times \mathfrak{C}_i \qquad (n \text{ gerade}),$$

wobei die Elemente iC_2 auch als σ_v (senkrecht zu C_2) geschrieben werden können;

[$\mathfrak{D}_{nd}$] $$\mathfrak{D}_{nd} = \mathfrak{D}_n \times \mathfrak{C}_i \qquad (n \text{ ungerade}),$$

wobei das Zusammenwirken von C_n, C_2 und i vertikale Symmetrieebenen σ_d erzeugt, die zwischen den C_2 liegen („diagonal").

Die Klassen dieser Gruppen brauchen nicht ausführlich aufgeschrieben zu werden. Sie ergeben sich aus denen der Faktoren des direkten Produkts. Nach § 2 sind es jedesmal doppelt so viele Klassen als für $\mathfrak{D}_n$.

Eine weitere Symmetriegruppe wird erhalten, wenn in $\mathfrak{D}_n$ die Drehachse C_n durch eine S_n ersetzt wird, wobei $n = 4p$ sein soll. Dann erhält man also eine Gruppe mit den Elementen bzw. Klassen

[$\mathfrak{D}_{\frac{n}{2}d}$] $E,\ 2S_{4p},\ 2S_{4p}^2\ \ldots\ 2S_{4p}^{n-1},\ S_{4p}^n,\ 2p$ Achsen C_2, $2p$ Ebenen σ_d,

die mit $\mathfrak{D}_{\frac{n}{2}d}$ bezeichnet wird. Sie ist isomorph (aber nicht identisch) mit $\mathfrak{D}_n$, mit den Klassen $E,\ 2C_{4p},\ \ldots\ C_{4p}^n,\ 2pC_2,\ 2pC_2'$.

[$\mathfrak{C}_\infty$] Lineare Moleküle können als Punktsysteme mit einer C_∞ aufgefaßt werden, aus der als natürliche Extrapolation von $\mathfrak{C}_n$, $\mathfrak{C}_{nh}$, $\mathfrak{C}_{nv}$ die Gruppen $\mathfrak{C}_\infty$, $\mathfrak{C}_{\infty h}$, $\mathfrak{C}_{\infty v}$ gebildet werden können. Die Zahl der Elemente ist unendlich. Man kann die C_∞ von $\mathfrak{C}_\infty$ schreiben als $C(\varphi)$, wo φ jeden Wert

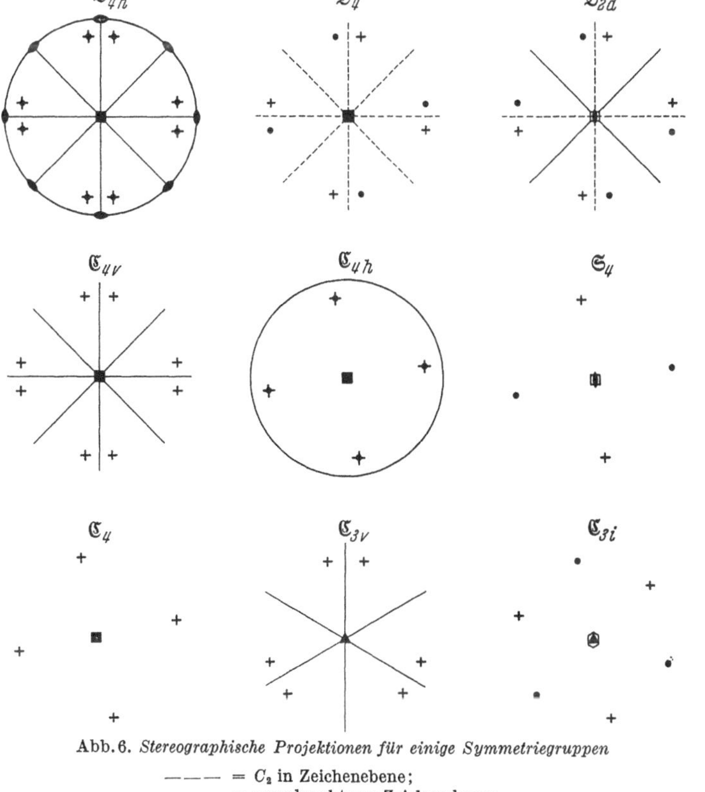

Abb. 6. *Stereographische Projektionen für einige Symmetriegruppen*

– – – = C_2 in Zeichenebene;
——— = σ senkrecht zur Zeichenebene;
(Symbol) = ——— und – – – kombiniert.
Kreis = σ in Zeichenebene;
• + = Punkte oberhalb bzw. unterhalb Zeichenebene, die auseinander durch Symmetrieoperationen hervorgehen;
⬮ ▲ ■ □ ⬡ = C_2, C_3, C_4, S_4, S_6 senkrecht zur Zeichenebene

zwischen 0 und 2π annehmen kann mit $C(0) = C(2\pi) = E$. Ein lineares Molekül hat übrigens automatisch die Symmetrie $\mathfrak{C}_{\infty v}$, wenn es die von $\mathfrak{C}_\infty$ hat.

[$\mathfrak{D}_\infty$] Ebenso gibt es eine Gruppe $\mathfrak{D}_\infty$ bzw. $\mathfrak{D}_{\infty h}$ mit unendlich vielen Achsen C_2 als Extrapolation von $\mathfrak{D}_n$ bzw. $\mathfrak{D}_{nh}$. Lineare Moleküle mit σ_h oder i haben automatisch die volle Symmetrie von $\mathfrak{D}_{nh}$.

Die bisher erwähnten Gruppen erschöpfen alle Möglichkeiten, solange nur eine einzige Achse C_n mit $n > 2$ angenommen wird. Abb. 6 gibt stereographische Projektionen von Punktsystemen und die Lage von Symmetrieelementen für einige ausgewählte Punktgruppen.

Weitere mögliche Punktgruppen enthalten mehrere C_n unter gewissen nicht willkürlich wählbaren Winkeln. Die Beschränkung in der Wahl der Winkel wird in § 6 begründet werden. Hier zählen wir einfach die Gruppen auf. (Vgl. Abb. 7.)

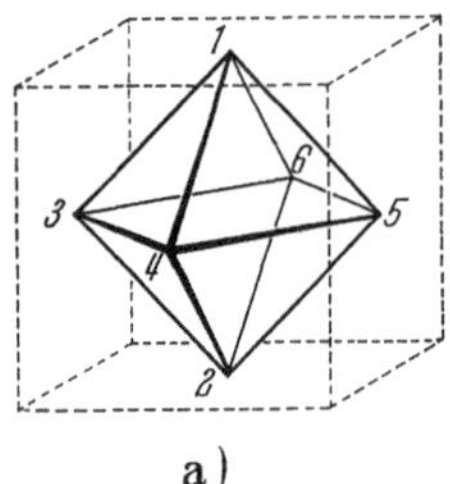

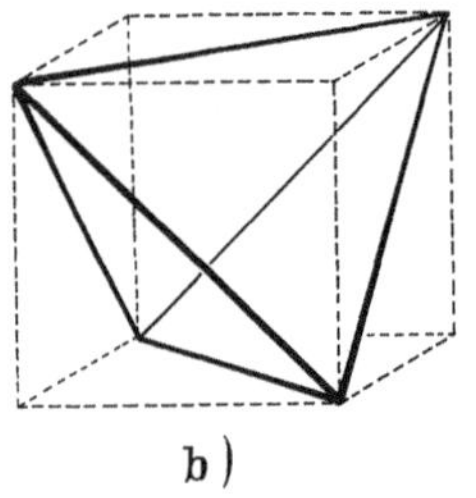

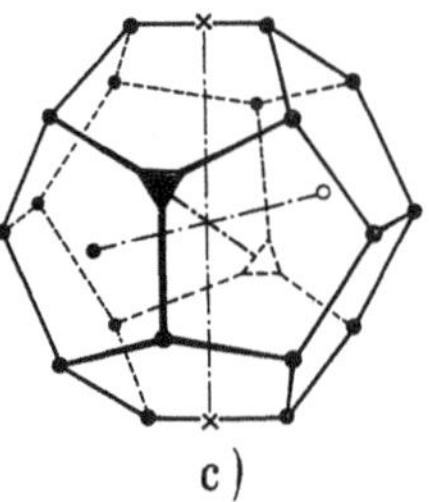

Abb. 7a—c. *Polyeder.* a Würfel und Oktaeder; b Würfel und Tetraeder; c Ikosaeder mit je einem Vertreter der Symmetrieelemente der Gruppe $\mathfrak{P}$
●—·—·—○ = C_5, ▲—·—·—△ = C_3, ×—·—·—× = C_2

[$\mathfrak{T}$] Die „Tetraedergruppe“ $\mathfrak{T}$ hat die Symmetrieelemente eines regulären Tetraeders, und zwar in vier Klassen, nämlich:

E;

$4C_3$ unter Winkeln von $\varphi = 109°\,28'\,16''$ $\left(\cos\varphi = -\frac{1}{3}\right)$ = Verbindungslinien vom Mittelpunkt zu den Ecken des Tetraeders = Raumdiagonalen des dem Tetraeder umschriebenen Würfels;

$4C_3^2$;

$3C_2$ unter Winkeln von $90°$ = Verbindung gegenüberliegender Kantenmitten des Tetraeders = Verbindung der Flächenmitten des Würfels.

Eine C_3 und die dazugehörige C_3^{-1} sind in verschiedenen Klassen, da keines der Symmetrieelemente sie ineinander überführt; aber jede C_3 kann durch eine C_2 in eine C_3 von anderer Lage transformiert werden.

[$\mathfrak{T}_h$] Aus $\mathfrak{T}$ kann das direkte Produkt $\mathfrak{T}_h = \mathfrak{T} \times \mathfrak{C}_i$ gebildet werden, das zu den Elementen von $\mathfrak{T}$ Symmetrieebenen senkrecht zu den C_2-Achsen, ein Symmetriezentrum und die Elemente $iC_3 = S_6$ enthält.

[$\mathfrak{O}$] Die „Oktaedergruppe“ $\mathfrak{O}$ hat die Symmetrieelemente des regulären Oktaeders in 5 Klassen, nämlich:

E;

$4C_3 + 4C_3^{-1}$ = Verbindung gegenüberliegender Flächenmitten;

$3C_4 + 3C_4^{-1}$ = Verbindung gegenüberliegender Ecken;

$3C_4^2 = 3C_2$;

$6C_2'$ = Verbindung gegenüberliegender Kantenmitten.

Eine C_3 wird in die zugehörige C_3^{-1} durch eine geeignete Achse C_2' transformiert. Ebenso kann eine C_4 in ihre inverse Achse transformiert werden.

[$\mathfrak{O}_h$] Das direkte Produkt $\mathfrak{O}_h = \mathfrak{O} \times \mathfrak{C}_i$ ergibt die Symmetrieelemente des Würfels.

[$\mathfrak{T}_d$] Eine von $\mathfrak{O}$ verschiedene aber dazu isomorphe Gruppe ist $\mathfrak{T}_d$ mit den Elementen

E;
$4C_3 + 4C_3^{-1}$ wie in $\mathfrak{O}$;
$3S_4 + 3S_4^{-1}$ wie C_4 in $\mathfrak{O}$;
$3S_4^2 = 3C_2$;
$6\sigma_d =$ Diagonalflächen des Würfels (sie enthalten je zwei der dreizähligen Achsen).
Das direkte Produkt $\mathfrak{T}_d \times \mathfrak{C}_i$ würde wieder $\mathfrak{O}_h$ ergeben.

[$\mathfrak{P}$] Die Ikosaedergruppe oder Pentagondodekaedergruppe $\mathfrak{P}$ hat die Elemente

E;
$6C_5 + 6C_5^{-1} =$ Verbindung gegenüberliegender Flächenmitten;
$6C_5^2 + 6C_5^{-2}$;
$10C_3 + 10C_3^{-1} =$ Verbindung gegenüberliegender Ecken;
$15C_2 =$ Verbindung gegenüberliegender Kantenmitten.

[$\mathfrak{P}_h$] Als direktes Produkt ergibt sich $\mathfrak{P}_h = \mathfrak{P} \times \mathfrak{C}_i$ mit zusätzlichen Symmetrieebenen senkrecht zu jeder C_2 von $\mathfrak{P}$.

[$\mathfrak{K}$] Der Vollständigkeit wegen erwähnen wir die Kugelgruppen $\mathfrak{K}$ bzw. $\mathfrak{K}_h$ mit einer unendlichen Anzahl unendlich-zähliger Achsen in allen Richtungen. Sie gibt die Symmetrie eines „einatomigen Moleküls" an.

Nicht zu allen hier aufgezählten Symmetriegruppen gibt es Beispiele von in der Natur existierenden Molekülen. Einige wenige seien hier genannt: $\begin{matrix}Cl\\Cl\end{matrix}\!\!>\!S{=}O$ mit S oberhalb der Zeichenebene ($\mathfrak{C}_s$); trans-$C_2H_2Cl_2$ ($\mathfrak{C}_{2h}$); cis-$C_2H_2Cl_2$, H_2O ($\mathfrak{C}_{2v}$); C_2H_4 ($\mathfrak{D}_{2h}$); NH_3 ($\mathfrak{C}_{3v}$); BCl_3, CO_3-Ion ($\mathfrak{D}_{3h}$); H_3CCH_3, falls die CH_3-Gruppen gegeneinander um 60° gedreht sind ($\mathfrak{D}_{3d}$); Cyclobutan C_4H_8 ($\mathfrak{D}_{4h}$); S_8 als nichtebenes Achteck ($\mathfrak{D}_{4d}$); C_6H_6 ($\mathfrak{D}_{6h}$); CCl_4 ($\mathfrak{T}_d$); SF_6 ($\mathfrak{O}_h$); N_2O ($\mathfrak{C}_{\infty v}$); CO_2 ($\mathfrak{D}_{\infty h}$).

Daß mit den hier beschriebenen Gruppen wirklich alle Möglichkeiten für Symmetriegruppen endlicher Punktsysteme erschöpft sind, soll in § 6 bewiesen werden. In Tab. 4 werden nochmals alle Symmetriegruppen zusammengestellt, wobei außer der von uns bisher und auch weiterhin benutzten Schoenfliesschen Bezeichnung der Gruppen auch die moderne von Hermann-Mauguin angegeben ist, die als die international anerkannte gilt. Jedoch ist die Bezeichnung nach Schoenflies noch immer in der Molekülphysik allgemein üblich.

Tabelle 4. *Zusammenstellung der Punktgruppen*

Bezeichnung nach Schoenflies	Bezeichnung nach Hermann-Mauguin	Bemerkungen und Spezialfälle
$\mathfrak{C}_n$	n	
$\mathfrak{C}_{ni}$	$\bar{n}$	n ungerade, $\mathfrak{C}_i = \bar{1}$
$\mathfrak{S}_n$	$\bar{n}$	$n = 4$p
$\mathfrak{C}_{nh}$	n/m	$\mathfrak{C}_s = m$
$\mathfrak{C}_{nv}$	$n\ m\ m$	n gerade, $\mathfrak{C}_{2v} = m\ m$
	$n\ m$	n ungerade
$\mathfrak{D}_n$	$n\ 2\ 2$	n gerade
	$n\ 2$	n ungerade
$\mathfrak{D}_{nh}$	$n/m\ m\ m$	n gerade, $\mathfrak{D}_{2h} = m\ m\ m$
	$\bar{n}\ 2\ m$	n ungerade
$\mathfrak{D}_{nd}$	$\overline{2n}\ 2\ m$	n gerade
	$\bar{n}\ 2/m$	n ungerade
$\mathfrak{T}$	$2\ 3$	
$\mathfrak{T}_h$	$m\ 3$	
$\mathfrak{T}_d$	$\bar{4}\ 3\ m$	
$\mathfrak{O}$	$4\ 3\ 2$	
$\mathfrak{O}_h$	$m\ 3\ m$	

Das Hermann-Mauguinsche System der Bezeichnung beruht auf folgenden Konventionen: Die erste Zahl in der Gruppenbezeichnung gibt die Multiplizität der ausgezeichneten Achse; darauf folgende *Zahlen* entsprechen den Multiplizitäten anderer, nicht-äquivalenter Achsen; m (als Buchstabe) bezeichnet eine Symmetrieebene; n/m deutet an, daß die Ebene senkrecht zur n-zähligen Achse steht; mehrere Buchstaben m zeigen mehrere nicht-äquivalente Ebenen an; ein Querstrich über einer Zahl steht für eine I_n. In der in Tab. 4 angegebenen „abgekürzten" Bezeichnung sind nur die zur Unterscheidung notwendigen Symmetrieelemente berücksichtigt.

Die Punktgruppen können als geometrische Realisationen abstrakter Gruppen oder von direkten Produkten solcher Gruppen aufgefaßt werden. Tab. 5 gibt diese abstrakten Gruppen mit ihren erzeugenden Elementen und den definierenden Relationen zwischen diesen an. Dies ist natürlich nur ein kleiner Teil aller denkbaren abstrakten Gruppen. Andere als die der Tab. 5 können jedoch nicht als Symmetriegruppen realisiert werden. So könnte man z. B. eine Gruppe 9. Ordnung aus den erzeugenden Elementen S und T mit den Relationen $S^3 = E$, $T^3 = E$, $ST = TS$ bilden. Falls eine geometrische Realisierung versucht würde, so könnten S und T nur dreizähligen Achsen entsprechen. Für solche ist aber die Beziehung $ST = TS$ nur möglich, wenn sie in ihrer Lage im

Raum zusammenfallen, d. h. wenn entweder $S = T$ oder $S = T^2$ oder $S^2 = T$ ist. In jedem dieser Fälle würde sich die Gruppe auf die cyclische $\mathfrak{C}_3$ reduzieren.

Tabelle 5. *Erzeugende Elemente von Punktgruppen*

Gruppe	Elemente	Beziehungen
$\mathfrak{C}_n$	$E, A\,(= C_n)$	$A^n = E$
$\mathfrak{D}_n$	$E, A\,(= C^z_n), B\,(= C^x_2)$	$A^n = E, B^2 = E, BAB = \mathrm{A}^{-1}$
$\mathfrak{T}$	$E, A(= C_3), B(= C_2)$	$A^3 = E, B^2 = E, (AB)^3 = E,$ $(BA^{-1}BA)^2 = E$
$\mathfrak{O}$	$E, A(= C_4), B(= C_3)$	$A^4 = E, B^3 = E, (BA)^2 = E$
$\mathfrak{P}$	$E, A(= C_5), B(= C_2)$	$A^5 = E, B^2 = E, (BA)^3 = E$

Die in Tab. 5 angegebenen Beziehungen zwischen verschiedenen Elementen drücken geometrische Beziehungen aus, wie man an Hand von Beispielen leicht verifizieren kann. Die Beziehung $BAB = A^{-1}$ der Gruppe $\mathfrak{D}_n$ (Abb. 5b) ist äquivalent der Existenz von C_2-Achsen, die zu C_n senkrecht stehen. Nur dann ist nämlich die Operation $C_2 C_n C_2$ identisch mit der Operation, die in Abb. 5b den Punkt + in den Punkt • überführt. In einem anderen Beispiel wird durch die Gleichung $(BA)^2 = E$ von $\mathfrak{O}$ eine C_2 parallel zur Flächendiagonale eines Würfels definiert.

Das Beispiel der Tetraedergruppe soll etwas genauer betrachtet werden. Die Ecken eines Tetraeders seien mit 1, 2, 3, 4 bezeichnet; die durch diese Ecken gehenden Achsen C_3 der Reihe nach mit A, C, D, F; deren Quadrate mit I, K, L, M; die Achsen C_2 durch die Mittelpunkte von $1 \to 2$, $1 \to 4$, $2 \to 4$ mit B, G, H. Der Drehungssinn sei dadurch definiert, daß die Achsen A, B, C, D, F die Transformationen ausführen $2 \to 3 \to 4 \to 2$, $1 \to 4 \to 3 \to 1$, $1 \to 2 \to 4 \to 1$, $1 \to 3 \to 2 \to 1$. Dann entspricht das Produkt AB der Drehung F, wie man durch Verfolgen eines Punktes auf einer Tetraederkante durch alle Operationen hindurch einsieht, und in der Tat ist $(AB)^3 = E$, wie es der Definition entspricht. Ferner ist $BA = D$. Wegen $F^3 = E$ ist außerdem $AD = ABA = B^{-1}A^{-1}B^{-1}$ [da $(ABA)(BAB) = E$] $= BA^{-1}B$ [da $B^2 = E$] $= BA^2B = DF$, und dieses ist, wie man sich geometrisch überzeugt, gleich K. Auf diese Weise kann die vollständige Gruppentafel hergestellt werden. Die Zuhilfenahme geometrischer Vorstellung ist nicht notwendig. Die definierenden Beziehungen reichen aus, um aus E, A, B und neun weiteren aus ihnen gebildeten Produkten

$$A^2 = I,\ \ AB = F,\ \ BA = D,\ \ F^2 = M,\ \ D^2 = L,\ \ BF = C,\ \ AD = K$$
$$ADF = G,\ \ DFA = H$$

die Gruppentafel zu konstruieren. (Die Bezeichnung der eben genannten Produkte ist an sich willkürlich, ist aber so gewählt, daß sie mit der oben gegebenen geometrischen Definition übereinstimmt.) Dann ist z. B.

$$AH = ABA^2BA = AA^2BAB[\text{wegen}\,(BA^{-1}BA)^2 = E] = BAB = DB = BF$$

$$\searrow \qquad \left.\begin{aligned} = (ABA)\,(ABA) &= (AD)^2 \\ &= (FA)^2 \\ &= K^2 \end{aligned}\right\} = C \qquad\qquad \searrow \; = C$$

Die vollständige Gruppentafel der Tetraedergruppe sei hier wiedergegeben:

Gruppentafel der Tetraedergruppe

	E	*A*	*B*	*C*	*D*	*F*	*G*	*H*	*I*	*K*	*L*	*M*
E	*E*	*A*	*B*	*C*	*D*	*F*	*G*	*H*	*I*	*K*	*L*	*M*
A	*A*	*I*	*F*	*M*	*K*	*L*	*D*	*C*	*E*	*G*	*B*	*H*
B	*B*	*D*	*E*	*F*	*A*	*C*	*H*	*G*	*M*	*L*	*K*	*I*
C	*C*	*L*	*D*	*K*	*M*	*I*	*F*	*A*	*G*	*E*	*H*	*B*
D	*D*	*M*	*C*	*I*	*L*	*K*	*A*	*F*	*B*	*H*	*E*	*G*
F	*F*	*K*	*A*	*L*	*I*	*M*	*C*	*D*	*H*	*B*	*G*	*E*
G	*G*	*C*	*H*	*A*	*F*	*D*	*E*	*B*	*L*	*M*	*I*	*K*
H	*H*	*F*	*G*	*D*	*C*	*A*	*B*	*E*	*K*	*I*	*M*	*L*
I	*I*	*E*	*L*	*H*	*G*	*B*	*K*	*M*	*A*	*D*	*F*	*C*
K	*K*	*H*	*M*	*E*	*B*	*G*	*I*	*L*	*F*	*C*	*A*	*D*
L	*L*	*G*	*I*	*B*	*E*	*H*	*M*	*K*	*C*	*F*	*D*	*A*
M	*M*	*B*	*K*	*G*	*H*	*E*	*L*	*I*	*D*	*A*	*C*	*F*

In gleicher Weise wird die hier folgende Multiplikationstabelle für die Oktaedergruppe erhalten. Die Elemente sind dabei wie folgt bezeichnet (vgl. Abb. 7): A $(3 \to 4 \to 5 \to 6 \to 3)$, A^2, A^3, B $(1 \to 4 \to 5 \to 1)$, B^2, $C = AB^2$ $(1 \to 6 \to 2 \to 4 \to 1)$, C^2, C^3, $D = A^3B$ $(1 \to 3 \to 2 \to 5 \to 1)$, D^2, D^3, $F = A^2B^2$ $(1 \to 3 \to 4 \to 1)$, F^2, $G = AB^2A$ $(1 \to 6 \to 3 \to 1)$, G^2, $H = B^2A^2$ $(1 \to 5 \to 6 \to 1)$, H^2, $I = BA$ $(1 \leftrightarrow 4)$, $K = AB$ $(1 \leftrightarrow 5)$, $L = A^2B^2A$ $(1 \leftrightarrow 3)$, $M = AB^2A^2$ $(1 \leftrightarrow 6)$, $N = AB^2A^2B$ $(3 \leftrightarrow 4)$, $O = B^2AB^2$ $(4 \leftrightarrow 5)$.

Für die Ikosaedergruppe verzichten wir auf die ausführliche Darstellung der Gruppentafel.

Bisher haben wir nur Punktgruppen betrachtet, d. h. solche Gruppen, die ein endliches Punktsystem in sich überführen, wie es für die Behandlung von Molekülschwingungen angebracht ist. Um auch auf die Verhältnisse in Kristallen einzugehen, ist die Verwendung von „Raumgruppen“ notwendig.

Ein ideales Kristallgitter ist ein unendlich ausgedehntes Punktsystem, das als eine periodische Wiederholung einer „Basis“, die in einer „Einheitszelle“ oder „Basiszelle“ enthalten ist, aufgefaßt werden kann. Die periodische Struktur des Punktsystems wird beschrieben durch Translationsrichtungen im Raum, längs deren eine Verschiebung des

Gruppentafel der Oktaedergruppe

	E	A	A^2	A^3	C	C^2	C^3	D	D^2	D^3	B	B^2	F	F^2	G	G^2	H	H^2	I	K	L	M	N	O
E	E	A	A^2	A^3	C	C^2	C^3	D	D^2	D^3	B	B^2	F	F^2	G	G^2	H	H^2	I	K	L	M	N	O
A	A	A^2	A^3	E	F	N	H	B	O	G	K	C	I	D^3	L	C^3	M	D	B^2	H^2	F^2	G^2	D^2	C^2
A^2	A^2	A^3	E	A	I	D^2	M	K	C^2	L	H^2	F	B^2	G	F^2	H	G^2	B	C	D	D^3	C^3	O	N
A^3	A^3	E	A	A^2	B^2	O	G^2	H^2	N	F^2	D	I	C	L	D^3	M	C^3	K	F	B	G	H	C^2	D^2
C	C	G	M	H^2	C^2	C^3	E	F	I	B^2	A	K	L	A^3	O	D	D^3	N	A^2	H	G^2	D^2	F^2	B
C^2	C^2	O	D^2	N	C^3	E	C	L	A^2	K	G	H	G^2	H^2	B	F	B^2	F^2	M	D^3	D	I	A^3	A
C^3	C^3	B	I	F^2	E	C	C^2	G^2	M	H	O	D^3	D	N	A	L	K	A^3	D^2	B^2	F	A^2	H^2	G
D	D	F	L	G^2	H^2	K	B	D^2	D^3	E	I	A^3	N	C^3	C	O	A	M	F^2	A^2	C^2	G	H	B^2
D^2	D^2	N	C^2	O	M	A^2	I	D^3	E	D	F^2	G^2	H	B	H^2	B^2	F	G	C^3	L	K	C	A	A^3
D^3	D^3	H	K	B^2	G	L	F^2	E	D	D^2	C^3	O	A	I	M	A^3	N	C	B	C^2	A^2	H^2	F	G^2
B	B	I	F^2	C^3	D	H^2	K	O	G	A	B^2	E	D^2	H	F	C^2	A^2	G^2	D^3	A^3	N	L	M	C
B^2	B^2	D^3	H	K	O	G^2	A^3	C	F	I	E	B	G	A^2	D^2	H^2	F^2	C^2	A	C^3	M	N	L	D
F	F	L	G^2	D	N	H	A	I	B^2	C	A^2	H^2	F^2	E	C^2	B	G	B^2	A^3	M	C^3	O	D^3	K
F^2	F^2	C^3	B	I	D^3	G	L	A^3	H^2	N	G^2	D^2	E	F	H	A^2	C^2	B^2	D	O	A	K	C	M
G	G	M	H^2	C	L	F^2	D^3	A	B	O	H	C^2	A^2	B^2	G^2	E	D^2	F	K	N	A^3	D	I	C^3
G^2	G^2	D	F	L	A^3	B^2	O	M	H	C^3	D^2	F^2	H^2	C^2	E	C	B	A^2	N	I	C	A	K	D^3
H	H	K	B^2	D^3	A	F	N	C^3	G^2	M	C^2	G	B	D^2	A^2	F^2	H^2	E	O	C	I	A^3	D	L
H^2	H^2	C	G	M	K	B	D	N	F^2	A^3	F	A^2	C^2	G^2	B^2	D^2	E	H	L	A	O	D^3	C^3	I
I	I	F^2	C^3	B	D^2	M	A^2	B^2	C	F	A^3	D	D^3	A	N	K	L	O	E	G^2	H	C^2	G	H^2
K	K	B^2	D^3	H	B	D	H^2	C^2	L	A^2	C	A	O	M	I	N	A^3	C^3	G	E	D^2	F^2	G^2	F
L	L	G^2	D	F	F^2	D^3	G	A^2	K	C^2	M	N	A^3	C	C^3	A	O	I	H^2	D^2	E	B	B^2	H
M	M	H^2	C	G	A^2	I	D^2	H	C^3	G^2	N	L	K	O	A^3	D^3	D	A	C^2	F	B^2	E	B	F^2
N	N	C^2	O	D^2	H	A	F	F^2	A^3	H^2	L	M	C^3	D	K	I	C	D^3	G^2	G	B	B^2	E	A^2
O	O	D^2	N	C^2	G^2	A^3	B^2	G	A	B	D^3	C^3	M	K	D	C	I	L	H	F^2	H^2	F	A^2	E

Gitters um ein ganzzahliges Vielfaches eines kleinsten Translationsvektors oder Periodizitätsabstands das Gitter in sich überführt. Diese Formulierung, die nur für ein unendlich ausgedehntes Gitter streng richtig ist, läßt erkennen, daß die Translationen als Symmetrieelemente betrachtet werden können. Es gibt im Raum drei unabhängige kleinste Translationsvektoren, aus denen sich alle anderen als Produkte im Sinn von Produkten von Symmetrieelementen ergeben; je zwei Translationen, hintereinander ausgeführt, ergeben wieder eine mögliche Translation des Gitters. Die Translationen des Gitters bilden eine Gruppe, wobei vektorielle Addition das Produkt zweier Elemente definiert.

Die Basiszelle ist das kleinste Parallelepiped, aus dem das ganze Gitter durch periodische Aneinanderreihung längs dreier Kanten der Zelle aufgebaut werden kann. Die Basiszelle muß unterschieden werden von der „Elementarzelle“. Während die Basiszelle, als Körper betrachtet, nicht notwendigerweise die Symmetrie des Gitters erkennen läßt, soll die Elementarzelle die volle Symmetrie des Gitters aufzeigen, was für die kristallographische Beschreibung eines Gitters vorteilhaft ist. Abb. 8 zeigt diesen Unterschied an Beispielen. Die Basiszelle des NaCl-Gitters ist ein Rhomboeder; die Basis besteht aus einem Na-Atom an einer

Ecke und einem Cl-Atom im Zentrum des Rhomboeders. Die Elementarzelle von NaCl ist dagegen ein Würfel, der je zwei Na- und Cl-Atome enthält. (Von Atomen auf Ecken, Kanten oder Flächen darf entweder nur je eines gezählt werden, oder, wenn sie alle berücksichtigt werden, so tragen sie zur Zahl der Basisatome nur zu 1/8, 1/4 oder 1/2 bei.) Die durch Translationen ineinander überführbaren Punkte heißen homologe Punkte. Homologe Punkte liegen in verschiedenen Basiszellen. Zwei benachbarte homologe Punkte sind um einen Periodizitätsabstand (Gitterkonstante) voneinander entfernt.

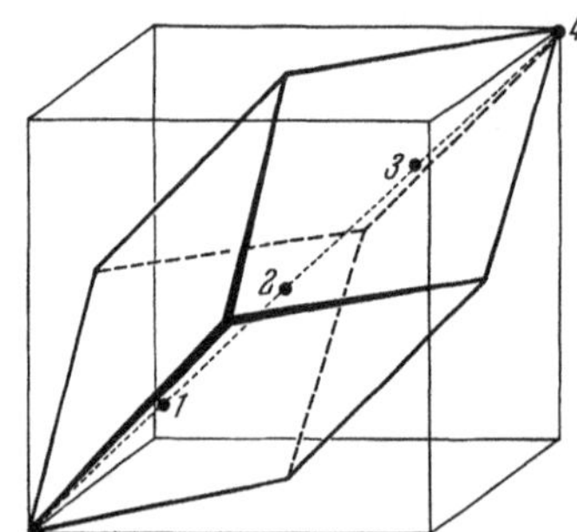

Abb. 8. *Basiszelle und Elementarzelle einiger „Diagonalgitter“*. NaCl: 0 (= 4) = Na, 2 = Cl; CaF_2: 0 = Ca, 1, 3 = F; Diamant: 0, 1 = C

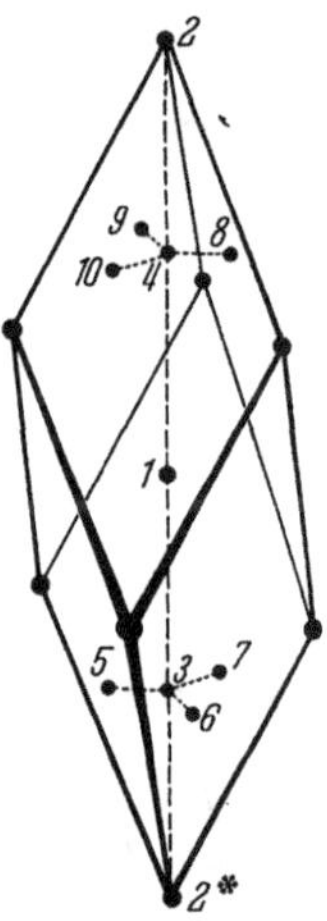

Abb. 9. *Basiszelle von Kalkspat*
1, 2 = Ca-Atome
3, 4 = C-Atome, 5—10 = O-Atome } in Ebenen senkrecht zur vertikalen Achse;
2* = ein zu 2 homologer Punkt

Eine Basis kann aber auch mehrere „äquivalente“ Punkte enthalten, nämlich solche, die auseinander durch eine Symmetrieoperation hervorgehen, die nicht eine Translation ist. Im Beispiel der Abb. 9 sind die sechs O-Atome der beiden CO_3-Gruppen der Basis des Kalkspatgitters äquivalente Atome, da sie aus einem der O-Atome (z. B. 5) durch eine C_3 (durch die Punkte 3 und 4) und eine „Gleitspiegelebene“ (durch 1,3,5) erzeugt werden können. Eine Gleitspiegelebene ($\tilde{\sigma}$) ist ein Symmetrieelement, das eine Spiegelung mit einer Translation parallel zur Ebene um einen halben Periodizitätsabstand verknüpft. Dieses Symmetrieelement tritt nur in Kristallen auf. Ein anderes nur in Kristallgittern vorhandenes Symmetrieelement ist die „Schraubenachse“ ($\tilde{C}_n$), die eine C_n mit einer Translation in ihrer Richtung um m/n des Periodizitätsabstands verknüpft, wobei m die Werte $0, 1, 2 \ldots n-1$ annehmen kann.

Die Symmetrieelemente eines Kristallgitters haben im allgemeinen keinen Punkt gemeinsam. Es besteht aber der Satz, der hier nicht bewiesen werden soll (er folgt aus rein geometrischen Erwägungen), daß das Produkt AB zweier Symmetrieelemente (C_n, σ, $\tilde{C}_n$, $\tilde{\sigma}$, i) eines Gitters gleich ist dem Produkt einer Translation mit $A'B'$, wobei A' und B' einen Punkt gemeinsam haben und A' bzw. B' die gleiche Art Symmetrieelement sind wie A bzw. B (gleiche Zähligkeit von Achsen, z.B.), nur daß an Stelle von Gleitspiegelebenen und Schraubenachsen die gewöhnlichen Symmetrieelemente einer Punktgruppe treten. Die gestrichenen und die ungestrichenen Symmetrieelemente brauchen räumlich nicht zusammenzufallen.

Aus den hier genannten Symmetrieelementen können Gruppen gebildet werden, nämlich die Raumgruppen, und zwar gibt es 230 verschiedene Raumgruppen. Charakteristisch für sie ist außer dem Auftreten

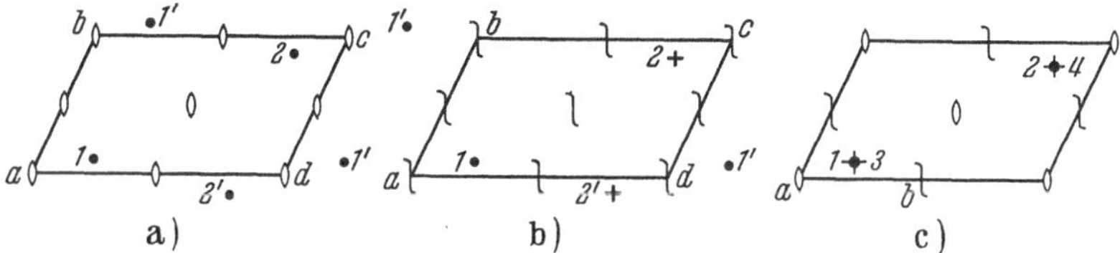

Abb. 10 a—c. *Die Raumgruppen* $\mathfrak{C}_2^1$, $\mathfrak{C}_2^2$, $\mathfrak{C}_2^3$

0 = Drehachsen C_2^z, ʃ = Schraubenachsen;
• = Punkt in allgemeiner Lage in der Höhe a oberhalb Zeichenebene;
+ = Punkt in allgemeiner Lage in der Höhe a + halbem Periodizitätsabstand in z-Richtung;
1′ = homologer Punkt zu 1 in einer Nachbarzelle;
2, 3, 4 = äquivalente Punkte zu 1, die aus 1 durch Symmetrieoperationen erhalten werden.
In a und b werden die Achsen a, b, c, d und ihre Homologen in Nachbarzellen direkt aus a durch translatorische Verschiebung der Basiszelle erhalten. Die anderen Achsen sind eine Folge der Koexistenz der Achsen a—d und des Translationsgitters. In c sind die Achsen a und b voneinander unabhängige Achsen

von Translationen und etwaigen $\tilde{C}_n$ und $\tilde{\sigma}$ das Vorhandensein von unendlich vielen parallelen gleichartigen Symmetrieelementen, wenn auch nur eines dieser Elemente vorhanden ist. Diese Symmetrieelemente sind nicht nur solche, die durch Translationen in homologe Lagen verschoben worden sind, sondern es entstehen auch neue äquivalente Symmetrieelemente als Folge der Koexistenz der Translationen und der unendlich vielen eben erwähnten homologen Elemente. Die verschiedenen Raumgruppen unterscheiden sich in der Anordnung der Symmetrieelemente. Wir beschreiben hier nur diejenigen Raumgruppen, die aus einer zweizähligen Achse hervorgehen.

Die Abb. 10a bis 10c geben die Durchstichpunkte von parallelen Dreh- oder Schraubenachsen für drei verschiedene Raumgruppen. Die ausgezogenen Linien geben die Translationsrichtungen in der Zeichenebene an; die dritte steht senkrecht dazu. Die Periodizitätsabstände sind durch die Abstände homologer Punkte gegeben. Die periodische Wiederholung dieser Figuren erzeugt die Gitter, deren Basis im angegebenen Beispiel aus 2 oder 4 äquivalenten Punkten besteht, die jeweils aus einem Punkt (1) durch Anwendung der zweizähligen Achsen hervorgehen.

Natürlich können noch weitere, nicht-äquivalente Punkte in der Basis vorkommen, die in gleicher Weise verdoppelt oder vervierfacht werden, solange die Punkte in „allgemeiner Lage“ in der Basiszelle liegen. In spezieller Lage (auf Symmetrieelementen) verringert sich die Multiplizität der äquivalenten Punkte. Jede C_2 oder $\tilde{C}_2$ transformiert den Punkt 1 in einen äquivalenten Punkt oder in einen zu diesem homologen Punkt. Zwei gleichartige Symmetrieelemente an verschiedener Stelle im Raum unterscheiden sich in ihrer Wirkung also nur durch eine Translation.

Man sieht leicht ein, daß es weitere Raumgruppen aus zweizähligen Achsen nicht geben kann. Die einzige anders erscheinende Kombination solcher Achsen wäre ja die durch Vertauschung von C_2 und $\tilde{C}_2$ in Abb. 10c erhaltene, was aber nur auf eine unwesentliche Verschiebung des Ausgangspunkts des Gitters hinausliefe. Ebenso wäre ein Gitter, das abwechselnd parallele Reihen von C_2 und $\tilde{C}_2$ enthielte, dem Gitter von Abb. 10c äquivalent, das ja schon solche Reihen enthält. Selbstverständlich sind weder die Winkel, die die Translationen in der Zeichenebene bilden, noch die Gitterkonstante festgelegt. Verschiedene numerische Werte dieser Größen werden nicht als zu verschiedenen Raumgruppen gehörig angesehen. Zur Bezeichnung der Raumgruppen wird entweder nach SCHOENFLIES eine rein konventionelle Indizierung benutzt (hier $\mathfrak{C}_2^1$, $\mathfrak{C}_2^2$, $\mathfrak{C}_2^3$) oder eine symbolische Bezeichnung nach HERMANN-MAUGUIN[1] in ähnlicher Weise wie in Tab. 4 (hier $P2$, $P2_1$, $C2$).

Abb. 11. *Äquivalentes endliches Punktsystem.* a äquivalent zum Gitter der Abb. 10a und 10b; b äquivalent zum Gitter der Abb. 9

Jede Raumgruppe ist isomorph mit einer Punktgruppe. So sind die Raumgruppen der Abb. 10 isomorph mit $\mathfrak{C}_2$. Denn es ist möglich, jeder C_2 oder $\tilde{C}_2$ eine einzige C_2 im Raum zuzuordnen, und jeder Translation das Element E, wobei jedes Produkt zweier Elemente der Raumgruppe dem korrespondierenden Produkt der Gruppe $\mathfrak{C}_2$ entspricht (aber nicht umgekehrt!). Die isomorphe Punktgruppe reduziert dann das unendliche Punktgitter zu einem „äquivalenten endlichen Punktsystem[2]“. Abb. 11 zeigt zwei Beispiele für solche Systeme. Man erkennt, daß die isomorphe Punktgruppe äquivalente Punkte des Gitters ineinander überführt, wobei aber unter Umständen mehrere nicht-äquivalente und nicht-homologe Punkte zusammenfallen können, wie z. B. die C-Atome des Kalkspat-

---

[1] Vgl. JAGODZINSKI, H.: Kristallographie. In: Handbuch der Physik, Band VII Teil 1. Berlin-Göttingen-Heidelberg: Springer 1955.

[2] BRESTER, C. J.: Kristallsymmetrie und Reststrahlen. Diss. Utrecht 1923.

gitters untereinander und mit den Ca-Atomen, da durch die Zuordnung jede translatorische Komponente unterdrückt wird. Dadurch hat das äquivalente endliche Punktsystem oft eine höhere Symmetrie, als es der isomorphen Punktgruppe entsprechen würde (im Fall von Abb. 11b $\mathfrak{D}_{6h}$ anstatt $\mathfrak{D}_{3d}$). Die so zusätzlich erhaltenen Symmetrieelemente ergeben bei der Anwendung auf die Schwingungen Komplikationen. Wir kommen auf dieses System nicht wieder zurück.

Der Isomorphismus der Raumgruppen mit Punktgruppen kann noch etwas genauer mit Hilfe des Begriffs der Faktorgruppe (§ 3) formuliert werden. Zunächst erkennt man, daß die reinen Translationen eine Untergruppe der Raumgruppe bilden, und zwar ist diese Untergruppe invariant oder ein Normalteiler, da sie mit jeder Translation auch alle dazu konjugierten Elemente — und das sind wieder Translationen — enthält. Man kann die letzte Behauptung in folgender Weise einsehen: Die Basis möge die Punkte a_o, b_o, c_o, ... enthalten. Die zugehörigen homologen Punkte in einer Zelle i mögen a_i, b_i, c_i, ... genannt werden. Eine Symmetrieoperation S (keine Translation) möge a_i in b_j überführen, wobei j auch gleich i sein kann. Eine auf S folgende Translation wird dieses b_j in ein homologes, z. B. b_k, überführen, und dieses wird durch die Operation S^{-1} in ein a_l transformiert, also in einen zu a_i homologen Punkt, was einer Translation gleichwertig ist. Die verschiedenen Nebengruppen des Normalteilers (der Untergruppe aus den Translationen), sind gebildet aus allen den Symmetrieelementen, die jeweils aus einem bestimmten, in der Basiszelle enthaltenen, durch alle Translationen erzeugt werden. Die Gruppe, die aus diesen Nebengruppen besteht, die Faktorgruppe, heißt die Einheitszellengruppe[1] (oder besser: Basiszellengruppe). Die Symmetrieelemente, aus denen die Nebengruppen erzeugt werden, bilden im allgemeinen keine Punktgruppe; sie enthalten Gleitspiegelebenen und Schraubenachsen und gehen nicht alle durch einen Punkt. In Spezialfällen allerdings bilden diese Elemente doch eine Punktgruppe. In diesem Fall heißen die Raumgruppen „Punktraumgruppen", „einfache Raumgruppe" oder „symmorphe Raumgruppe". Es gibt 73 solcher Punktraumgruppen.

Nun kann gezeigt werden, daß die Einheitszellengruppe mit einer Punktgruppe isomorph ist, nämlich mit derjenigen, die zu allen parallelen Elementen C_n oder $\tilde{C}_n$ eine einzige C_n der gleichen Richtung, zu allen parallelen Ebenen σ und $\tilde{\sigma}$ eine einzige σ usw. zuordnet. Der Beweis macht Gebrauch von der weiter oben erwähnten Beziehung der Produkte zweier beliebiger Symmetrieelemente des Gitters zu den Produkten von Symmetrieelementen, die durch einen Punkt gehen.

[1] Halford, R. S.: J. Chem. Phys. **14**, 8 (1946). — Hornig, D. F.: J. Chem. Phys. **16**, 1063 (1948).

Weitere wichtige Gruppen, die in Kristallgittern von Bedeutung sind, sind die „Lagegruppen" (Situsgruppen, site groups) verschiedener Gitterpunkte. Sie bestehen, für jeden Gitterpunkt, aus allen Symmetrieelementen des Gitters, die durch diesen Punkt gehen, wobei translatorische Komponenten unberücksichtigt bleiben, also eine Schraubenachse durch eine gewöhnliche Drehachse ersetzt wird. Dann ist die Lagegruppe eine Punktgruppe, und zwar ist sie isomorph zu einer Untergruppe der Einheitszellengruppe. Sie bestimmt die Symmetrie der Punktlagen oder die Symmetrie der (ausgedehnt gedachten) Punkte in den betreffenden Lagen, wobei als „Punkte" auch ganze Atomgruppen mit ihrem Schwerpunkt in dem betreffenden Punkt fungieren können.

Ferner ist es manchmal zweckmäßig, die Symmetrie der örtlichen Umgebung eines Punktes zu beschreiben durch eine Punktgruppe desjenigen Punktsystems, das aus dem herausgegriffenen Punkt einschließlich seiner nächsten Nachbarn besteht[1] („Umgebungsgruppe").

Bevor diese verschiedenen Gruppen an einem Beispiel erläutert werden sollen, sei nochmals darauf hingewiesen, daß es nur dann möglich ist, Translationen als Symmetrieelemente und Elemente einer Gruppe zu benutzen, wenn das Gitter unendlich ausgedehnt ist. Zwar läßt sich auch ein endliches Gitter, von Randeffekten abgesehen, aus einer Basis durch periodische Wiederholung mit endlich vielen Schritten geometrisch aufbauen. Produkte zweier beliebiger Translationen sind aber nicht mehr notwendig wieder eine im endlichen Gitter vorhandene Translation. Dies stört nicht bei der geometrischen Beschreibung des Gitters, muß aber bei physikalischen Anwendungen beachtet werden. Man kann dann mit Born den Kunstgriff anwenden, den endlichen Kristall zu einem fiktiven unendlichen Kristall zu erweitern durch periodische Wiederholung des ganzen Kristalls. Die Randpunkte müssen dann gewisse Randbedingungen erfüllen. Wir kommen auf diese Frage zurück.

Wir erläutern nun die verschiedenen Gruppen an Hand des Kalkspatgitters (Abb. 9) und der Gitter der Abb. 10.

Für die Gruppen $\mathfrak{C}_2^i$ bilden die vier jeweils im linken unteren Viertel des Parallelogramms gelegenen Symmetrieelemente jene, aus denen die Nebengruppen durch Translationen aufgebaut werden. Die Einheitszellengruppe besteht also aus vier Elementen, und man sieht wieder, daß keine anderen wesentlich verschiedenen Anordnungen möglich sind. Die isomorphe Punktgruppe ist $\mathfrak{C}_2$, und das ist die einzige mögliche Lagegruppe; aber kein Punkt der in Abb. 10 betrachteten Punktsysteme hat diese Lagegruppe; alle haben die triviale Lagegruppe $\mathfrak{C}_1$.

Im Kalkspatgitter sind die Atome 1 bis 10 die Basis, enthalten in der rhomboedrischen Basiszelle. Folgende Symmetrieelemente sind unter anderen in der Basiszelle enthalten:

[1] Matossi, F.: J. Chem. Phys. 19, 1543 (1951).

1. E; alle Punkte bleiben ungeändert.

2. $2C_3$ (durch 2 — 2*): 1, 2, 3, 4 bleiben ungeändert, 8 geht in 10 über, 10 in 9, 9 in 8, 5 in 7, 7 in 6, 6 in 5, oder in symbolischer Bezeichnung

(1) (2) (3) (4) (8 10 9) (5 7 6).

3. $3C_2$ (durch 4—8, 4—9, 4—10): Durch diese wird z. B. 3 in einen homologen Punkt 3* einer Nachbarzelle überführt, den wir mit 3 als identisch ansehen können. Die Wirkung der drei Achsen C_2 ist also beschrieben durch

Achse 4— 8:	(1 2)	(3)	(4)	(5)	(8)	(6 7)	(9 10)
4— 9:	(1 2)	(3)	(4)	(6)	(9)	(5 7)	(8 10)
4—10:	(1 2)	(3)	(4)	(7)	(10)	(5 6)	(8 9).

Das gleiche Ergebnis würde man für die durch 5 gehenden Achsen erhalten haben.

4. i (in 1 oder 2):

(1) (2) (3 4) (5 8) (6 9) (7 10).

5. $2iC_3 = 2S_6$ (durch 2—2*):

(1) (2) (3) (4) (5 9 7 8 6 10)
(1) (2) (3) (4) (5 10 6 8 7 9).

6. $3\tilde{\sigma}_v$ (senkrecht zu den C—O-Richtungen): Gewöhnliche Spiegelebenen, etwa durch 4—8, würden zwar die Basis in sich überführen, aber nicht das ganze Gitter.

$\tilde{\sigma} \perp$ 4— 8:	(1 2)	(3 4)	(5 8)	(6 10)	(7 9)
$\tilde{\sigma} \perp$ 4— 9:	(1 2)	(3 4)	(5 10)	(6 9)	(7 8)
$\tilde{\sigma} \perp$ 4—10:	(1 2)	(3 4)	(5 9)	(6 8)	(7 10).

Außer diesen notwendigen Elementen enthält die Basiszelle noch mehrere andere Elemente des Gitters, die alle zu je einem Element der Einheitszellengruppe Anlaß geben. So gibt es z. B. weitere Symmetriezentren auf den Flächenmitten des Rhomboeders mit denselben Transformationseigenschaften wie das oben angegebene Symmetriezentrum, wenn homologe Punkte als identisch angesehen werden. Weiter findet man Achsen $\tilde{C}_3$ zwischen den C_3-Achsen und weitere Ebenen $\tilde{\sigma}$, aber alle nur eine Folge der schon oben genannten Elemente im Zusammenwirken mit den Translationen längs der Rhomboederkanten. Aus allen diesen durch die Basiszelle gehenden Elementen und ihren durch reine Translationen erhaltenen Elementen in homologen Lagen setzt sich die Raumgruppe zusammen. Natürlich ist in Wirklichkeit die Raumgruppe das primär durch die Kristallstruktur Gegebene, aus der sich die Einheitszellengruppe und ihre erzeugenden Elemente herleiten. Die Raumgruppe von Kalkspat heißt $\mathfrak{D}_{3d}^6$ oder $R\bar{3}\,2/c$. R zeigt ein rhomboedrisches

System von Translationen an, $2/c$ eine Gleitspiegelebene senkrecht zu einer C_2 mit translatorischer Komponente parallel zur c-Achse.

Die isomorphe Punktgruppe ist $\mathfrak{D}_{3d}$, die das äquivalente Punktsystem (Abb. 11b) in sich überführt. Die Lagegruppen sind $\mathfrak{C}_{3i}$ für Punkt 1 und 2; $\mathfrak{D}_3$ für 3 und 4; $\mathfrak{C}_2$ für 5 bis 10. Andere an sich mögliche Lagegruppen von $\mathfrak{D}_{3d}^6$ sind im Kalkspatgitter nicht realisiert. Die Umgebungsgruppe von 3 oder 4 ist $\mathfrak{D}_{3h}$. Für die anderen Punkte sind Umgebungsgruppen ohne Bedeutung.

Zum Schluß müssen noch die „Liniengruppen" erwähnt werden, die ganz analog zu den Raumgruppen gebildet werden, nur daß anstatt dreier Translationsrichtungen nur eine einzige zugelassen wird. Liniengruppen spielen bei langgestreckten Molekülen eine Rolle[1].

§ 6. Vollständigkeit des Systems der Punktgruppen

Es soll hier gezeigt werden, daß tatsächlich keine anderen als die in § 5 aufgezählten Gruppen als Punktgruppen existieren können, wobei wir nur Gruppen aus eigentlichen oder uneigentlichen Rotationen zulassen wollen. Wegen $I_2 = \sigma$, $I_1 = i$ oder $S_1 = \sigma$, $S_2 = i$ ist damit aber kein Verlust an Allgemeinheit verbunden.

Falls überhaupt nur eine Achse vorhanden ist, können nur die cyclischen Gruppen $\mathfrak{C}_n$ bzw. $\mathfrak{S}_n$ und $\mathfrak{J}_n$ gebildet werden, und deren Existenz als Punktgruppen für jedes n bedarf keines Beweises. $\mathfrak{J}_n$ ist dabei die Gruppe aus I_n und deren Potenzen, die nach § 4 auf Gruppen $\mathfrak{C}_n$ und $\mathfrak{S}_n$ zurückgeführt werden kann. Da $\mathfrak{S}_2 = \mathfrak{C}_i$, $\mathfrak{S}_1 = \mathfrak{C}_s$, so haben wir natürlich auch die Existenz von $\mathfrak{C}_{nh}$ und $\mathfrak{C}_{ni}$ als direkte Produkte mit $\mathfrak{C}_i$ und $\mathfrak{C}_s$ bewiesen. Gruppen $\mathfrak{S}_n \times \mathfrak{C}_i$, $\mathfrak{S}_n \times \mathfrak{C}_s$, $\mathfrak{J}_n \times \mathfrak{C}_i$, $\mathfrak{J}_n \times \mathfrak{C}_s$ existieren ebenfalls, sind aber alle schon in $\mathfrak{C}_{nh}$ und $\mathfrak{C}_{ni}$ enthalten. Dasselbe gilt für die formal möglichen Produkte der Art $\mathfrak{C}_n \times \mathfrak{S}_n$ (mit $C_n \| S_n$).

Eine eigentliche Aufgabe entsteht aber für den Fall, daß mehrere nicht-parallele Achsen in Betracht gezogen werden. Wir denken uns diese Achsen markiert durch ihre Durchstoßpunkte auf einer Einheitskugel, deren Zentrum im Schnittpunkt der Achsen liegt. Diese Durchstoßpunkte heißen Pole, und zwar n-zählige Pole für n-zählige Achsen. Der Pol einer Achse C_n fällt mit den Polen aller Potenzen von C_n zusammen; es entstehen so für jede C_n und ihre Potenzen $n-1$ n-zählige Pole ($C_n^n = E$ hat keinen Pol). Wir nehmen an, wir hätten mehrere Achsen C_n, nämlich $C_{n_1}, C_{n_2}, \ldots C_{n_s}$ in der Gruppe. Es gibt also $n_1 - 1$ n_1-zählige Pole, $n_2 - 1$ n_2-zählige Pole usw. Die Frage ist, wie viele Pole verschiedener Lage gibt es.

Wir greifen ein Element X heraus, das nicht zu der Untergruppe der Potenzen von C_{n_1} gehört, und wenden es auf die Potenzen $C_{n_1}^k$ an.

[1] Tobin, M. C.: J. Chem. Phys. **23**, 891 (1955). — J. Mol. Spectr. **4**, 349 (1960).

Die Symmetrieoperation X bringt C_{n_1} in irgendeine andere Lage im Raum und erzeugt so wieder $n_1 - 1$ n_1-zählige Pole in der neuen Lage der C_{n_1}. Dieses Verfahren entspricht der Herstellung von Nebengruppen nach § 3 aus der Bildung von Produkten XC_{n_1}. Aus § 3 wissen wir nun, daß es $j_1 = h/n_1$ Nebengruppen der Untergruppe der $C_{n_1}^k$ geben muß. Wir erhalten also im ganzen $(n_1 - 1)j_1$ n_1-zählige Pole in j_1 verschiedenen Lagen, die alle Symmetrieelementen der Gruppe entsprechen müssen, da sie Produkten solcher Elemente entsprechen. Ähnliches gilt dann für die n_2-zähligen Pole usw. Da wir s Achsen C_{n_i} angenommen haben, ist also $\sum_{i=1}^{s} (n_i - 1)j_i$ die Gesamtzahl aller Pole. Diese ist aber auch gleich $2(h-1)$, da es für jedes der h Elemente der Gruppe außer für E je einen Pol und Gegenpol geben muß. Daher und wegen $j_i = h/n_i$

$$\sum_{i=1}^{s} (n_i - 1)j_i = sh - \sum_{i=1}^{s} j_i = sh - \sum_{i=1}^{s} \frac{h}{n_i} = 2h - 2. \tag{1}$$

Dabei soll n_i kleiner als h sein und größer als 1. Für $n_i = h$ kämen wir auf die cyclischen Gruppen zurück, die wir schon erledigt haben.

Der Maximalwert von s wird erhalten, wenn $n_1 = n_2 \ldots = n_s = 2$. Dann ist

$$s_{\max} = 4 - 4/h.$$

Der Minimalwert ergibt sich für $n_i = h - 1$:

$$s_{\min} = 2(h-1)^2/h\,(h-2).$$

Für die verschiedenen Werte von h ergibt sich danach folgende Zusammenstellung, bei der berücksichtigt ist, daß s ganzzahlig sein muß:

h =	1	2	3	4	>4
$s_{\max}$ =	0	2	2	3	3
$s_{\min}$ =	0	∞	3	3	3

Da $s_{\min} \leqslant s_{\max}$ sein muß, bleibt überhaupt nur $s = 3$ übrig. Aus (1) folgt dann

$$\sum_{i=1}^{s} (1/n_i) = 1 + 2/h\,. \tag{2}$$

Um diese Gleichung zu befriedigen, muß mindestens *ein* n_i gleich 2 sein, etwa $n_1 = 2$. Dies führt zu folgenden möglichen Lösungen:

1. Lösung: $n_1 = 2$, $n_2 = 2$, also $h = 2n_3$. (3)

Das bedeutet, daß 2 Systeme 2-zähliger Pole vorhanden sind ($j_1 = j_2 = h/2$), und zwar Pole und Gegenpole von $h/2$ Achsen C_2. Außerdem gibt es

$j_3 = 2$ n_3-zählige Pole, Pol und Gegenpol einer C_{n_3}. Die Gruppe $\mathfrak{D}_n$ entspricht dieser Lösung (C_n und $n C_2$, $n_3 = n$). Die C_2 müssen senkrecht zur C_n stehen, andernfalls würde eine C_2 den Pol von C_n nicht in den Gegenpol überführen, sondern neue Pole erzeugen, die über die durch (3) gegebene Zahl hinausgehen.

Aus der Existenz von $\mathfrak{D}_n$ folgt sofort die von $\mathfrak{D}_n \times \mathfrak{C}_i$ und $\mathfrak{D}_n \times \mathfrak{C}_s$.

Weitere Gruppen, die dieser Lösung entsprechen, werden erhalten, wenn die C_n durch S_n oder I_n ersetzt werden. Man würde also Gruppen erhalten mit

einer S_n und $n C_2$ senkrecht zu S_n
einer S_n und $n S_2$ senkrecht zu S_n
einer C_n und $n S_2$ senkrecht zu C_n.

Nur die erste Möglichkeit liefert eine neue noch nicht in den oben genannten Gruppen vorkommende Gruppe, nämlich $\mathfrak{D}_{nd}$ mit geradem n. Die zweite Kombination würde $\mathfrak{D}_{nh}$ oder $\mathfrak{C}_i$ (für $n = 2$) entsprechen, die dritte $\mathfrak{C}_{ni}$. Die Angabe von n Achsen S_2, d.h. n Symmetriezentren, ist natürlich rein formal zu verstehen. Geometrisch fallen sie alle zusammen.

Die Substitution von I_n für C_n liefert eine neue Gruppe nur für den Fall der Kombination einer C_n mit $n I_2$. Man erhält $\mathfrak{C}_{nv}$. Man hätte übrigens die Achsen S_n ganz entbehren können und alle Gruppen aus E, C_n und I_n aufbauen können.

2. Lösung: $n_1 = 2$, $n_2 = 3$, also $n_3 = \frac{6h}{h+12} = \frac{6}{1+12/h} < 6$, daher $n_3 = 3, 4$ oder 5.

a) $n_3 = 3$; $h = 12$; $j_1 = 6$, $j_2 = 4$, $j_3 = 4$.

Dies bedeutet 6 zweizählige Pole oder 3 Achsen C_2 und 2 mal 4 dreizählige Pole oder je eine Klasse von dreizähligen Achsen und von deren Inversen. Das sind die Symmetrieelemente von $\mathfrak{T}$. Die Winkel, die diese Achsen miteinander bilden, sind bestimmt durch die Äquivalenz der Achsen gleicher Zähligkeit und können aus einfachen geometrischen Erwägungen erhalten werden.

b) $n_3 = 4$; $h = 24$; $j_1 = 12$, $j_2 = 8$, $j_3 = 6$

oder 6 Achsen C_2, $4 C_3$, $3 C_4$ wie in der Punktgruppe $\mathfrak{O}$.

c) $n_3 = 5$; $h = 60$; $j_1 = 30$, $j_2 = 20$, $j_3 = 12$

oder 15 Achsen C_2, $10 C_3$, $6 C_5$ wie in der Ikosaedergruppe $\mathfrak{P}$.

Zu diesen Gruppen kommen noch die direkten Produkte mit $\mathfrak{C}_i$ oder $\mathfrak{C}_s$, woraus die Existenz von $\mathfrak{T}_h$, $\mathfrak{O}_h$ und $\mathfrak{P}_h$ folgt.

Ersetzt man in $\mathfrak{O}$ die Achsen C_4 durch S_4, erhält man $\mathfrak{T}_d$. Alle anderen Substitutionen von S_n oder I_n für C_n ergeben keine neuen Gruppen, wie aber nicht ausführlich dargelegt werden soll.

Damit sind alle möglichen Kombinationen erschöpft und die Vollständigkeit des in § 5 beschriebenen Systems von Symmetriegruppen aufgezeigt.

Der Vollständigkeit halber sei noch die Begründung dafür angedeutet, daß in Kristallen nur die Zähligkeiten 2, 3, 4 und 6 vorkommen können. Das Kristallgitter als periodische Anordnung von Punkten verlangt eine lückenlose Überdeckung von Ebenen mit geradlinigen kongruenten Polygonen, und das ist nur möglich mit Rhomboiden, Rechtecken, gleichseitigen Dreiecken, Quadraten und regulären Sechsecken.

§ 7. Darstellung von Gruppen durch Schwingungstypen

Wir untersuchen hier die Wirkung von Symmetrieoperationen eines ruhenden Moleküls auf das durch atomare Schwingungen verzerrte Molekül. Dies ist keine rein geometrische Angelegenheit, sondern wir müssen gewisse physikalische Eigenschaften von Schwingungen heranziehen. Wir brauchen nur die eine Eigenschaft, daß ein aus der Gleichgewichtslage verzerrtes Molekül eine potentielle Energie gegenüber der Ruhelage hat, die sich in erster Näherung, d. h. für kleine Amplituden, als Summe von Quadraten der sogenannten Normalkoordinaten darstellen läßt. Die Normalkoordinaten sind lineare Funktionen der die Atomlagen beschreibenden Koordinaten, seien dies kartesische Koordinaten jedes Atoms, Atomabstände oder irgendwie anders gewählte Koordinaten. Die Tatsache, daß es immer möglich ist, solche Normalkoordinaten zu finden, die die Gesamtenergie, die kinetische und die potentielle Energie, zu einer reinen Quadratsumme machen, wird im II. Kapitel ausführlicher behandelt. Hier begnügen wir uns mit der Feststellung als solcher. Die Energie möge also als

$$E_{\text{pot}} + E_{\text{kin}} = \sum_{j=1}^{3N} a_j\, Q_j^2 + \sum_{j-1}^{3N} b_j \dot{Q}_j^2$$

beschrieben werden (a_j, b_j = Konstanten, N die Zahl der Atome im Molekül).

Eine Symmetrieoperation, als rein geometrische Operation, als bloße Vertauschung von gleichwertigen Atomen oder als Koordinatentransformation, kann nichts an der potentiellen Energie ändern; diese muß also invariant sein gegenüber solchen Operationen bzw. Transformationen. Diese Bedingung führt dazu, wie gleich gezeigt werden soll, daß die Normalkoordinaten einer Schwingung gewisse Symmetriebedingungen erfüllen müssen. Sind diese erfüllt, so sind damit gleichzeitig gewisse Beschränkungen für die bei höherer Näherung auftretenden Glieder mit höheren Potenzen in der Energie gegeben.

Nehmen wir an, eine Schwingung sei durch eine einzige Normalkoordinate charakterisiert; d. h. das Molekül schwingt mit einer bestimmten Frequenz, wenn diese und nur diese Normalkoordinate $Q_j \neq 0$, alle andern aber Null sind. Daß es solche Schwingungen gibt, könnte durch explizite Lösung der Schwingungsgleichungen bewiesen werden, also durch physikalische Überlegungen. Es folgt aber auch aus dem noch näher zu behandelnden gruppentheoretischen Formalismus, der aber seinerseits durch die physikalische Invarianzforderung der potentiellen Energie bedingt ist. Die Invarianzforderung in bezug auf eine bestimmte Symmetrieoperation, durch die eine Koordinatentransformation $Q_i \to Q_i'$ vorgenommen werde, lautet nun einfach

$$Q_i'^2 = Q_i^2 \tag{1a}$$

so daß

$$Q_i' = +1 Q_i \quad \text{oder} \quad Q_i' = -1 Q_i\,. \tag{1b}$$

Im ersten Fall ändert die Symmetrieoperation nichts an Q_i und damit nichts an den Koordinaten der Atome; man nennt solche Schwingungen symmetrisch. Im andern Fall wechseln Q_i und damit sämtliche Atomkoordinaten das Vorzeichen; solche Schwingungen heißen antisymmetrisch in bezug auf das betreffende Symmetrieelement. Andere Möglichkeiten gibt es nicht unter der gemachten Voraussetzung des Genügens einer einzigen Normalkoordinate Q_i. Solche Schwingungen heißen nicht-entartet. Sie müssen lineare Schwingungen sein. Wir beschäftigen uns zunächst nur mit solchen nicht-entarteten Schwingungen.

Das Auftreten etwaiger kubischer oder höherer Glieder in der potentiellen Energie ist nun durch das in (1a) bzw. (1b) ausgedrückte Symmetrieverhalten festgelegt. Bei antisymmetrischen Schwingungen darf ein kubisches Glied nicht auftreten, da ja die Energie, die dann etwa als $\alpha Q_i^2 + \beta Q_i^3$ zu schreiben wäre, bei der Transformation nicht invariant wäre. Bei symmetrischen Schwingungen ist hingegen ein kubisches Glied erlaubt. Man sieht so, daß das aus der ersten Näherung (kleine Amplituden, harmonische Schwingungen) bestimmte Verhalten auch bei höheren Näherungen (anharmonische Schwingungen) von Bedeutung ist.

Das Verhalten der hier betrachteten Schwingungen gegenüber den Symmetrieoperationen ist durch die linearen Transformationsgleichungen (1) charakterisiert. Je nach der Verteilung der beiden Werte $+1$ oder -1 auf die Symmetrieelemente hat man verschiedene „Schwingungstypen“ oder „Schwingungsrassen“. Ein schematisches Beispiel zeigt Abb. 12. Die Gruppe der Symmetrieelemente ist dann durch diese Schwingungstypen bzw. durch die dazugehörigen linearen Transformationen „dargestellt“. Die Gln. (1) haben eine eindimensionale Koeffizientenmatrix. Wir haben es mit einer „Darstellung ersten Grades“ zu tun. Allgemein ist die Summe der Diagonalkoeffizienten („Spur“) der Koeffizientenmatrix der zu einem Symmetrieelement gehörenden Transformationsformeln als der „Charakter“ des betreffenden Symmetrieelements definiert. Hier reduziert sich diese Summe trivialerweise auf ein Glied. Für die nicht-entarteten Schwingungen kann also der Charakter für die verschiedenen Symmetrieelemente der Punktgruppe des betreffenden Moleküls nur die Werte $+1$ oder -1 annehmen.

Natürlich hat man nur so viele verschiedene Typen, als die Werte ± 1 in verschiedener Weise auf die Elemente verteilt werden können. Dabei braucht man nur die unabhängigen, erzeugenden Elemente einer Gruppe zu berücksichtigen, da das Symmetrieverhalten der aus ihnen gebildeten Produkte sich aus dem Verhalten der Faktoren ergibt, in dem hier vorliegenden Fall der Darstellungen ersten Grades einfach aus dem Produkt der Charaktere, wie aus der geometrischen Bedeutung der Charaktere ohne weiteres ersichtlich ist. Man kann nun aber die Charaktere auch den erzeugenden Elementen nicht völlig willkürlich zuordnen. So kann z.B. das Verhalten in bezug auf eine C_{2p+1} niemals antisymmetrisch sein; denn nach $2p+1$-facher Wiederholung der Operation sollte ja die Identitätsoperation erhalten werden, zu der jede Schwingung symmetrisch ist, was aber bei antisymmetrischem Verhalten nicht der Fall sein könnte. Ferner haben Elemente einer Klasse denselben Charakter. Nach diesen Gesichtspunkten kann man alle Darstellungen ersten Grades ohne Mühe bestimmen. Man findet sie in den Tabellen des § 8 bei den mit A und B bezeichneten Typen, wobei in der ersten Reihe immer die „identische Darstellung", die einer „totalsymmetrischen Schwingung" entspricht, steht. Bei ihr bleibt die Symmetrie des ruhenden Moleküls auch während der Schwingung dauernd erhalten. In allen anderen Schwingungen verringert sich die Symmetrie während der Schwingung.

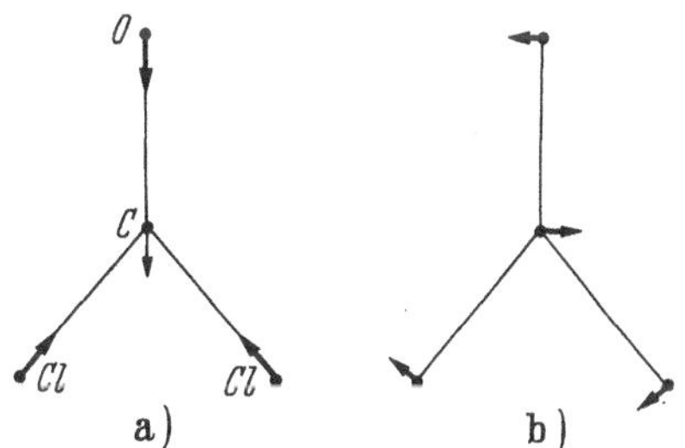

Abb. 12. *Zwei nicht-entartete Schwingungen eines Moleküls $Cl_2CO(\mathfrak{C}_{2v})$*
a symmetrisch zu C_2, σ_v^y, σ_v^z;
b antisymmetrisch zu C_2, σ_v^y; symmetrisch zu σ_v^z; x-Achse = $C - O$, y-Achse senkrecht $C - O$ in Molekülebene.
Die Amplituden sind nicht maßstäblich

Man erkennt aus den Tabellen übrigens, daß das Charakterensystem ersten Grades einer Gruppe $\mathfrak{G}$, die ein direktes Produkt $\mathfrak{G}_1 \times \mathfrak{G}_2$ ist, durch einfache Multiplikation der Charaktere der Elemente von $\mathfrak{G}_1$ und $\mathfrak{G}_2$ erhalten wird. Da in unserm Fall $\mathfrak{G}_2$ ($= \mathfrak{C}_i$ oder $\mathfrak{C}_s$) jeweils nur zwei Elemente hat, hat $\mathfrak{G}$ gerade doppelt soviel nicht-entartete Typen wie $\mathfrak{G}_1$; denn nach einem allgemeinen Satz der Theorie der Gruppencharaktere gibt es genau so viele Darstellungen wie Klassen (§ 9).

Die Darstellungen ersten Grades sind nun erschöpft. Nach dem eben erwähnten Satz sind wir deshalb für die Gruppen der Tab. 6a schon am Ende. Die anderen Gruppen müssen Darstellungen höheren Grads aufweisen, d. h. solche, bei denen die Koeffizientenmatrix mehrreihig ist, bei denen also mindestens zwei Normalkoordinaten gemeinsam transformiert werden. Solche Schwingungen heißen entartet; sie sind nichtlineare Schwingungen. Es handelt sich dabei allgemein um den Fall, daß im Energieausdruck mehrere, etwa f, Konstanten einander gleich werden. Dann würde der Invarianzforderung Genüge getan, wenn für die i^{te} derartige Schwingung

$$Q_{i_1}^2 + Q_{i_2}^2 + \cdots + Q_{i_f}^2 = Q_{i_1}'^2 + Q_{i_2}'^2 + \cdots + Q_{i_f}'^2 \,. \tag{2}$$

Die Transformationsgleichungen würden dann lauten

$$\begin{aligned} Q'_{i_1} &= \alpha_{11} Q_{i_1} + \alpha_{12} Q_{i_2} + \cdots + \alpha_{1f} Q_{i_f} \,, \\ &\vdots \\ Q'_{i_f} &= \alpha_{f1} Q_{i_1} + \cdots \qquad\qquad + \alpha_{ff} Q_{i_f} \,. \end{aligned} \tag{3}$$

Man nennt f den Degenerationsgrad. Die Koeffizienten α_{ik} müssen dabei den Orthogonalitätsbedingungen genügen:

$$\sum_{k=1}^{f} \alpha_{ik}^2 = \sum_{k=1}^{f} \alpha_{ki}^2 = 1 \,, \qquad \sum_{k=1}^{f} \alpha_{ik}\alpha_{jk} = 0 \,. \tag{3a}$$

Sie müssen also Richtungskosinusse sein. Die Gl. (3) können allgemein als Drehungen in einem f-dimensionalen Raum aufgefaßt werden, wobei der Drehungswinkel der Bedingung genügen muß, daß n-malige Wiederholung die Ausgangslage herstellt. Zweifache Entartung entspricht also Schwingungen in einer Ebene senkrecht zu einer ausgezeichneten Achse, und es ist anschaulich klar, daß bei Gruppen mit einer ausgezeichneten Achse nur zweifach-entartete Schwingungen auftreten werden. Dieses sind die E-Typen der Tab. 6. Man könnte nun die möglichen Charaktere dieser und anderer entarteter Typen wie bei den nicht-entarteten aus den geometrischen Eigenschaften solcher Schwingungen ableiten. Das ist sehr mühsam, ist aber von Brester in seiner bedeutsamen Dissertation (S. 32, Anm. 2) mit Erfolg getan worden. Man kann jedoch auch die aus der Theorie der Charaktere ableitbaren algebraischen Beziehungen heranziehen, die hier zunächst ohne Beweis (§ 9) hingeschrieben werden sollen.

Der Charakter wird definiert als $\chi = \sum_{k=1}^{f} \alpha_{kk}$, wobei die α_{ik} die Koeffizienten des Gleichungssystems (3) sind. Wir numerieren die Klassen durch einen Index i von 1 bis r, die Darstellungen durch j von 1 bis r. $\chi_i^{(j)}$ ist der Charakter der i^{ten} Klasse in der j^{ten} Darstellung; h_i ist die Anzahl der Elemente einer Klasse; $\bar{\chi}$ ist konjugiert komplex zu χ.

Dann gilt:

a) Elemente der gleichen Klasse haben den gleichen Charakter;

b) $\chi^{(j)}(A^{-1}) = \bar{\chi}^{(j)}(A)$;

c) $\chi^{(j)}(E) \equiv \chi_1^{(j)} = f$;

$$\text{d)} \sum_{i=1}^{r} h_i \chi_i^{(j)} \bar{\chi}_i^{(j')} = h\,\delta_{jj'}, \quad \delta_{jj'} = \begin{cases} 1 \text{ für } j = j' \\ 0 \text{ für } j \neq j'; \end{cases} \tag{4}$$

$$\text{e)} \sum_{j=1}^{r} \chi_i^{(j)} \bar{\chi}_{i'}^{(j)} = \frac{h}{h_i}\,\delta_{ii'}; \tag{5}$$

$$\text{f)} \sum_{j=1}^{r} [\chi_1^{(j)}]^2 = h. \tag{6}$$

Diese Beziehungen genügen, um alle zulässigen Charaktersysteme und damit gleichzeitig die Anzahl der Darstellungen verschiedenen Entartungsgrads zu bestimmen. Einige Besonderheiten seien hervorgehoben.

Die Darstellungen der cyclischen Gruppen $\mathfrak{C}_n$ hätte man auch als durchgängig vom ersten Grad hinschreiben können, während in den Tab. 6 in diesem Fall zweifach entartete Typen auftreten. Wenn man nämlich jedem Element C_n^p den Ausdruck $\varepsilon^p = \exp(2i\pi p/n)$ zuordnet, so haben diese Ausdrücke alle wesentlichen Eigenschaften der Charaktere. Sie sind übrigens n^{te} Einheitswurzeln. Man hätte also schreiben können

$$Q_i' = \varepsilon^p Q_i. \tag{7}$$

Dann muß aber Q_i keine reelle, sondern eine komplexe Größe sein, $Q_i = Q_{i_1} \pm i Q_{i_2}$, was also wieder auf zwei Koordinaten führt, die dann miteinander entartet sind. Es gilt $Q_{i_1}^2 + Q_{i_2}^2 = Q_i \bar{Q}_i$. Es gibt nun n verschiedene n^{te} Einheitswurzeln, nämlich 1, ε, ε^2, ... ε^{n-1}, $\varepsilon^n = 1$. Das Charaktersystem von $\mathfrak{C}_n$ kann dann in folgender Weise aufgestellt werden:

Darstellungen	Elemente				
	C_n	C_n^2	...	C_n^{n-1}	$C_n^n = E$
A	1	1	...	1	1
E_1	ε	ε^2		ε^{n-1}	$\varepsilon^n = 1$
E_2	ε^2	ε^4		$\varepsilon^{2(n-1)}$	$\varepsilon^{2n} = 1$
—	—				
—	—				
—	—				
E_{n-1}	ε^{n-1}	$\varepsilon^{2(n-1)}$		$\varepsilon^{(n-1)^2}$	$\varepsilon^{n(n-1)} = 1$
$E_n = A$	ε^n	ε^{2n}		$\varepsilon^{n(n-1)}$	$\varepsilon^{n^2} = 1$

In der Tat würde man gerade dieses System aus den algebraischen Beziehungen a) bis f) erhalten haben, das formal vom ersten Grad, dafür aber komplex ist. Hier erweist es sich als zweckmäßig, die in § 2 definierten Oberklassen einzuführen. Faßt man jede C_n^p mit ihrer Inversen C_n^{-p} zusammen, so erhält man eine reelle Darstellung. Die Charaktere sind dann die reellen Mittelwerte von ε^p und ε^{-p}, nämlich $\cos 2\pi p/n$.

So wie die Elemente in Paaren zusammengefaßt werden, so werden auch die Darstellungen selbst paarweise kombiniert, und zwar wieder solche, deren Charaktere konjugiert komplex zueinander sind, also E_1 und E_{n-1}, E_2 und E_{n-2} usw. Bei geradem n ist dann einer der E-Typen, $E_{n/2}$, in Wirklichkeit schon für sich eine reelle Darstellung ersten Grades, wie z. B. der Typus B von Tab. 6c. Die solchermaßen vereinten Darstellungen heißen trennbar entartet, da sie in unabhängige Komponenten aufspaltbar sind. Was hier für die Gruppen $\mathfrak{C}_n$ gesagt ist, gilt auch für die E-Typen von $\mathfrak{T}$. Die Beziehungen (4), (5) und (6), die an sich nur für die komplexen Charaktere gelten, können auch für die reellen Charaktere der Oberklassen verwendet werden, wenn man alle Charaktere der vereinigten E-Typen mit $\sqrt{2}$ multipliziert. Dies korrigiert den Verlust der Hälfte der E-Typen in den quadratischen Beziehungen (4) bis (6).

Der Unterschied zwischen trennbar und wesentlich entarteten E-Schwingungen kann auch geometrisch gedeutet werden[1]. Zu dem Zweck betrachten wir die Transformationsgleichungen für eine C_n. An Stelle der komplexen Gl. (7) kann man die reellen Gleichungen für die Komponenten Q_1 und Q_2 schreiben, nämlich

$$\begin{aligned} Q_1' &= Q_1 \cos\varphi + Q_2 \sin\varphi \\ Q_2' &= -Q_1 \sin\varphi + Q_2 \cos\varphi, \quad \varphi = 2\pi p/n. \end{aligned} \tag{8}$$

Man kann nun Q_1 und Q_2 als zwei orthogonale Komponenten mit $\pm 90°$ Phasendifferenz auffassen, aus denen elliptische Schwingungen resultieren, die als komplexe Größen

$$Q_a = Q_1 + iQ_2 \quad \text{und} \quad Q_b = Q_1 - iQ_2$$

dargestellt werden können, für die die Transformationsgleichungen

$$Q_a' = \varepsilon^{-p} Q_a \qquad \text{und} \quad Q_b' = \varepsilon^{p} Q_b$$

gelten, wie man durch Einsetzen sofort sieht ($\varepsilon = \cos 2\pi p/n + i \sin 2\pi p/n$). Die C_n bewirkt nichts anderes als eine gleiche Phasenverschiebung jeder Komponente Q_1 und Q_2 um $2\pi/n$. Der Drehungssinn der Schwingungen Q_a und Q_b wird dadurch nicht geändert, und die Schwingungen Q_a und Q_b bleiben unabhängig voneinander. Dieser Fall ist in Abb. 13 an einem Beispiel erläutert, und zwar für eine der Schwingungen Q_a oder Q_b. Für die jeweils andere Schwingung im umgekehrten Drehungssinn gilt eine gleiche Abbildung. Das Dreieck hat übrigens die Symmetrie $\mathfrak{D}_{3h}$ anstatt $\mathfrak{C}_3$. Um die überflüssigen Symmetrieelemente zu entfernen, denke man

[1] Für eingehendere Beschreibungen entarteter Schwingungen siehe auch die auf S. 2 u. 3 zitierten Bücher von HERZBERG und MATHIEU sowie KASTLER, A.: Ann. de phys. **20**, 455 (1945); **1**, 495 (1946).

sich ein zweites Dreieck mit gleichem Mittelpunkt, aber gedreht gegen das erste eingezeichnet. Die Unabhängigkeit der Schwingungen verschiedenen Drehungssinns oder der Komponenten Q_1 und Q_2, die der Trennbarkeit entspricht, gilt nur für den Fall, daß die C_n nicht durch andere Symmetrieelemente der Gruppe in ihr Inverses übergeführt werden kann.

Abb. 14 zeigt ein Beispiel für das Verhalten bei wesentlicher Entartung für den Fall, daß außer einer C_n auch noch eine dazu senkrechte C_2

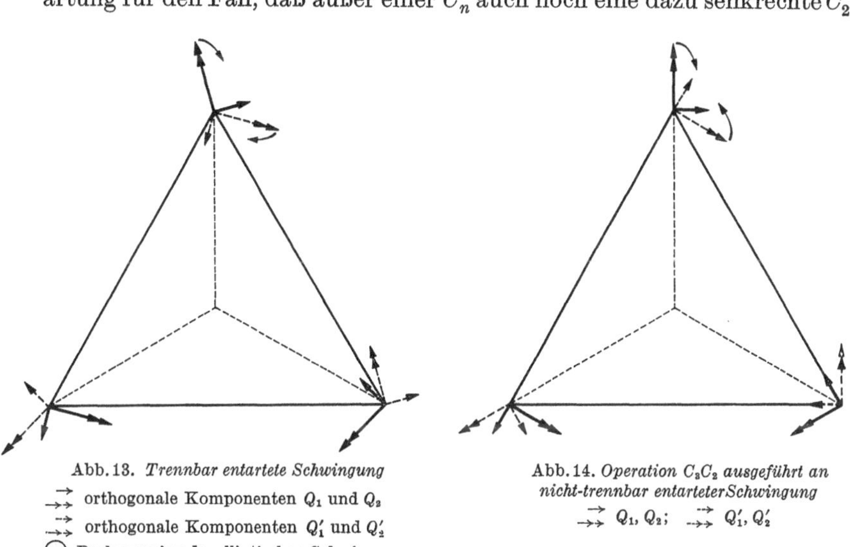

Abb. 13. *Trennbar entartete Schwingung*
→→ orthogonale Komponenten Q_1 und Q_2
⇢⇢ orthogonale Komponenten Q_1' und Q_2'
↻ Drehungssinn der elliptischen Schwingung.

Abb. 14. *Operation C_3C_2 ausgeführt an nicht-trennbar entarteter Schwingung*
→→ Q_1, Q_2; ⇢⇢ Q_1', Q_2'

vorhanden ist. Die Ausgangslage, die in Abb. 13 willkürlich war, ist es hier nicht in gleichem Maß, da eine Komponente, etwa Q_1, symmetrisch, die andere antisymmetrisch in bezug auf C_2 sein muß. Es ist nämlich $\chi(C_2) = 0$ also $Q_1' = Q_1$, $Q_2' = -Q_2$; vgl. Tab. 6h für $\mathfrak{D}_3$. Man erkennt, daß bei der Operation C_3C_2 einerseits der Drehsinn vertauscht wird und daß andererseits die Phasenverschiebungen von Q_1' gegen Q_1 und Q_2' gegen Q_2 nicht mehr gleich sind. Das hat zur Folge, daß für diese Operation statt (8) die Gl. (9)

$$\begin{aligned} Q_1' &= Q_1 \cos\varphi + Q_2 \sin\varphi \\ Q_2' &= Q_1 \sin\varphi - Q_2 \cos\varphi \end{aligned} \tag{9}$$

zu verwenden sind, woraus $Q_a' = \varepsilon^p Q_b$ und $Q_b' = \varepsilon^{-p} Q_a$, so daß nun weder Q_a und Q_b unabhängig voneinander transformiert werden noch Q_1 und Q_2 je für sich reine Phasenverschiebungen erleiden. Man überlegt sich leicht, daß jede starre Translation in der Dreiecksebene ebenfalls den hier beschriebenen Eigenschaften entarteter Schwingungen entspricht.

Aus den Transformationsgleichungen (8) kann auch der Charakter einer C_n für entartete Schwingungen abgelesen werden, nämlich $\chi = 2 \cos \varphi$. Auch die Werte $\chi = 0$ für C_2 und σ_v bei entarteten Schwingungen sind geometrisch mit Hilfe von Abb. 14 verständlich.

Die in den Abbildungen beschriebenen Schwingungen müssen nicht physikalisch realisiert sein. Je nach Anfangsbedingungen sind auch elliptische Schwingungen anderer Art möglich.

Auf drei- und mehrfache Entartung gehen wir hier nicht ein. Daß dreifache Entartung eine räumliche Schwingung bedeutet, erscheint plausibel. Es gibt aber in der Gruppe $\mathfrak{P}$ auch vier- und fünffache Entartung, die nicht mehr in einfacher Weise geometrisch evident ist. Allerdings ist kein Molekül bekannt, das dieser Gruppe angehört. Auf die Transformationsgleichungen bzw. die Koeffizientenmatrizen für solche Entartung kommen wir im II. Kapitel in anderem Zusammenhang zurück.

§ 8. Charaktere von Schwingungstypen

Die folgenden Tab. 6 enthalten die Charaktere für eine Anzahl von Gruppen. Die Tabellen sind auf Grund der Regeln von § 7 aufgestellt.

An der linken Seite jeder Tabelle sind die Gruppen und die Schwingungstypen angegeben. Im Hauptteil erscheinen die Charaktere für jede Klasse oder Oberklasse der Gruppe. Ein Faktor vor dem Elementsymbol gibt die Zahl h_i der Elemente in der Klasse. Die volle Tabelle gilt jeweils für die am weitesten rechts genannte Gruppe. Für die nach links anschließenden Untergruppen oder isomorphen Gruppen sind nur die Kolonnen maßgebend, die Elementen dieser Untergruppen entsprechen. Diese sind unterhalb jeder Tabelle aufgezählt. R und T in der letzten Spalte kennzeichnen starre Rotationen und Translationen (§ 10). $\tilde{\chi}_i = \frac{h_i \chi_i}{u_i}$ (in der letzten Reihe), wo χ_i der „Charakter der reduziblen Darstellung", für den auf § 10 verwiesen wird, und u_i die Zahl der auf dem betreffenden Symmetrieelement liegenden Punkte des Punktsystems sind. $\tilde{\chi}_i$ heißt auch „reduzierter Charakter".

Die Bezeichnung der Typen ist die allgemein übliche; sie bringt symbolisch einige Symmetrieeigenschaften zum Ausdruck.

A bzw. B: Symmetrie bzw. Antisymmetrie zu einer ausgezeichneten C_n,

g bzw. u: Symmetrie bzw. Antisymmetrie zu i,

$'$ bzw. $''$: Symmetrie bzw. Antisymmetrie zu σ_h,

$+$ bzw. $-$: Symmetrie bzw. Antisymmetrie zu C_2^ζ,

1 bzw. 2: Symmetrie bzw. Antisymmetrie zu einer nicht-ausgezeichneten Achse oder Zählindex.

E, F, G, H bezeichnen 2-, 3-, 4-, 5fach entartete Typen.

$|E$ bezeichnet trennbare Entartung.

Die Koordinaten ξ, η, ζ sind im Punktsystem fixiert[1]. Wenn eine C_2 als ξ-Achse gilt, so gehören Achsen C_2' oder Ebenen σ_v' zu einem System das nicht aus C_2 oder σ durch Symmetrieoperationen hervorgeht.

Tabelle 6. *Charaktere spezieller Punktgruppen*

a)

$\mathfrak{C}_i$	$\mathfrak{C}_s$	$\mathfrak{C}_2$	$\mathfrak{C}_{2h}$	$\mathfrak{C}_{2v}$	$\mathfrak{D}_2$	$\mathfrak{D}_{2h}$	E	C_2^ζ	C_2^η	C_2^ξ	i	σ_ζ	σ_η	σ_ξ	
A_g	A'	A	A_g	A_1	A_1	A_{1g}	1	1	1	1	1	1	1	1	
A_u	A''	A	A_u	A_2	A_1	A_{1u}	1	1	1	1	−1	−1	−1	−1	
A_g	A''	A	A_g	A_2	B_1	B_{1g}	1	1	−1	−1	1	1	−1	−1	R
A_u	A'	A	A_u	A_1	B_1	B_{1u}	1	1	−1	−1	−1	−1	1	1	T
A_g	A''	B	B_g	B_1	B_2	B_{2g}	1	−1	1	−1	1	−1	1	−1	R
A_u	A'	B	B_u	B_2	B_2	B_{2u}	1	−1	1	−1	−1	1	−1	1	T
A_g	A'	B	B_g	B_2	B_3	B_{3g}	1	−1	−1	1	1	−1	−1	1	R
A_u	A''	B	B_u	B_1	B_3	B_{3u}	1	−1	−1	1	−1	1	1	−1	T
						$\tilde{\chi}_i$	3	−1	−1	−1	−3	1	1	1	

Untergruppen: $\mathfrak{D}_2\,(E,\ C_2^\zeta,\ C_2^\eta,\ C_2^\xi)$; $\mathfrak{C}_{2v}\,(E,\ C_2^\zeta,\ \sigma_\eta,\ \sigma_\xi)$; $\mathfrak{C}_{2h}\,(E,\ C_2^\zeta,\ i,\ \sigma_\zeta)$; $\mathfrak{C}_2\,(E,\ C_2^\zeta)$; $\mathfrak{C}_s\,(E,\ \sigma_\zeta)$, $\mathfrak{C}_i\,(E,\ i)$.

b)

$\mathfrak{C}_3$	$\mathfrak{C}_{3i}$	$(\mathfrak{C}_{3h})$	E	$2\,C_3^\zeta$	$i\,(\sigma_\xi)$	$2\,i\,C_3^\zeta\,(2\sigma_\zeta C_3^\zeta)$	
A	A_g	A'	1	1	1	1	R
A	A_u	A''	1	1	−1	−1	T
$\|E$	$\|E_g$	$\|E'$	1	$-^1/_2$	1	$-^1/_2$	$R(T)$
$\|E$	$\|E_u$	$\|E''$	1	$-^1/_2$	−1	$^1/_2$	$T(R)$
		$\tilde{\chi}_i$	3	0	−3 (1)	0 (−4)	

Untergruppe: $\mathfrak{C}_3\,(E,\ 2\,C_3^\zeta)$.

c)

$\mathfrak{S}_4$	$\mathfrak{C}_4$	$\mathfrak{C}_{4h}$	E	$2C_4^\zeta$	C_2^ζ	i	$2S_4^\zeta$	σ_ζ	
A	A	A_g	1	1	1	1	1	1	R
B	A	A_u	1	1	1	−1	−1	−1	T
B	B	B_g	1	−1	1	1	−1	1	
A	B	B_u	1	−1	1	−1	1	−1	
$\|E$	$\|E$	$\|E_g$	1	0	−1	1	0	−1	R
$\|E$	$\|E$	$\|E_u$	1	0	−1	−1	0	1	T
		$\tilde{\chi}_i$	3	2	−1	−3	−2	1	

Untergruppen: $\mathfrak{C}_4\,(E,\ 2C_4^\zeta.\ C_2^\zeta)$; $\mathfrak{S}_4\,(E, C_2^\zeta,\ 2\ S_4^\zeta)$.

[1] Für die Wahl der Achsen bei speziellen Molekülen siehe die Empfehlungen in J. Chem. Phys. **23**, 1997 (1955).

d)

$\mathfrak{D}_{2d}$	$\mathfrak{C}_{4v}$	$\mathfrak{D}_4$	$\mathfrak{D}_{4h}$	E	$2C_4^\zeta$	C_2^ζ	$2C_2$	$2C_2'$	i	$2iC_4^\zeta$	σ_ζ	$2\sigma_v$	$2\sigma_v'$	
A_1	A_1	A_1	A_{1g}	1	1	1	1	1	1	1	1	1	1	
B_1	A_2	A_1	A_{1u}	1	1	1	1	1	−1	−1	−1	−1	−1	
A_2	A_2	A_2	A_{2g}	1	1	1	−1	−1	1	1	1	−1	−1	R
B_2	A_1	A_2	A_{2u}	1	1	1	−1	−1	−1	−1	−1	1	1	T
B_1	B_1	B_1	B_{1g}	1	−1	1	1	−1	1	−1	1	1	−1	
A_1	B_2	B_1	B_{1u}	1	−1	1	1	−1	−1	1	−1	−1	1	
B_2	B_2	B_2	B_{2g}	1	−1	1	−1	1	1	−1	1	−1	1	
A_2	B_1	B_2	B_{2u}	1	−1	1	−1	1	−1	1	−1	1	−1	
E	E	E	E_g	2	0	−2	0	0	2	0	−2	0	0	R
E	E	E	E_u	2	0	−2	0	0	−2	0	2	0	0	T
			$\tilde{\chi}_i$	3	2	−1	−2	−2	−3	−2	1	2	2	

Untergruppen: $\mathfrak{D}_4$ (E, $2C_4^\zeta$, C_2^ζ, $2C_2$, $2C_2'$); $\mathfrak{C}_{4v}$ (E, $2C_4^\zeta$, C_2^ζ, $2\sigma_v$, $2\sigma_v'$); $\mathfrak{D}_{2d}$ (E, C_2^ζ, $2C_2$, $2S_4^\zeta$, $2\sigma_v'$). Für S_4 von $\mathfrak{D}_{2d}$ ist die gleiche Spalte wie für iC_4 gültig.

e

$\mathfrak{C}_5$	$\mathfrak{C}_{5i}$	($\mathfrak{C}_{5h}$)	E	$2C_5^\zeta$	$2[C_5^\zeta]^2$	$i(\sigma_\zeta)$	$2iC_5^\zeta(2S_5^\zeta)$	$2iC_{5/2}^\zeta(2S_{5/2}^\zeta)$	
A	A_g	A'	1	1	1	1	1	1	R
A	A_u	A''	1	1	1	−1	−1	−1	T
E_1	E_{1g}	E_1'	1	$\frac{\sqrt{5}-1}{4}$	$-\frac{\sqrt{5}+1}{4}$	1	$\frac{\sqrt{5}-1}{4}$	$-\frac{\sqrt{5}+1}{4}$	$R(T)$
E_1	E_{1u}	E_1''	1	$\frac{\sqrt{5}-1}{4}$	$-\frac{\sqrt{5}+1}{4}$	−1	$-\frac{\sqrt{5}-1}{4}$	$\frac{\sqrt{5}+1}{4}$	$T(R)$
E_2	E_{2g}	E_2'	1	$-\frac{\sqrt{5}+1}{4}$	$\frac{\sqrt{5}-1}{4}$	1	$-\frac{\sqrt{5}+1}{4}$	$\frac{\sqrt{5}-1}{4}$	
E_2	E_{2u}	E_2''	1	$-\frac{\sqrt{5}+1}{4}$	$\frac{\sqrt{5}-1}{4}$	−1	$\frac{\sqrt{5}+1}{5}$	$\frac{\sqrt{5}-1}{4}$	
		$\tilde{\chi}$	3	$1+\sqrt{5}$	$1-\sqrt{5}$	−3(1)	$-1-\sqrt{5}$ $(-3+\sqrt{5})$	$-1+\sqrt{5}$ $(-3-\sqrt{5})$	

Untergruppe: $\mathfrak{C}_5$ (E, $2C_5^\zeta$, $2[C_5^\zeta]^2$).

f)

$\mathfrak{C}_{5v}$	$\mathfrak{D}_5$	$\mathfrak{D}_{5h}$	E	$2\,C_5^\zeta$	$2\,[C_5^\zeta]^2$	$5\,C_2$	σ_ζ	$2\,S_5^\zeta$	$2\,S_{5/2}^\zeta$	$5\,\sigma_v$	
A_1	A_1	A_1'	1	1	1	1	1	1	1	1	
A_2	A_1	A_1''	1	1	1	1	−1	−1	−1	−1	
A_2	A_2	A_2'	1	1	1	−1	1	1	1	−1	R
A_1	A_2	A_2''	1	1	1	−1	−1	−1	−1	1	T
E_1	E_1	E_1'	2	$\frac{\sqrt{5}-1}{2}$	$-\frac{\sqrt{5}+1}{2}$	0	2	$\frac{\sqrt{5}-1}{2}$	$-\frac{\sqrt{5}+1}{2}$	0	T
E_1	E_1	E_1''	2	$\frac{\sqrt{5}-1}{2}$	$-\frac{\sqrt{5}+1}{2}$	0	−2	$-\frac{\sqrt{5}-1}{2}$	$\frac{\sqrt{5}+1}{2}$	0	R
E_2	E_2	E_2'	2	$-\frac{\sqrt{5}+1}{2}$	$\frac{\sqrt{5}-1}{2}$	0	2	$-\frac{\sqrt{5}+1}{2}$	$\frac{\sqrt{5}-1}{2}$	0	
E_2	E_2	E_2''	2	$-\frac{\sqrt{5}+1}{2}$	$\frac{\sqrt{5}-1}{2}$	0	−2	$\frac{\sqrt{5}+1}{2}$	$-\frac{\sqrt{5}-1}{2}$	0	
		$\tilde{\chi}_i$	3	$1+\sqrt{5}$	$1-\sqrt{5}$	−5	1	$-3+\sqrt{5}$	$-3-\sqrt{5}$	5	

Untergruppen: $\mathfrak{D}_5\,(E,\ 2C_5^\zeta,\ 2\,[C_5^\zeta]^2,\ 5C_2)$; $\mathfrak{C}_{5v}(E,\ 2C_5^\zeta,\ 2\,[C_5^\zeta]^2,\ 5\,\sigma_v)$.

g)

$\mathfrak{C}_6$	$\mathfrak{C}_{6h}$	E	$2C_6^\zeta$	$2C_3^\zeta$	C_2^ζ	i	$2iC_6^\zeta$	$2iC_3^\zeta$	σ_ζ	
A	A_g	1	1	1	1	1	1	1	1	R
A	A_u	1	1	1	1	−1	−1	−1	−1	T
B	B_g	1	−1	1	−1	1	−1	1	−1	
B	B_u	1	−1	1	−1	−1	1	−1	1	
$\lvert E^-$	$\lvert E_g^-$	1	$^1/_2$	$-^1/_2$	−1	1	$^1/_2$	$-^1/_2$	−1	R
$\lvert E^-$	$\lvert E_u^-$	1	$^1/_2$	$-^1/_2$	−1	−1	$-^1/_2$	$^1/_2$	1	T
$\lvert E^+$	$\lvert E_g^+$	1	$-^1/_2$	$-^1/_2$	1	1	$-^1/_2$	$-^1/_2$	1	
$\lvert E^+$	$\lvert E_u^+$	1	$-^1/_2$	$-^1/_2$	1	−1	$^1/_2$	$^1/_2$	−1	
	$\tilde{\chi}_i$	3	4	0	−1	−3	−4	0	1	

Untergruppe: $\mathfrak{C}_6\,(E,\ 2\,C_6^\zeta,\ 2\,C_3^\zeta,\ C_2^\zeta)$.

h)

$\mathfrak{C}_{3v}$	$\mathfrak{D}_3$	$\mathfrak{D}_{3h}$	$\mathfrak{D}_{3d}$	$\mathfrak{C}_{6v}$	$\mathfrak{D}_6$	$\mathfrak{D}_{6h}$	E	$2C_6^\zeta$	$2C_3^\zeta$	C_2^ζ	$3C_2$	$3C_2'$	i	$2iC_6^\zeta$	$2iC_3^\zeta$	σ_ζ	$3\sigma_v$	$3\sigma_v'$	
A_1	A_1	A_1'	A_{1g}	A_1	A_1	A_{1g}	1	1	1	1	1	1	1	1	1	1	1	1	
A_2	A_1	A_1''	A_{1u}	A_2	A_1	A_{1u}	1	1	1	1	1	1	−1	−1	−1	−1	−1	−1	
A_2	A_2	A_2'	A_{2g}	A_2	A_2	A_{2g}	1	1	1	1	−1	−1	1	1	1	1	−1	−1	R
A_1	A_2	A_2''	A_{2u}	A_1	A_2	A_{2u}	1	1	1	1	−1	−1	−1	−1	−1	−1	1	1	T
A_1	A_1	A_1''	A_{1g}	B_1	B_1	B_{1g}	1	−1	1	−1	1	−1	1	−1	1	−1	1	−1	
A_2	A_1	A_1'	A_{1u}	B_2	B_1	B_{1u}	1	−1	1	−1	1	−1	−1	1	−1	1	−1	1	
A_2	A_2	A_2''	A_{2g}	B_2	B_2	B_{2g}	1	−1	1	−1	−1	1	1	−1	1	−1	−1	1	
A_1	A_2	A_2'	A_{2u}	B_1	B_2	B_{2u}	1	−1	1	−1	−1	1	−1	1	−1	1	1	−1	
E	E	E'	E_g	E^-	E^-	E_u^-	2	1	−1	−2	0	0	2	1	−1	−2	0	0	R
E	E	E''	E_u	E^-	E^-	E_g^+	2	1	−1	−2	0	0	−2	−1	1	2	0	0	T
E	E	E''	E_g	E^+	E^+	E_u^-	2	−1	−1	2	0	0	2	−1	−1	2	0	0	
E	E	E'	E_u	E^+	E^+	E_g^+	2	−1	−1	2	0	0	−2	1	1	−2	0	0	
						$\tilde{\chi}_i$	3	4	0	−1	−3	−3	−3	−4	0	1	3	3	

Untergruppen: $\mathfrak{D}_6$ $(E, 2C_6^\zeta, 2C_3^\zeta, C_2^\zeta, 3C_2, 3C_2')$; $\mathfrak{C}_{6v}$ $(E, 2C_6^\zeta, 2C_3^\zeta, C_2^\zeta, 3\sigma_v, 3\sigma_v')$; $\mathfrak{D}_{3d}$ $(E, 2C_3^\zeta, 3C_2, i, 2iC_3^\zeta, 3\sigma_v)$; $\mathfrak{D}_{3h}$ $(E, 2C_3^\zeta, 3C_2, 2iC_6^\zeta = 2S_3, \sigma_\zeta, 3\sigma_v')$; $\mathfrak{D}_3$ $(E, 2C_3^\zeta, 3C_2)$; $\mathfrak{C}_{3v}$ $(E, 2C_3^\zeta, 3\sigma_v)$.

i)

$\mathfrak{T}$	$\mathfrak{T}_h$	E	$8C_3$	$3C_2$	i	$8iC_3$	3σ	
A	A_g	1	1	1	1	1	1	
A	A_u	1	1	1	−1	−1	−1	
$\vert E$	$\vert E_g$	1	$-{}^1/_2$	1	1	$-{}^1/_2$	1	
$\vert E$	$\vert E_u$	1	$-{}^1/_2$	1	−1	${}^1/_2$	−1	
F	F_g	3	0	−1	3	0	−1	R
F	F_u	3	0	−1	−3	0	1	T
	$\tilde{\chi}_i$	3	0	−3	−3	0	3	

Untergruppe: $\mathfrak{T}$ $(E, 8C_3, 3C_2)$.

k)

$\mathfrak{T}_d$	$\mathfrak{O}$	$\mathfrak{O}_h$	E	$8C_3$	$3C_2$	$6C_4$	$6C_2'$	i	$8iC_3$	3σ	$6iC_4$	$6\sigma'$	
A_1	A_1	A_{1g}	1	1	1	1	1	1	1	1	1	1	
A_2	A_1	A_{1u}	1	1	1	1	1	−1	−1	−1	−1	−1	
A_2	A_2	A_{2g}	1	1	1	−1	−1	1	1	1	−1	−1	
A_1	A_2	A_{2u}	1	1	1	−1	−1	−1	−1	−1	1	1	
E	E	E_g	2	−1	2	0	0	2	−1	2	0	0	
E	E	E_u	2	−1	2	0	0	−2	1	−2	0	0	
F_1	F_1	F_{1g}	3	0	−1	1	−1	3	0	−1	1	−1	R
F_2	F_1	F_{1u}	3	0	−1	1	−1	−3	0	1	−1	1	T
F_2	F_2	F_{2g}	3	0	−1	−1	1	3	0	−1	−1	1	
F_1	F_2	F_{2u}	3	0	−1	−1	1	−3	0	1	1	−1	
		$\tilde{\chi}_i$	3	0	−3	6	−6	−3	0	3	−6	6	

Untergruppen: $\mathfrak{O}$ $(E, 8C_3, 3C_2, 6C_4, 6C_2')$; $\mathfrak{T}_d$ $(E, 8C_3, 3C_2, 6S_4, 6\sigma')$. Für S_4 gilt die gleiche Spalte wie für iC_4.

l)

$\mathfrak{P}$	$\mathfrak{P}_h$	E	$12\,C_5$	$12\,C_5^2$	$20\,C_3$	$15\,C_2$	i	$12\,iC_5$	$12\,[iC_5]^2$	$20\,iC_3$	$15\,iC_2$	
A	A_g	1	1	1	1	1	1	1	1	1	1	
A	A_u	1	1	1	1	1	−1	−1	−1	−1	−1	
F_1	F_{1g}	3	$\frac{1+\sqrt{5}}{2}$	$\frac{1-\sqrt{5}}{2}$	0	−1	3	$\frac{1+\sqrt{5}}{2}$	$\frac{1-\sqrt{5}}{2}$	0	−1	
F_1	F_{1u}	3	$\frac{1+\sqrt{5}}{2}$	$\frac{1-\sqrt{5}}{2}$	0	−1	−3	$-\frac{1+\sqrt{5}}{2}$	$-\frac{1-\sqrt{5}}{2}$	0	1	T
F_2	F_{2g}	3	$\frac{1-\sqrt{5}}{2}$	$\frac{1+\sqrt{5}}{2}$	0	−1	3	$\frac{1-\sqrt{5}}{2}$	$\frac{1+\sqrt{5}}{2}$	0	−1	R
F_2	F_{2u}	3	$\frac{1-\sqrt{5}}{2}$	$\frac{1+\sqrt{5}}{2}$	0	−1	−3	$-\frac{1-\sqrt{5}}{2}$	$-\frac{1+\sqrt{5}}{2}$	0	1	
G	G_g	4	−1	−1	1	0	4	−1	−1	1	0	
G	G_u	4	−1	−1	1	0	−4	1	1	−1	0	
H	H_g	5	0	0	−1	1	5	0	0	−1	1	
H	H_u	5	0	0	−1	1	−5	0	0	1	−1	
	$\tilde{\chi}_i$	3	$6(1+\sqrt{5})$	$6(1-\sqrt{5})$	0	−15	−3	$-6(1+\sqrt{5})$	$-6(1-\sqrt{5})$	0	15	

Untergruppe: $\mathfrak{P}$ (E, $12\,C_5$, $12\,C_5^2$, $20\,C_3$, $15\,C_2$).

Tabelle 7. *Charaktere für $\mathfrak{C}_n$, $\mathfrak{D}_n$ und dazu isomorphe Gruppen*

Einige Elemente erscheinen in einer gegenüber Tab. 6 geänderten Bezeichnung, z. B. S_4^2 anstatt C_2; auch die Bezeichnung der Schwingungstypen ist manchmal geändert, um Platz zu sparen. Für die in Tab. 7 nicht genannten Gruppen können die Charaktere durch direkte Produktbildung mit $\mathfrak{C}_i$ oder $\mathfrak{C}_s$ erhalten werden. Dabei gehören bei Produkten mit $\mathfrak{C}_i$ Translationen (Rotationen) zu den in i antisymmetrischen (symmetrischen) Typen. Bei Produkten mit $\mathfrak{C}_s$ gilt für nicht-entartete Schwingungen Analoges in bezug auf σ_h, während für entartete Schwingungen die Translationen (Rotationen) zu Typen symmetrisch (antisymmetrisch) in σ_h gehören*. $\varphi = 2\,\pi/n$.

a) n ungerade > 1, $p = (n-1)/2$.

$\mathfrak{C}_n$	E	$2\,C_n$	$2\,C_n^2$	$\cdots$	$2\,C_n^p$	
A	1	1	1	$\cdots$	1	R, T
$\vert E_1$	1	$\cos\varphi$	$\cos 2\varphi$		$\cos p\varphi$	
$\vert E_2$	1	$\cos 2\varphi$	$\cos 4\varphi$		$\cos 2p\varphi$	
$\vdots$						
$\vert E_p$	1	$\cos p\varphi$	$\cos 2p\varphi$		$\cos p^2\varphi$	

* Vgl. ferner NIGGLI, P.: Helv. Chim. Acta **32**, 770, 913, 1453 (1949).

b) n gerade > 2, $p = (n/2$.

$\mathfrak{S}_n$	E	$2\,S_n$	$2\,S_n^2$	...	$2\,S_n^{p-1}$	S_n^p		
$\mathfrak{C}_n$	E	$2\,C_n$	$2\,C_n^2$	...	$2\,C_n^{p-1}$	C_n^p	$\mathfrak{C}_n$	$\mathfrak{S}_n$
A	1	1	1	...	1	1	R, T	R
B	1	-1	1		$(-1)^{p-1}$	$(-1)^p$		T
$\vert E_1$	1	$\cos\varphi$	$\cos 2\,\varphi$		$\cos(p-1)\varphi$	$\cos p\varphi$	R, T	T
$\vert E_2$	1	$\cos 2\,\varphi$	$\cos 4\,\varphi$		$\cos 2(p-1)\varphi$	$\cos 2p\varphi$		
$\vdots$	$\vdots$							
$\vert E_{p-1}\vert$	1	$\cos(p-1)\varphi$	$\cos 2(p-1)\varphi$		$\cos(p-1)^2\varphi$	$\cos p(p-1)\varphi$		R

c) n ungerade > 1, $p = (n-1)/2$.

$\mathfrak{D}_n$	E	$2\,C_n$	$2\,C_n^2$	....	$2\,C_n^p$	$n\,C_2$		
$\mathfrak{C}_{nv}$	E	$2\,C_n$	$2\,C_n^2$	....	$2\,C_n^p$	$n\sigma_v$	$\mathfrak{C}_{nv}$	$\mathfrak{D}_n$
A_1	1	1	1	....	1	1	T	
A_2	1	1	1	....	1	-1	R	R, T
E_1	2	$2\cos\varphi$	$2\cos 2\,\varphi$		$2\cos p\varphi$	0	R, T	R, T
E_2	2	$2\cos 2\,\varphi$	$2\cos 4\,\varphi$		$2\cos 2\,p\varphi$	0		
$\vdots$	$\vdots$							
E_p	2	$2\cos p\varphi$	$2\cos 2\,p\varphi$		$2\cos p^2\varphi$	0		

d) n gerade > 2, $p = n/2$.

$\mathfrak{D}_n$	E	$2\,C_n$	$2\,C_n^2$	....	$2\,C_n^{p-1}$	C_n^p	$p\,C_2$	pC_2'			
$\mathfrak{C}_{nv}$	E	$2\,C_n$	$2\,C_n^2$	....	$2\,C_n^{p-1}$	C_n^p	$p\,\sigma_v$	$p\sigma_v'$			
$\mathfrak{D}_{pd}$ (p gerade)	E	$2\,S_n$	$2\,S_n^2$	....	$2\,S_n^{p-1}$	S_n^p	$p\,C_2$	$p\sigma_v'$	$\mathfrak{D}_{pd}$	$\mathfrak{C}_{nv}$	$\mathfrak{D}_n$
A_1	1	1	1	....	1	1	1	1		T	
A_2	1	1	1		1	1	-1	-1	R	R	R,T
B_1	1	-1	1		$(-1)^{p-1}$	$(-1)^p$	1	-1			
B_2	1	-1	1		$(-1)^{p-1}$	$(-1)^p$	-1	1	T		
E_1	2	$2\cos\varphi$	$2\cos 2\,\varphi$	....	$2\cos(p-1)\varphi$	$2\cos p\varphi$	0	0	T	R,T	R,T
E_2	2	$2\cos 2\varphi$	$2\cos 4\,\varphi$	....	$2\cos 2(p-1)\varphi$	$2\cos 2p\varphi$	0	0			
$\vdots$	$\vdots$										
E_{p-1}	2	$2\cos(p-1)\varphi$	$2\cos 2(p-1)\varphi$	....	$2\cos(p-1)^2\varphi$	$2\cos p(p-1)\varphi$	0	0	R		

Tabelle 8. *Charaktere für Gruppen mit unendlich-zähliger Achse*

Die Typen E_2 und folgende sind nur bei Oberschwingungen von Bedeutung (§ 12). Rotationen um C_∞ sind nicht als solche gezählt, da sie keiner physikalischen Bewegung entsprechen. Die unendlich vielen Klassen $C(\varphi)$ bzw. $S(\varphi)$ sind aus praktischen Gründen in eine (uneigentliche) Oberklasse zusammengefaßt worden. Die Typen sind in zwei geläufigen Bezeichnungsarten angegeben. Das Element E ist enthalten als $C(0)$, σ_h als $S(0)$, i als $S(\pi)$.

$\mathfrak{C}_{\infty v}$		$\mathfrak{D}_{\infty h}$		$C(\varphi)$	$\sigma_v C(\varphi)$	$S(\varphi)$	$C_2 \cdot C(\varphi)$	
Σ^+	A_1	Σ_g^+	A_{1g}		1	1	1	
Σ^+	A_1	Σ_u^+	A_{1u}	1	1	-1	-1	T
Σ^-	A_2	Σ_g^-	A_{2g}	1	-1	1	-1	
Σ^-	A_2	Σ_u^-	A_{2u}	1	-1	-1	1	
Π	E_1	Π_g	E_{1g}	$2\cos\varphi$	0	$2\cos\varphi$	0	R
Π	E_1	Π_u	E_{1u}	$2\cos\varphi$	0	$-2\cos\varphi$	0	T
Δ	E_2	$\vdots$	$\vdots$	$\vdots$				
Φ	E_3							
$\vdots$	$\vdots$							
	E_k		E_{kg}	$2\cos k\varphi$	0	$2(-1)^k\cos k\varphi$	0	
	E_k		E_{ku}	$2\cos k\varphi$	0	$-2(-1)^k\cos k\varphi$	0	
	$\vdots$		$\vdots$	$\vdots$				
			$\tilde{\chi}_i$	$1+2\cos\varphi$	2	$-1+2\cos\varphi$	-1	

§ 9. Theorie der Gruppencharaktere

Die Charaktere der Symmetrieelemente einer Gruppe sind in § 7 in einer zwar physikalisch plausiblen Weise eingeführt worden; es fehlt aber eine genauere Begründung der wichtigsten mathematischen Eigenschaften der Charaktere, die jetzt nachgeholt werden soll. Dazu ist es notwendig, mit der schon angedeuteten, aber nicht systematisch behandelten Darstellung einer Gruppe durch lineare Transformationen oder Substitutionen Ernst zu machen.

a) Lineare homogene Substitutionen als Gruppendarstellungen. Einem Element einer Gruppe ordnen wir durch die Substitution[1]

$$y_k = \sum_i a_{ki} x_i \qquad (k = 1, \ldots f; \quad i = 1, \ldots f) \tag{1}$$

[1] Alle Summen gehen von 1 bis f, falls nichts anderes vermerkt wird.

eine quadratische Matrix vom Grad f zu, nämlich

$$a = \begin{pmatrix} a_{11} & a_{12} & \dots & a_{1f} \\ a_{21} & a_{22} & & \cdot \\ \cdot & & & \cdot \\ \cdot & & & \cdot \\ \cdot & & & \cdot \\ a_{f1} & \dots & \dots & a_{ff} \end{pmatrix}.$$

Man kann nun zeigen, daß die zu verschiedenen Elementen der Gruppe zugeordneten Matrizen bzw. die zugehörigen Transformationen eine zu der Gruppe isomorphe Gruppe bilden. Dabei wird das Produkt zweier Matrizen, $c = ab$, definiert als die Matrix mit den Koeffizienten[1]

$$c_{ik} = \sum_l a_{il} b_{lk}, \tag{2}$$

und c soll demjenigen Element C der Gruppe entsprechen, das als Produkt $C = AB$ der zu a und b zugeordneten Elemente A und B erscheint. Für Matrizen gilt ferner: $a = b$ nur, wenn $a_{ik} = b_{ik}$ für jedes i, k; $c = a + b$, wenn $c_{ik} = a_{ik} + b_{ik}$. Die Gruppenpostulate sind dann erfüllt.

Ist nämlich

$$z_k = \sum_i a_{ki} y_i$$

eine lineare homogene Transformation und wird auf die y_i eine andere Transformation

$$y_i = \sum_j b_{ij} x_j$$

angewandt, so erhält man

$$z_k = \sum_i a_{ki} \sum_j b_{ij} x_j = \sum_j \left[\sum_i a_{ki} b_{ij}\right] x_j = \sum_j c_{kj} x_j,$$

und dies ist wieder eine homogene lineare Transformation. Wenn also a und b Gruppenelemente sind, so ist es auch $c = ab$. Das Zutreffen des assoziativen Gesetzes ist leicht zu verifizieren. Ferner existiert ein Einheitselement e mit $e_{ik} = \delta_{ik}$ (δ_{ik} = Kronecker-Symbol, $\delta_{ik} = 1$ für $i = k$, $= 0$ für $i \neq k$)[2]. Wenn ferner die Determinante $|a_{ik}|$ der Koeffizienten a_{ik} nicht verschwindet, so kann ein zu a inverses Element $b = a^{-1}$ durch die Gleichung $ab = e$ definiert werden, so daß für inverse Elemente gelten muß

$$\sum_l a_{il} b_{lk} = \delta_{ik}.$$

---

[1] Oder Matrixelementen. Wegen der möglichen Verwechslung mit Gruppenelementen ziehen wir die Bezeichnung Koeffizient vor. In diesem Paragraphen bedeuten Buchstaben ohne Indices, bis auf leicht ersichtliche Ausnahmen, Matrizen.

[2] Für e schreiben wir oft E.

Das liefert f^2 lineare Gleichungen, woraus die f^2 Koeffizienten b_{lk} bestimmt werden können, wenn $|a_{il}| \neq 0$. Solche Matrizen, für die $|a_{ik}| \neq 0$, nennt man nicht-singulär, und wir setzen in Zukunft nur solche Matrizen voraus.

Lineare Transformationen oder ihre Matrizen bilden also Gruppen und können zur Darstellung von abstrakten Gruppen dienen, und insbesondere können zu Symmetriegruppen isomorphe Gruppen von Matrizen als deren Darstellung aufgestellt werden.

Aus der Darstellung durch lineare Transformationen ergibt sich auch eine andere Illustration zu dem Begriff der konjugierten Elemente, den wir früher schon geometrisch gedeutet haben. Ein aus a transformiertes Element war formal definiert als $s a s^{-1}$. Die Gleichung $y_k = \sum_i a_{ki} x_i$ transformiert nun einen f-dimensionalen Vektor x mit den Komponenten x_i in einen Vektor y mittels der Matrix a. Wir transformieren nun sowohl y als auch x mit einer anderen, durch die Matrix s gekennzeichneten Transformation, wodurch x in x', y in y' transformiert werde. Wir suchen eine Beziehung zwischen x' und y'. Um x' in y' zu transformieren, kann man in folgender Weise vorgehen: Wir transformieren erst x' in x durch die Transformation s^{-1}; die Transformation a liefert dann y aus x; die darauffolgende Transformation s ergibt y' aus y. Daher stellt $s a s^{-1}$ die Transformation $x' \to y'$ her, falls a die Transformation $x \to y$ beschreibt. Man kann diesen Sachverhalt auch so ausdrücken, daß die Transformation s jeden Vektor eines ,,Vektorraums" V in je einen Vektor eines transformierten Vektorraums V' überführt, wobei Transformationen innerhalb eines Vektorraums konjugierten Transformationen des anderen Vektorraums entsprechen.

Der Charakter χ eines Elements in irgendeiner Darstellung durch homogene lineare Transformationen oder deren Matrizen wird definiert als die ,,Spur" der Matrix, d. h. als die Summe der Diagonalkoeffizienten dieser Matrix, $\chi = \sum_i a_{ii}$.

Für die Spur von Matrizen und damit für Charaktere gilt nun der Satz, daß ihre Produkte unabhängig von der Reihenfolge der Faktoren sind, selbst wenn die zugehörigen Matrizen nicht als Faktoren vertauschbar sind. Denn

$$\chi(ab) = \sum_i (ab)_{ii} = \sum_i \sum_l a_{il} b_{li} = \sum_l \sum_i b_{li} a_{il} = \sum_l (ba)_{ll} = \chi(ba); \tag{3}$$

es kann aber sehr wohl sein

$$\sum_l a_{il} b_{lk} \neq \sum_l b_{il} a_{lk}, \quad \text{also} \quad (ab)_{ik} \neq (ba)_{ik}.$$

Aus Gl. (3) folgt nun sofort

$$\chi(s a s^{-1}) = \chi(s^{-1} s a) = \chi(a); \tag{4}$$

konjugierte Elemente haben den gleichen Charakter (Beziehung a von §7). Darstellungen, bei denen jede Matrix $e, a, b, \ldots$ der einen Darstellung durch $ses^{-1}, sas^{-1}, sbs^{-1}, \ldots$ ersetzt ist, heißen äquivalente Darstellungen. Solche haben somit das gleiche Charakterensystem. Auch die Umkehrung dieses Satzes ist richtig; sie kann aber erst in Abschnitt d) bewiesen werden.

Eine Gruppe kann verschiedene nicht-äquivalente Darstellungen besitzen. Eine davon ist immer die „identische“ Darstellung, bei der jedem Element die Matrix 1 zugeordnet wird. Die Forderung, daß mit $C = AB$ auch $c = ab$ ist, ist dann in trivialer Weise erfüllt. Eine Darstellung heißt treu, wenn jedem Element eine andere Matrix innerhalb der Darstellung zugeordnet ist. Die identische Darstellung ist keine treue Darstellung, wohl dagegen die Darstellung B von $\mathfrak{C}_2$.

b) Unitäre Transformationen. Die Transformationen, die für uns von Bedeutung sind, müssen die Bedingungen erfüllen, daß für irgendein n gilt $a^n = e$; sie müssen von endlicher Ordnung sein. Denn nur dann können die Matrizen Elementen von Gruppen endlicher Ordnung zugeordnet werden. Tatsächlich gibt es Matrizen, die nicht von endlicher Ordnung sind, z. B. die Matrix $\begin{pmatrix}1 & 1\\ 0 & 1\end{pmatrix}$, für die $\begin{pmatrix}1 & 1\\ 0 & 1\end{pmatrix}^n = \begin{pmatrix}1 & n\\ 0 & 1\end{pmatrix}$. Damit eine Matrix endlicher Ordnung ist, muß sie die Eigenschaft haben, daß sie durch eine geeignete Matrix s in eine Diagonalmatrix $(a_{ik} = \delta_{ik} a_{ii})$ transformiert werden kann, deren Koeffizienten a_{ii} n^{te} Einheitswurzeln sind. Daß diese Bedingung hinreichend ist, ist leicht einzusehen. Zweifellos hat die Matrix

$$d = \begin{pmatrix} \varepsilon_1 & 0 & \ldots & 0 \\ 0 & \varepsilon_2 & & \cdot \\ \cdot & & & \cdot \\ \cdot & & & \cdot \\ 0 & \ldots & \ldots & \varepsilon_f \end{pmatrix} \quad \text{mit } \varepsilon_k^n = 1$$

die endliche Ordnung n, denn

$$d^n = \begin{pmatrix} \varepsilon_1^n & 0 & \ldots \\ 0 & \varepsilon_2^n & \\ \cdot & & \\ \cdot & & \\ \cdot & & \varepsilon_f^n \end{pmatrix} = \begin{pmatrix} 1 & & & \\ & 1 & & \\ & & \ddots & \\ & & & 1 \end{pmatrix} = e.$$

Jede aus d transformierte Matrix $a = s^{-1} d s$ hat dann nach §2 die gleiche Ordnung. Tatsächlich läßt sich $A = \begin{pmatrix}1 & 1\\ 0 & 1\end{pmatrix}$ nicht in $B = \begin{pmatrix}a & 0\\ 0 & b\end{pmatrix}$

transformieren, wobei übrigens $a = b = 1$ sein müßte, also $B = E$, da nur dann $\chi(A) = \chi(B)$ und $\chi(A^{-1}) = \chi(B^{-1})$ ist. Dann würde aber die Bedingung $s^{-1}As = E$ liefern $A = sEs^{-1} = E$, was offensichtlich unrichtig ist.

Für den Beweis der Notwendigkeit der angegebenen Bedingung sei auf die Literatur (SPEISER, l.c.) verwiesen. Tatsächlich brauchen wir das Kriterium nicht, da die Transformationen, die für Symmetriegruppen in Frage kommen, durch geometrische Betrachtungen festgelegt sind. Es kann sich nur um Drehungen oder Spiegelungen von Koordinatensystemen handeln, und deren endliche Ordnung ist durch die Beschränkung der Drehungswinkel auf rationale Vielfache von 2π garantiert.

Aus dem eben behandelten Kriterium für Matrizen endlicher Ordnung folgt auch sofort eine weitere wichtige Eigenschaft der Charaktere: Der Charakter eines Elements endlicher Ordnung kann bzw. muß als Summe n^{ter} Einheitswurzeln dargestellt werden.

Eine andere Beschränkung in der Wahl der Matrizen stammt aus der schon in § 7 erwähnten Forderung, daß eine gewisse quadratische Form, die Energiefunktion, invariant gegen die Transformationen sein soll. Wir können uns dabei auf spezielle „Hermitesche“ Formen der Art[1]

$$F = \sum_k Q_k \bar{Q}_k \quad (\bar{Q} \text{ konjugiert komplex zu } Q) \tag{5}$$

beschränken, wobei f miteinander entartete Normalkoordinaten zusammengefaßt werden. Dabei können nach § 7 gerade solche Produkte $Q_k\bar{Q}_k$ neben reinen Quadraten vorkommen, weswegen (5) nicht weiter auf eine reelle Form spezialisiert werden soll.

Eine Substitution

$$Q_k = a_{1k}Q'_1 + a_{2k}Q'_2 + \dots + a_{fk}Q'_f,$$

welche die Invarianz von F garantiert, heißt unitär. Durch die Transformation gehe $F(Q)$ in $F'(Q')$ über. Die Invarianz bedeutet nun nicht nur, daß ein individueller numerischer Wert erhalten bleibt, sondern F' muß als Funktion von Q' dieselbe Form haben wie F als Funktion von Q. Diese Art der Invarianz wird auch als Kovarianz bezeichnet. Nur dann ist F invariant mit Bezug auf jede spezielle Koordinatenwahl.

Es muß also gelten

$$F' = \sum_k Q'_k\bar{Q}'_k = \sum_k Q_k\bar{Q}_k = \sum_k (a_{1k}Q'_1 + \dots + a_{fk}Q'_f)(\bar{a}_{1k}\bar{Q}'_1 + \dots + \bar{a}_{fk}\bar{Q}'_f).$$

[1] Eine allgemeine Hermitesche Form ist definiert als $F = \sum_k \sum_i a_{ik} x_i \bar{x}_k$ mit $a_{ki} = \bar{a}_{ik}$; auch die zugehörigen Koeffizientenmatrizen heißen Hermitesch.

Dies führt zu der Bedingung

$$\sum_k a_{ik} \overline{a_{lk}} = \delta_{il}. \tag{6}$$

Matrizen, die diese Bedingung erfüllen, heißen unitär.

Auf der rechten Seite von (6) stehen die Koeffizienten der Einheitsmatrix e, auf der linken Seite stehen Koeffizienten eines Matrixprodukts, und zwar kann auf Grund der Definition (2) geschrieben werden

$$c_{il} = \sum_k a_{ik} b_{kl} = \delta_{il}.$$

Ein Vergleich mit (6) lehrt, daß $b_{kl} = \overline{a_{lk}}$. Die Matrix b entsteht also aus a durch Vertauschen der Indices und Substitution des konjugiert komplexen Werts oder auch durch Vertauschen von Zeilen mit konjugiert komplexen Spalten und umgekehrt. Eine solche Matrix wird die zu a adjungierte Matrix $a^\dagger$ genannt. Es ist also $(a^\dagger)_{ik} = \overline{a_{ki}}$. Die Gl. (6) kann dann in der Form

$$a a^\dagger = e \qquad \text{oder} \qquad a^\dagger = a^{-1} \tag{7}$$

als Bedingung für unitäre Matrizen geschrieben werden. (Für Hermitesche Matrizen ist $a^\dagger = a$, und für reelle unitäre oder orthogonale Matrizen gilt $a^\dagger = \tilde{a}$ mit $\tilde{a}_{ik} = a_{ki}$; $\tilde{a}$ heißt die zu a transponierte Matrix.) Aus (7) folgt auch die Umkehrung der Transformationsformeln. Es wird

$$Q'_k = \bar{a}_{k1} Q_1 + \dots + \bar{a}_{kf} Q_f.$$

Aus (7) folgt ferner der Charakter zueinander inverser Elemente. Es muß sein

$$\chi(a^{-1}) = \chi(a^\dagger) = \sum_i \bar{a}_{ii} = \bar{\chi}(a); \tag{8}$$

d. h. inverse Elemente haben konjugiert komplexe Charaktere, unabhängig von der speziellen Darstellung. Weiter erhält man aus (3), wenn $b = a^{-1}$ gesetzt wird,

$$\chi(a a^{-1}) = \chi(e) = \sum_i \sum_l a_{il} \bar{a}_{il}.$$

Wegen (6) ist aber $\sum_l a_{il} \bar{a}_{il} = \delta_{ii} = 1$, also $\sum_i \sum_l a_{il} \bar{a}_{il} = \sum_i 1 = f$, daher

$$\chi_1 \equiv \chi(e) = f. \tag{9}$$

Die Gl. (8) und (9) entsprechen den Beziehungen b) und c) von § 7.

c) Invarianten. Außer der quadratischen Form F gibt es noch andere Invarianten unitärer Transformationen. Zur Ableitung weiterer Beziehungen zwischen Charakteren ist es notwendig, solche weiteren

Invarianten zu untersuchen. Zu dem Zweck betrachten wir die „Bilinearform“

$$\Phi = \sum_k y_k \eta_k$$

zweier Reihen von Variablen y_k und η_k. Φ soll durch zwei unitäre Transformationen

$$y_k = \sum_i a_{ik} x_i \quad \text{und} \quad \eta_k = \sum_l b_{kl} \xi_l$$

oder

$$x_i = \sum_k \bar{a}_{ki} y_k \quad \text{und} \quad \xi_i = \sum_k \bar{b}_{ik} \eta_k$$

transformiert werden. Dann erhält man

$$\sum_k y_k \eta_k = \sum_k \sum_i a_{ik} x_i \sum_l b_{kl} \xi_l = \sum_k \sum_i a_{ik} \sum_l b_{kl} x_i \xi_l = \sum_i \sum_k a_{ik} \sum_l b_{kl} x_i \xi_l. \tag{10}$$

Die Bilinearform Φ ist daher invariant, d. h. $\sum_k y_k \eta_k = \sum_i x_i \xi_i$, dann und nur dann, wenn

$$\sum_k a_{ik} b_{kl} = \delta_{il}.$$

Das ist aber genau die Bedingung (6). In andern Worten, a und b müssen adjungierte Matrizen sein, wenn Φ invariant sein soll.

Nehmen wir nun an, G sei eine Form

$$G = \sum_i \sum_k r_{ik} y_i \eta_k \neq t\,\Phi$$

und nehmen wir ferner an, daß G und Φ invariant seien für die gleichen Transformationen. Dann muß die Form

$$G - t\,\Phi = \sum_i \sum_k (r_{ik} - t\,\delta_{ik}) y_i \eta_k$$

ebenfalls für diese Transformationen invariant sein. Einerseits kann nun die Determinante der Koeffizienten dieser Bilinearform, nämlich $|r_{ik} - t\,\delta_{ik}|$, durch eine geeignete Wahl von t zum Verschwinden gebracht werden. Andererseits wissen wir aus (10), daß eine Bilinearform $\sum_i \sum_k a_{ik} x_i \eta_k$ in die Form $\sum_i x_i \xi_i$ übergeführt werden kann, falls $|a_{ik}| \neq 0$; denn nur dann existiert die Transformation $\eta_k = \sum_l \bar{a}_{lk} \xi_l$. Wenn aber $|a_{ik}| = 0$, dann hat die Bilinearform in Wirklichkeit eine geringere Zahl unabhängiger Variablen als ursprünglich angenommen wurde (denn nun existieren lineare Beziehungen zwischen diesen).

Sollte also zwar $G - t\Phi \neq 0$ sein, dagegen $|r_{ik} - t\delta_{ik}| = 0$, dann müßte $G - t\Phi$, wenn dies invariant wäre, weniger Variablen enthalten als Φ, was unmöglich ist. Daher muß $G = t\Phi$ sein, was von Φ nicht wesentlich verschieden ist. Für vorgegebene adjungierte Transformationen gibt es also bis auf einen konstanten Faktor t, der durch $|r_{ik} - t\,\delta_{ik}| = 0$ bestimmt ist, nur eine einzige Bilinearform, die für diese Transformationen invariant ist.

Wir haben natürlich stillschweigend angenommen, daß Φ nur für Transformationen in f Variablen invariant ist und nicht schon für sich für eine kleinere Zahl. Der Grad der Transformation soll also der kleinstmögliche sein. Wir nehmen also an, daß die Darstellung der Gruppe durch diese Transformationen „irreduzibel" ist.

Man kann die Transformation des Produkts $y_i\eta_k$ durch *zwei* Transformationen

$$y_i = \sum_j a_{ji} x_j, \qquad \eta_k = \sum_l b_{kl} \xi_l, \qquad y_i \eta_k = \sum_j \sum_l a_{ji} b_{kl} x_j \xi_l \tag{11}$$

auch als *eine* lineare Transformation auffassen, nämlich die Transformation des einen Produkts $\mathfrak{z}_m = y_i\eta_k$ in das andere $\zeta_n = x_j\xi_l$. Für solche linearen Transformationen können für uns wichtige Beziehungen aus Invarianzeigenschaften abgeleitet werden.

Man addiere die den Elementen $E, A, B, \ldots$ einer Gruppe zugeordneten Matrizen $e, a, b, \ldots$ einer Darstellung,

$$m = e + a + b + \ldots \tag{12}$$

und bilde die lineare Form

$$L_i = \sum_k m_{ik} \mathfrak{z}_k, \tag{13}$$

wobei[1]

$$m_{ik} = e_{ik} + a_{ik} + \ldots = S a_{ik}.$$

Die Form (13) ist invariant gegen jede Operation in der Gruppe, da ja durch solche höchstens die Reihenfolge der Gruppenelemente geändert werden kann, die Summe m also konstant bleibt. Daher ist für jedes Element der Gruppe $L'_i = 1\,L_i$. Die Gruppe wird also in diesem Fall durch die identische Transformation dargestellt, deren Charaktersystem $1, 1, 1, \ldots$ ist. Andere Charakterensysteme wären nur möglich für $L_i \equiv 0$.

Andere Linearformen, die unter denselben Umständen invariant sind, erhält man durch lineare Kombinationen

$$L = a_1 L_1 + \ldots + a_f L_f.$$

[1] S ohne Index soll eine Summation über die h Elemente der Gruppe andeuten, Σ ohne Index eine Summe über die r Klassen der Gruppe.

Es gibt dann soviel Kombinationen L, als linear unabhängige Funktionen L_f vorhanden sind. Jede lineare Form läßt sich in dieser Form darstellen (vgl. SPEISER, l.c.).

Wenn nun aus L, der allgemeinsten invarianten Linearform, eine Linearform Λ nach der Vorschrift (13) gebildet wird, $\Lambda = S a_{ik} L$, so stehen rechts in der Summe h Glieder, die jedes für sich bei den Operationen der Gruppe invariant bleiben, so daß das Resultat der Transformationen durch die Gleichung $\Lambda' = h\Lambda$ gegeben ist. Wenn also überhaupt nicht-verschwindende invariante Linearformen vorhanden sind, so gibt es eine Darstellung, deren Charaktere alle der Ordnung h der Gruppe gleich sind, und es gibt so viele dieser Darstellungen, als es verschiedene Formen L gibt.

Wir wenden diese Ergebnisse auf die Gl. (11) an. Falls a und b nicht adjungierte Matrizen wären, so könnte die Bilinearform Φ nicht invariant sein; ebensowenig könnte dann die aus den Produkten (11) gebildete lineare Form (13) invariant sein. Daher muß die lineare Form verschwinden, da sie ja formal invariant sein muß. In diesem Falle ist also

$$m_{ik} = S a_{ji} b_{kl} = 0. \tag{14a}$$

Wenn dagegen a zu b adjungiert ist, dann existiert eine nichtverschwindende lineare Form, so daß

$$y_i \eta_k = \sum_j \sum_l (S a_{ji} \bar{a}_{lk})\, x_j \xi_l.$$

Die Invarianzforderung der Bilinearform $\sum_k y_k \eta_k = \sum_l x_l \xi_l$ besagt dann, daß $S a_{ji} \bar{a}_{lk} = 0$, wenn $i \neq k$, $j \neq l$.

Weiterhin müssen alle nicht-verschwindenden Summen S einander gleich sein.

Daher hat die Matrix der Koeffizienten der Transformation

$$y_k \eta_k = \sum_l (S a_{lk} \overline{a_{lk}})\, x_l \xi_l$$

die Spur $f S a_{lk} \bar{a}_{lk} = f S a_{11} \bar{a}_{11}$. Faßt man die Transformation nun als die einer linearen Form auf, dann wissen wir, daß es eine Darstellung geben muß, für die $\chi = h$, und zwar gibt es nur eine invariante Linearform Λ, da es auch nur eine invariante Bilinearform gibt. Es ist also

$$S a_{lk} \overline{a_{lk}} = h/f. \tag{14b}$$

Der Beweis von (14b) ist hier nur in seinen wichtigsten Zügen skizziert worden. Insbesondere ist die Anzahl linear unabhängiger Linearformen und die *Notwendigkeit* der Verwendung der Linearform Λ nicht genauer begründet worden, so daß streng genommen nur bewiesen ist, daß (14b) eine hinreichende Bedingung für die Koeffizienten darstellt.

Für eine ausführlichere Beweisführung auf der hier benutzten Grundlage vergleiche man das Buch von SPEISER. Auf anderen Hilfsmitteln beruht der bei WILSON, DECIUS und CROSS dargestellte Beweis.

d) Beziehungen zwischen Gruppencharakteren. Die Koeffizienten der Matrizen in den Darstellungen j und j' für ein Gruppenelement R seien bezeichnet als r_{ik} und ϱ_{ik}. Dann ist auf Grund der Definition der Charaktere

$$S\chi^{(j)}(R)\bar{\chi}^{(j')}(R) = S(r_{11} + \dots r_{ff})(\bar{\varrho}_{11} + \dots + \bar{\varrho}_{ff}). \tag{15}$$

Wenn die beiden Darstellungen nicht äquivalent sind, wenn also wenigstens ein $\overline{\varrho_{ii}} \neq \overline{r_{ii}}$, dann ist (14a) anwendbar, und der Ausdruck (15) verschwindet. Ist dagegen immer $\varrho_{ii} = r_{ii}$, dann hat man f Glieder der Form von (14b) mit $l = k$. Dann ist also die Summe (15) gleich h. Es ist also

$$S\chi^{(j)}(R)\bar{\chi}^{(j')}(R) = \Sigma h_R \chi^{(j)}(R)\bar{\chi}^{(j')}(R) = \begin{cases} h \text{ für äquivalente Darstellungen} \\ 0 \text{ für nichtäquivalente Darstellungen,} \end{cases} \tag{16}$$

wobei h_R die Zahl der Elemente in der Klasse von R ist.

Hieraus folgt die Umkehrung des in Abschnitt a) erwähnten Satzes über die Äquivalenz von Darstellungen mit gleichem Charaktersystem. Angenommen, zwei Darstellungen j und j' seien zwar nicht äquivalent, hätten aber gleiche Charakterensysteme, so daß $\chi^{(j)}(X) = \chi^{(j')}(X)$ für jedes X. Dann muß wegen (16) $S\chi^{(j)}\bar{\chi}^{(j')} = 0$ sein. Aber wegen $\chi^{(j)} = \chi^{(j')}$ ist dann auch $S\chi^{(j)}\bar{\chi}^{(j')} = S\chi^{(j)}\bar{\chi}^{(j)} = h$, da die Darstellung j mit sich selbst äquivalent ist. Daher bedeutet gleiches Charakterensystem äquivalente Darstellungen, und verschiedene Indices j und j' kann man allgemein nichtäquivalenten Darstellungen zuordnen, so daß (16) auch geschrieben werden kann als

$$\Sigma h_R \chi^{(j)}(R)\bar{\chi}^{(j')}(R) = h\delta_{jj'}, \tag{17a}$$

und dies ist die Beziehung d) von § 7, abgesehen von kleinen Änderungen in der Bezeichnung. Wegen $\chi(R^{-1}) = \bar{\chi}(R)$, siehe (8), ist (17) auch in der Form

$$\Sigma h_R \chi^{(j)}(R)\chi^{(j')}(R^{-1}) = h\delta_{jj'}, \tag{17b}$$

verwendbar.

Eine weitere fruchtbare Beziehung kann aus dem Charakter des Produkts $D = BR^{-1}CR$ abgeleitet werden. R möge alle Elemente der Gruppe durchlaufen, und wir bilden die Summe $S\chi(D)$. Die Matrizenkoeffizienten d_{ik} für das Element D sind dann nach den Regeln der Matrizenmultiplikation gegeben durch

$$d_{ik} = \sum_l b_{il} \sum_n \bar{r}_{nl} \sum_m c_{nm} r_{mk}.$$

Dann ist

$$\chi(D) = \sum_i \sum_l b_{il} \sum_n \bar{r}_{nl} \sum_m c_{nm} r_{mi}.$$

Wegen der Gl. (14) tragen nur Glieder mit $l = i$, $m = n$ zu $S\chi(D)$ bei. Daher ist (S und $\sum$ sind vertauschbar)

$$S\chi(D) = \sum_i b_{ii} \sum_m c_{mm} \frac{h}{f}.$$

Wegen $\sum_i b_{ii} = \chi(B)$, $\sum_i c_{ii} = \chi(C)$ erhält man

$$S\chi(BR^{-1}CR) = \frac{h}{f}\chi(B)\chi(C). \tag{18}$$

Die Gl. (3), (17) und (18) können übrigens als eine Alternativdefinition der Charaktere angesehen werden[1]. Tatsächlich reicht diese Definition völlig zur Bestimmung aller Charaktere aus, jedoch ist (18) kein „natürlich" erscheinender Ausgangspunkt.

Auf ähnliche Weise kann eine Beziehung für $\chi(R^2)$ erhalten werden. Nach der Definition des Charakters ist

$$\chi(R^2) = \sum_i \sum_l r_{il} r_{li} = \sum_i \sum_l r_{il} \bar{r}_{il}.$$

Man bilde die Summe $S\chi(R^2)$. Wegen (14b) und wegen der Unitaritätsbedingung (6) hat diese Summe f Glieder von der Form h/f. Also ist

$$S\chi(R^2) = h. \tag{19}$$

e) Charaktere Abelscher Gruppen. In Abelschen Gruppen ist Gl. (3) eine Identität. Aus (18) erhält man

$$S\chi(BR^{-1}CR) = S\chi(BC) = h\chi(BC) = \frac{h}{f}\chi(B)\chi(C)$$

oder

$$f\chi(BC) = \chi(B)\chi(C).$$

Daraus und aus (9):

$$\chi(B)\chi(B^{-1}) = f\chi(BB^{-1}) = f\chi(E) = f^2$$

oder wegen (17):

$$hf^2 = S\chi(B)\chi(B^{-1}) = h.$$

[1] Vgl. WEBER, H.: Lehrbuch der Algebra, 2. Aufl., Bd. II. Braunschweig: F. Vieweg & Sohn 1899. Alle bisher aufgestellten Beziehungen zwischen den Charakteren können hieraus wiedergewonnen werden. Das gilt insbesondere für (8) und (9), die in den nächsten Abschnitten gebraucht werden.

Daher ist $f = +1$, denn f ist notwendig positiv. Alle Charaktere bzw. die zugehörigen Darstellungen sind daher von erstem Grad und gehorchen der Beziehung

$$\chi(AB) = \chi(A)\chi(B),$$

welche auch als Ausgangspunkt zur Definition der Charaktere Abelscher Gruppen dienen kann.

Demnach ist $\chi(A^n) = \chi^n(A)$. Wenn $A^n = E$, dann ist $\chi^n(A) = \chi(A^n) = \chi(E) = f = 1$. Die Charaktere müssen n^{te} Einheitswurzeln sein in Übereinstimmung mit der allgemeinen Behauptung in Abschnitt b).

Die Elemente X Abelscher Gruppen können als Produkte der Elemente einer Basis (bestehend aus den Elementen $A_1, \ldots A_\nu$) erhalten werden derart, daß $X = A_1^{r_1} A_2^{r_2} \ldots A_\nu^{r_\nu}$ mit einer und nur einer Kombination der Exponenten r_i. Das soll hier nicht bewiesen werden, kann aber in jedem Fall leicht verifiziert werden.

Der Charakter von A_i sei $\chi_i = \varepsilon_i$ mit $\varepsilon_i^{n_i} = 1$ (n_i = Ordnung des Elements A_i). Dann ist $\chi(X) = \varepsilon_1^{r_1} \varepsilon_2^{r_2} \ldots \varepsilon_\nu^{r_\nu}$. Da es n_i verschiedene Einheitswurzeln ε_i gibt, gibt es $n_1 n_2 \ldots n_\nu$ verschiedene Möglichkeiten der Kombination solcher Wurzeln und daher ebensoviele verschiedene Charaktersysteme oder Darstellungen. Nun ist $n_1 n_2 \ldots n_\nu$ auch die Anzahl verschiedener Produkte X und diese sind wegen der Gruppenpostulate alle verschieden voneinander und umfassen *alle* Elemente der Gruppe. Daher ist $n_1 n_2 \ldots n_\nu = h$, und dies bedeutet, daß die Zahl der Darstellungen gleich der Zahl der Elemente (oder in diesem Fall auch gleich der Zahl der Klassen) ist.

Ferner gelten folgende Beziehungen:

$$S\chi^{(1)}(R) = h \quad \text{und} \quad \sum_j \chi^{(j)}(E) = h.$$

In beiden Fällen haben alle Charaktere den Wert 1. In allen anderen Fällen ist $S\chi(R) = 0$ bzw. $\sum_j \chi^{(j)}(X) = 0$, wie nun bewiesen werden soll.

B sei ein Element, für das	j' sei eine Darstellung, für die
$\chi^{(j)}(B) \neq 1$	$\chi^{(j')} \neq 1$
und es sei	und es sei
$S\chi^{(j)}(R) = \sigma.$	$\sum_j \chi^{(j)} = \sigma.$
Dann ist	Dann ist
$S\chi(RB) = S\chi(R)\chi(B) = \sigma\chi(B).$	$\sum_j \chi^{(j)}\chi^{(j')} = \sigma\chi^{(j')}.$
Jedoch	Jedoch
$S\chi(RB) = S\chi(R),$	$\sum_j \chi^{(j)}\chi^{(j')} = \sum_j \chi^{(j)},$

da beide Summen die gleichen Glieder enthalten, nämlich

alle Elemente der Gruppe,	alle Einheitswurzeln,

nur in verschiedener Anordnung. Daher

$\sigma = \sigma\chi(B)$,	$\sigma = \sigma\sum_j \chi^{(j)}$,

und dies ist nur möglich für $\sigma = 0$.

Die Beziehung $S\chi(R) = 0$ folgt auch aus (17), wenn als Darstellung j die identische gewählt wird. Alle hier abgeleiteten Beziehungen sind Spezialfälle der Beziehungen d) und e) von § 7.

f) Charaktere der Tetraedergruppe. Die Charaktere von $\mathfrak{T}$ können aus (3), (8), (9), (17) und (18) wie folgt bestimmt werden.

$\mathfrak{T}$ hat die Klassen

$$A_1 = E,\ A_2 = 4C_3,\ A_3 = 4C_3^{-1},\ A_4 = 3C_2,\ \text{d.h. } h = 12,\ h_1 = 1,\ h_2 = 4,\ h_3 = 4,\ h_4 = 3.$$

Wegen $\chi(E) = f,\ \chi(C_2) = \chi(C_2^{-1}),\ \chi(C_3^{-1}) = \bar{\chi}(C_3)$

folgt aus (17)

$$1\chi^2(E) + 2\cdot 4\chi(C_3)\bar{\chi}(C_3) + 3\chi^2(C_2) = 12. \tag{20}$$

Aus (18) erhalten wir weitere Gleichungen, von denen nur eine hier abgeleitet werden soll. Setzt man $B = C = C_2$, dann sind die Produkte $BR^{-1}CR$

$$\begin{aligned}
&\text{für } R = E: && C_2E^{-1}C_2E = E;\\
&\text{für } R = C_3: && C_2C_3^{-1}C_2C_3 = C_2;\\
&\text{für } R = C_3^{-1}: && C_2C_3C_2C_3^{-1} = C_2;\\
&\text{für } R = C_2: && C_2C_2^{-1}C_2C_2 = E.
\end{aligned}$$

Die zweite und dritte dieser Gleichungen können verifiziert werden, wenn man die durch die angedeuteten Symmetrieoperationen verursachten Permutationen der Ecken eines regulären Tetraeders betrachtet. Wenn diese Ecken mit 1, 2, 3, 4 bezeichnet werden, so liefert

eine der C_2 die Permutationen $1 \to 2,\ 2 \to 1,\ 3 \to 4,\ 4 \to 3$;
eine der C_3 die Permutationen $1 \to 2,\ 2 \to 3,\ 3 \to 1,\ 4 \to 4$;
eine der C_3^{-1} die Permutationen $1 \to 3,\ 3 \to 2,\ 2 \to 1,\ 4 \to 4$.

Sukzessive Anwendung wie in der zweiten Gleichung angegeben, liefert dann $1 \to 4$, $2 \to 3$, $3 \to 2$, $4 \to 1$ (z. B. $1 \to 2$ durch C_3, $2 \to 1$ durch C_2, $1 \to 3$ durch C_3^{-1}, $3 \to 4$ durch C_2). Diese Permutation ist wieder einer

C_2 äquivalent. Daher nach (18)

$$\chi(E) + 4\chi(C_2) + 4\chi(C_2) + 3\chi(E) = \frac{12}{f}\chi^2(C_2)$$

oder

$$12\chi^2(C_2) = f[4\chi(E) + 8\chi(C_2)]. \tag{21a}$$

In gleicher Weise erhält man

$$\chi(C_2)\chi(C_3) = f\chi(C_3); \quad \chi(C_2)\chi(C_3^{-1}) = f\chi(C_3^{-1}); \tag{21b}$$

$$\chi^2(C_3) = f\chi(C_3^{-1}); \quad \chi^2(C_3^{-1}) = f\chi(C_3); \tag{21c}$$

$$4\chi(C_3)\chi(C_3^{-1}) = f[\chi(E) + 3\chi(C_2)]. \tag{21d}$$

Andere Kombinationen von B und C liefern Identitäten.

Aus (21b) folgt

$\chi(C_2) = f$

aus (21d): $\chi(C_3)\chi(C_3^{-1}) = f^2$;

aus (20): $f^2 + 8f^2 + 3f^2 = 12, \; f = 1$;

aus (21c): $\chi^2(C_3) = \chi(C_3^{-1}), \; \chi^2(C_3^{-1}) = \chi(C_3)$.

$\chi^3(C_3) = 1, \; \chi^3(C_3^{-1}) = 1$

und schließlich

$\chi(E) = 1; \; \chi(C_2) = 1$;

$$\left.\begin{array}{l}\chi(C_3) = 1, \varepsilon, \varepsilon^2 \\ \chi(C_3^{-1}) = 1, \bar{\varepsilon}, \bar{\varepsilon}^2\end{array}\right\} \varepsilon = \cos\frac{2\pi}{3} + i\sin\frac{2\pi}{3}$$

Im ganzen, 3 verschiedene Charakterensysteme:

1	1	1	1
1	1	ε	$\bar{\varepsilon} = \varepsilon^2$
1	1	$\varepsilon^2 = \bar{\varepsilon}$	$\bar{\varepsilon}^2 = \varepsilon$

oder $\chi(C_3) = \chi(C_3^{-1}) = 0$

$\chi(C_2) = -f/3$;

$f^2 + f^2/3 = 12, \; f = 3$.

Daher

$\chi(E) = 3; \; \chi(C_2) = -1$;

$\chi(C_3) = 0; \; \chi(C_3^{-1}) = 0$.

Im ganzen, 1 Charakterensystem:

3	-1	0	0

Zusammen erhält man 4 Darstellungen wie in Tab. 6i, wo jedoch zwei Klassen zu Oberklassen zusammengefaßt sind.

g) Charaktere direkter Produkte. Die Charaktere der Darstellungen eines direkten Produkts $\mathfrak{G} = \mathfrak{G}_1 \times \mathfrak{G}_2$ können aus (11) entnommen werden, wenn a_{ji} und b_{kl} als Koeffizienten von Matrizen betrachtet werden, die $\mathfrak{G}_1$ bzw. $\mathfrak{G}_2$ zugeordnet sind. Sie brauchen dabei nicht dieselbe Dimension zu besitzen. Die Matrix eines speziellen Elements $G = G_1 G_2$ von $\mathfrak{G}$ wird aus Koeffizienten $a_{ji} b_{kl}$ gebildet, wobei die Reihen durch den Doppelindex jl, die Kolonnen durch ik gezählt werden. Für die Diagonalglieder ist also $i = j$, $l = k$, so daß nach (11) für jedes Element

$$\chi(G) = \sum_k \sum_i a_{ii} b_{kk} = \sum_i a_{ii} \sum_k b_{kk} = \chi(G_1)\chi(G_2).$$

So sind also nicht nur die Gruppen $\mathfrak{G}$ Produkte aus $\mathfrak{G}_1$ und $\mathfrak{G}_2$, sondern auch die Darstellungen von $\mathfrak{G}$ sind „Produkte" der Darstellungen von $\mathfrak{G}_1$ und $\mathfrak{G}_2$. Wie die Ableitung erkennen läßt, ist das Ergebnis auch gültig für das Produkt zweier Darstellungen einer einzigen Gruppe.

h) Charaktere von Faktorgruppen. Die Gruppe $\mathfrak{N}$ mit den Elementen $E, N_2, \ldots N_i$ sei eine invariante Untergruppe von $\mathfrak{G}$. $\mathfrak{G}$ habe die h Elemente

$$E, N_2 \ldots N_i;\ A_1^{(2)}, \ldots A_i^{(2)};\ A_1^{(3)}, \ldots A_i^{(3)};\ ..;\ A_1^{(m)}, \ldots A_i^{(m)} \quad (m = h/i),$$

die hier gemäß den Nebengruppen von $\mathfrak{N}$ angeordnet sind, die durch obere Indices gekennzeichnet sind. Die Faktorgruppe $\mathfrak{F} = \mathfrak{G}/\mathfrak{N}$ hat die Elemente (§ 3)

$$co\mathfrak{N}, \quad coA_1^{(2)}, \quad coA_1^{(3)}), \quad \ldots coA_1^{(m)}.$$

Das Charakterensystem einer Darstellung von $\mathfrak{F}$ möge sein

$$\psi_1, \quad \psi_2, \quad \psi_3, \quad \ldots \psi_m.$$

Dann kann gezeigt werden, daß ein gültiges Charakterensystem von $\mathfrak{G}$ erhalten wird, wenn der gleiche Charakter $\chi(A_l^{(j)}) = \psi_j$ jedem Element von $coA_1^{(j)}$ beigelegt wird. Wenn die χ ein gültiges Charaktersystem sein sollen, so müssen sie natürlich den für Charaktere allgemein abgeleiteten Beziehungen gehorchen. Das ist in der Tat der Fall, da ja alle Charaktere χ mit irgendeinem ψ identisch sind, wobei jedes ψ im vollständigen System der Charaktere m-mal vorkommt. Somit werden die Gleichungen, die zwischen den Charakteren ψ gelten, höchstens durch beiderseitige Multiplikation mit m geändert, also überhaupt nicht.

i) Charaktere von Raumgruppen. Wir betrachten zunächst die Gruppe der Translationen. Um aber für die unendlichen Raumgruppen die Ergebnisse anwenden zu können, die für endliche Gruppen abgeleitet wurden, wenden wir einen Kunstgriff an, der der Tatsache Rechnung trägt, daß wir es mit endlichen Kristallgittern zu tun haben. Die Periodizitätsabstände in drei Koordinatenrichtungen seien durch T_1, T_2, T_3 gegeben. Dann ist jede Translation T durch

$$T = T_{n_1, n_2, n_3} = n_1 T_1 + n_2 T_2 + n_3 T_3$$

bestimmt. Wir nehmen nun an, daß für $n_1 = N_1$, $n_2 = N_2$, $n_3 = N_3$ gilt $T_{N_1, N_2, N_3} = T_0 = E$. Dann bilden die T_{n_1, n_2, n_3} eine endliche Gruppe der Ordnung $N_1 N_2 N_3$, aus der sich eine „endliche Raumgruppe" aufbauen läßt (vgl. § 10). Dieser Kunstgriff läuft darauf hinaus, den endlichen Kristall von den Lineardimensionen $N_i T_i$ in fortgesetzter periodischer Wiederholung zu einem unendlich ausgedehnten zu erweitern, so daß es erlaubt ist, die Translationen als Symmetrieelemente anzusehen. Dies Verfahren entspricht der „Bornschen periodischen Grenzbedingung" der Dynamik der Kristallgitter (§ 10) und ist für genügend große Kristalle erlaubt, für die Randeffekte ohne wesentlichen Einfluß sind.

Nun kann die Gruppe der Translationen als direktes Produkt der Gruppen der Translationen T_1, T_2 und T_3 aufgefaßt werden (da Translationen vertauschbar sind), von denen jede eine Abelsche Gruppe ist, die nur eindimensionale Darstellungen hat. Man sieht leicht ein, daß es für die von T_i erzeugte Gruppe N_i Darstellungen der Form

$$\chi(T) = e^{i\frac{2\pi p_i}{N_i}}, \quad p_i = 0, \ldots N_i - 1$$

gibt. Unter Berücksichtigung der Vektornatur der T_1 kann man dann zusammenfassend für eine Darstellung der Translationsgruppe schreiben

$$e^{i2\pi(k\cdot T)} \quad \text{mit} \quad k = \frac{p_1}{N_1} b_1 + \frac{p_2}{N_2} b_2 + \frac{p_3}{N_3} b_3, \quad T_i \cdot b_j = \delta_{ij}$$

$$(b = \text{„reziproker Gittervektor"},$$

$$2\pi k = \text{„Wellenvektor"}, \; k_i = 1/\lambda_i, \; \lambda_i = N_i/p_i b_i).$$

Aus diesen Darstellungen der Translationsgruppe und denen der endlichen Punktgruppen lassen sich die Darstellungen und damit die Charaktere der endlichen Raumgruppen aufbauen. Das erfordert umfangreiche Rechnungen, die wir nicht reproduzieren wollen und für die wir auf die Literatur verweisen[1].

Falls die Raumgruppe als direktes Produkt der Translationsgruppe und einer Punktgruppe geschrieben werden kann, so ergeben sich die Charaktere ohne weiteres aus den für das direkte Produkt gültigen Regeln. Das ist aber selten der Fall für die ganze Raumgruppe. Oft sind aber nur gewisse Untergruppen der Raumgruppe von Interesse, für die diese Forderung zutrifft. Dazu gehören einige sogenannte Sterngruppen. Die Definition dieser Gruppen geht von einem k-Vektor aus, auf den die Operationen der Gruppe angewandt werden. Operationen, die k ungeändert lassen, bilden eine Untergruppe der Raumgruppe, die Gruppe des

[1] SEITZ, F.: Ann. Math. **37**, 17 (1936). — KOSTER, G. F.: "Space Groups and Their Representations" in Solid State Physics, Bd. 5, p. 173ff. New York: Academic Press 1957. — BOUCKAERT, L. P., R. SMOLUCHOWSKI and E. WIGNER: Phys. Rev. **50**, 58 (1936).

Vektors k, Vektoren $k + b$ gelten dabei als identisch mit k. Die k-Vektoren, die aus dem ursprünglich ausgewählten durch irgendwelche anderen Symmetrieoperationen erzeugt werden, bilden einen „Stern", der seinerseits durch die Operationen der „Sterngruppe" invariant gelassen wird. Um die Darstellungen der Raumgruppe zu finden, genügt es, an Stelle der Einheitszellengruppe die verschiedenen Sterngruppen heranzuziehen. Auch diese Aufgabe erfordert einen wesentlichen Rechenaufwand[1]. Für den uns im allgemeinen allein interessierenden Fall $k = 0$ ist die Sterngruppe identisch mit der zur Raumgruppe isomorphen Punktgruppe. Für $k \neq 0$ handelt es sich jedoch um Faktorgruppen der Art G^k/T^k, wo G^k die Gruppe des Vektors k und T^k eine Untergruppe der Translationsgruppe ist, für die das innere Produkt $k \cdot T = 1$ ist.

k) Darstellung von Liniengruppen. Da die Liniengruppen analog den Raumgruppen gebildet sind, aber einfacher zu behandeln sind, besprechen wir hier ihre Darstellung etwas ausführlicher[2], ohne jedoch jeden Einzelschritt als notwendig zu beweisen.

Wir betrachten einen endlichen „linearen Kristall" (Kettenmolekül), der aus N Zellen bestehen soll, die durch Translationen $T_l = ld$ auseinander hervorgehen sollen (d = Identitätsabstand = Gitterkonstante), wobei l von 1 bis ∞ laufen kann, wenn wir verlangen, daß die $(N+a)^{\text{te}}$ Translation (a eine ganze Zahl) als identisch mit der a^{ten} angesehen werden soll. Es sind also nur N verschiedene Elemente in der Gruppe der Translationen enthalten. Diese Gruppe ist abelsch und cyclisch, und es gibt daher N verschiedene Darstellungen D_1 bis $D_N = D_0$, deren Charaktere man ähnlich wie in § 7 in komplexer Weise wie folgt schreiben kann, nämlich

	T_1	T_2	....	$T_N = T_0$
D_1	$e^{2\pi i/N}$	$e^{2\cdot 2\pi i/N}$	....	$e^{N\cdot 2\pi i/N} = 1$
$\vdots$				
D_j	$e^{2\pi ij/N}$	$e^{2\cdot 2\pi ij/N}$	....	$e^{N\cdot 2\pi ij/N} = 1$
$\vdots$				
D_N	$e^{2\pi i} = 1$	$e^{4\pi i} = 1$	....	$e^{2N\pi i} = 1$

Allgemein ist $\chi_j(T_l) = e^{2\pi ijl/N} = e^{2\pi ik_jT_l}$ mit $k_j = \dfrac{j}{Nd}$.

[1] Für spezielle k-Vektoren findet man Tabellen in der folgenden Literatur: Herring, C.: J. Franklin Inst. **233**, 525 (1942) (hexagonale dichteste Kugelpackung); Elliott, R. J., und R. Loudon: J. Phys. Chem. Solids **15**, 146 (1960) (Diamantgitter); Glasser, M. L.: J. Phys. Chem. Solids **10**, 229 (1959) (Wurtzitgitter). Vgl. auch Lomont, l. c., Kap. V und VI; in der Terminologie von Lomont gehören G^k und G^k/T^k zu „kleinen Gruppen" zweiter Art bzw. erster Art.

[2] Vgl. Tobin, M. C.: J. Mol. Spectr. **4**, 349 (1960). Für die gruppentheoretische Behandlung einer linearen Kette in quantentheoretischer Hinsicht, vgl. auch Ledinegg, E., and P. Urban: Acta Phys. Austriaca **6**, 7 (1953).

Die Einheitszellengruppe enthalte die m Symmetrieoperationen $S_1, \ldots S_i, \ldots S_m$, wovon einige als Gleitspiegelebenen oder Schraubenachsen auftreten können. Die Nebengruppen der invarianten Untergruppe bestehen aus den Elementen $S_i T_l$ (i fest, l variabel). Die hier auftretenden Größen k und d haben eigentlich den Charakter von Vektoren, die aber hier höchstens zwei Richtungen annehmen können (positiv und negativ).

Nehmen wir als Beispiel ein Molekül der Gruppe $\mathfrak{C}_{2v}$ an, das in Richtung der C_2-Achse mit dem Abstand d zu einer Kette aus $N = 3$ Gliedern polymerisiert wird. Dann hat man

$$S_1 = E,\ S_2 = C_2^z,\ S_3 = \sigma_v^y,\ S_4 = \sigma_v^x;\ N = 3,\ T_3 = E;\ k_i = \frac{1}{3d},\ \frac{2}{3d},\ \frac{1}{d};$$

also als Einheitszellengruppe die Punktgruppe $\mathfrak{C}_{2v}$. Die Anwendung der Elemente S_i läßt alle Vektoren k_j ungeändert. Hier bildet also jeder Vektor k_j einen Stern aus je einem Vektor (§ 9i). Die „Sterngruppe" ist hier die Punktgruppe $\mathfrak{C}_{2v}$ selbst. Man erhält nun irreduzible Darstellungen der Liniengruppe aus den irreduziblen Darstellungen der Sterngruppe und den Darstellungen der Translationsgruppe für jeden Stern. Für den Stern $1/3d$ z. B. erhält man die vier Darstellungen

	$ET_3 = E$	C_2T_3	$\sigma_v^y T_3$	$\sigma_v^x T_3$	T_1	C_2T_1	..	T_2	C_2T_2	..
$A_1^{(1)}$	$e^{6\pi i/3} = 1$	1	1	1	$e^{2\pi i/3}$	$1 \cdot e^{2\pi i/3}$	..	$e^{4\pi i/3}$	$1 \cdot e^{4\pi i/3}$	..
$A_2^{(1)}$	1	1	-1	-1	$e^{2\pi i/3}$	$1 \cdot e^{2\pi i/3}$	..	$e^{4\pi i/3}$	$1 \cdot e^{4\pi i/3}$	..
$B_1^{(1)}$	1	-1	1	-1	$e^{2\pi i/3}$	$-1 \cdot e^{2\pi i/3}$	..	$e^{4\pi i/3}$	$-1 \cdot e^{4\pi i/3}$	..
$B_2^{(1)}$	1	-1	-1	1	$e^{2\pi i/3}$	$-1 \cdot e^{2\pi i/3}$	..	$e^{4\pi i/3}$	$-1 \cdot e^{4\pi i/3}$	..

Zwei weitere Sätze von je vier Darstellungen für $j = 2$ und $j = 3$ gelten für die beiden anderen Sterne, wovon nur je eine hingeschrieben sei:

$A_1^{(2)}$	1	1	1	1	$e^{4\pi i/3}$	$1 \cdot e^{4\pi i/3}$	..	$e^{8\pi i/3}$	$1 \cdot e^{8\pi i/3}$	..
$A_1^{(3)}$	1	1	1	1	1	1	..	1	1	..

Im ganzen gibt es also 12 verschiedene Darstellungen, wie es sein muß; denn die Ordnung der Gruppe ist 12, gemäß der Zahl der Klassen, die hier gleich der Ordnung der Gruppe ist, nämlich 3 (= Ordnung der invarianten Untergruppe) $\times$ 4 (= Ordnung der Faktorgruppe). Ebenso ist $\sum_j \chi_E^2 = 12$. Natürlich hat die Analogie eines endlichen Kettenmoleküls mit einem Kristall nur dann vernünftigen Sinn, wenn N eine große Zahl ist, da nur dann die Erweiterung des endlichen Moleküls zu einem unendlichen linearen Gitter durch periodische Wiederholung mit der Periode

Nd eine ausreichende Näherung darstellt, die von speziellen Randbedingungen praktisch unabhängig ist. Das Prinzip des Verfahrens geht aber schon aus Beispielen für kleines N hervor.

Sind Schraubenachsen $\tilde{C}_n$ bzw. Gleitspiegelebenen $\tilde{\sigma}$ vorhanden, so tritt zu dem Faktor $e^{2\pi i k_j T_l}$ noch der Faktor $e^{2\pi i k_j d/n}$ bzw. $e^{2\pi i k_j d/2}$, der der Tatsache Rechnung trägt, daß erst eine n-malige bzw. 2malige Wiederholung der betreffenden Operation einer Translation gleichwertig ist.

Im Fall entarteter Schwingungstypen der isomorphen Punktgruppe tritt einfach an Stelle der eindimensionalen Faktoren $e^{2\pi i j l/N}$ die zweireihige Matrix

$$\begin{pmatrix} e^{2\pi i j l/N} & 0 \\ 0 & e^{2\pi i j l/N} \end{pmatrix}.$$

In dem oben herangezogenen Beispiel war die Sterngruppe identisch mit der zur Liniengruppe isomorphen Punktgruppe. Die Liniengruppe konnte dabei als direktes Produkt der Translations- und der Punktgruppe behandelt werden. Die Verhältnisse werden etwas komplizierter, wenn Symmetrieelemente vorhanden sind, die k nicht ungeändert lassen, also hier k in $-k$ transformieren. Ein Stern besteht dann aus je 2 Vektoren k und $-k$. In diesem Fall hat man sowohl positive als negative Werte von k in den Exponentialfaktoren zu berücksichtigen, die aber zur gleichen irreduziblen Darstellung gehören. So kommt man, abgesehen von der eindimensionalen Darstellung für $k = N$ oder $k = 0$ zu zweidimensionalen Darstellungen, deren translatorischen Elementen Matrizen der Form

$$\begin{pmatrix} e^{2\pi i j l/N} & 0 \\ 0 & e^{-2\pi i j l/N} \end{pmatrix}$$

zugeordnet sind, während für die Elemente der Einheitszellengruppe entweder Matrizen der Form $\begin{pmatrix} a & 0 \\ 0 & b \end{pmatrix}$ gültig sind, nämlich dann wenn die Elemente einer Sterngruppe angehören, oder solche der Form $\begin{pmatrix} 0 & a \\ b & 0 \end{pmatrix}$ wenn dies nicht der Fall ist. Die Matrixkoeffizienten a und b haben dabei entweder die Werte ± 1 oder $e^{\pm 2\pi i k_j d/n}$, je nachdem ob es sich um gewöhnliche Symmetrieelemente handelt oder solche mit Gleitungskomponenten. Die Form der Matrizen wird verständlich, wenn man k und $-k$ als Koordinaten auffaßt, wobei die Matrizen die Transformationseigenschaften der Transformationen $k \leftrightarrow k$ und $k \leftrightarrow -k$ bzw. $f(k) \to S_i f(k)$ und $f(k) \to S_i f(-k)$ beschreiben. Im einzelnen wird die Verteilung der möglichen Matrizen auf die Darstellungen und Elemente durch die Gruppenpostulate und die allgemeinen Regeln über Charaktere von

Darstellungen bestimmt. Ein Beispiel findet man in der obengenannten Arbeit von TOBIN, das hier nicht weiter besprochen zu werden braucht.

Es soll hier noch auf gewisse Besonderheiten hingewiesen werden. So liefert z. B. das Produkt $\sigma_z \tilde{C}_2^z$ ein Symmetriezentrum, das eine Gleitungskomponente in der Richtung der Gleitungskomponente von $\tilde{C}_2^z$ enthält, so daß diesem Element i z. B. eine Matrix $\begin{pmatrix} 0 & a \\ b & 0 \end{pmatrix}$ mit $a, b = e^{\pm 2\pi i k_j d/n}$ zugeordnet werden muß. Außerdem ist das Produkt $\sigma_z \tilde{C}_2^z$ von der Reihenfolge der Faktoren abhängig, derart daß bei Vertauschung der Faktoren auch a und b miteinander vertauscht werden, was aber wegen der Gleichwertigkeit positiver oder negativer Gleitungen und Translationen unberücksichtigt bleiben darf, wenn man sich durchweg an eine bestimmte Reihenfolge hält.

Eine weitere Besonderheit tritt für geradzahliges N ein, wo sowohl für $k = 1/2d$ als für $k = -1/2d$ der Faktor $e^{2\pi i k T}$ den Wert $e^{\pm \pi i l} = -1$ hat, was dazu führt, daß für diesen Wert von k nur halb so viele verschiedene Darstellungen vorhanden sind, die aber doppelt gezählt werden müssen.

l) Reduzierbarkeit; Anzahl irreduzibler Darstellungen. Eine Matrix Γ heißt reduzibel, wenn sie nach dem Schema

$$\Gamma = \begin{pmatrix} \Gamma_1 & 0 & 0 & \\ 0 & \Gamma_2 & 0 & \\ 0 & 0 & \Gamma_3 & \\ & & & \ddots \end{pmatrix},$$

in „irreduzible“ Bestandteile Γ_j zerlegt werden kann, wobei die Γ_j selbst Matrizen von im allgemeinen verschiedener Dimension sind. Wenn eine solche Reduktion für jedes Element der Gruppe mit der gleichen Struktur von Γ möglich ist (d. h. wenn ein Γ_j für jedes Element die gleiche Dimension hat), dann entspricht die „irreduzible Darstellung“ j der Transformation nur jener Koordinaten, die den Reihen und Spalten von Γ_j zugeordnet sind.

Die Reduktion braucht im allgemeinen nicht als solche tatsächlich durchgeführt zu werden, denn die irreduziblen Darstellungen sind ja schon bekannt, und es handelt sich nur darum, die Anzahl n_j von irreduziblen Darstellungen mit gleichem Charakterensystem innerhalb der vollen reduziblen Darstellung zu finden. Wir werden zeigen, daß eine Darstellung entweder irreduzibel ist oder völlig in irreduzible Bestandteile zerlegt werden kann.

Man kann symbolisch die Reduktion einer Darstellung schreiben als

$$\Gamma = n_1 \Gamma_1 + n_2 \Gamma_2 + \dots + n_r \Gamma_r.$$

Da die Γ_j verschiedene Dimensionen haben, handelt es sich hier nicht um eigentliche Matrixaddition. Aber man kann sich alle auf gleiche Dimension gebracht denken durch geeignete Hinzufügung von Nullen etwa nach dem Schema

$$(a)+\begin{pmatrix} b & c \\ d & e \end{pmatrix}=\begin{pmatrix} a & 0 & 0 \\ 0 & 0 & 0 \\ 0 & 0 & 0 \end{pmatrix}+\begin{pmatrix} 0 & 0 & 0 \\ 0 & b & c \\ 0 & d & e \end{pmatrix}=\begin{pmatrix} a & 0 & 0 \\ 0 & b & c \\ 0 & d & e \end{pmatrix}.$$

Der Charakter eines Elements in der reduziblen Darstellung Γ ist dann nach der Definition des Charakters als der Summe der Diagonalkoeffizienten gegeben durch

$$\chi_i=\sum_{j=1}^{r} n_j \chi_i^{(j)}. \qquad (22)$$

Die Matrizen einer Darstellung einer Gruppe können nun in der Form

$$\gamma_i=\begin{pmatrix} p_i & q_i \\ r_i & s_i \end{pmatrix}$$

geschrieben werden, wo p_i, q_i, r_i, s_i ebenfalls Matrizen sind, und zwar sind p_i und s_i quadratische Matrizen, während q_i und r_i rechteckig sind. Natürlich muß q_i die gleiche Zahl von Reihen haben wie p_i, s_i die gleiche Reihenzahl wie r_i, und entsprechend muß die Anzahl der Spalten von r_i der von p_i, die von s_i der von q_i gleich sein.

Eine Transformation $\Gamma_i=T^{-1}\gamma_i T$ erzeugt eine Gruppe, die mit der Gruppe der γ_i isomorph ist. Wir nehmen an, daß für ein Element diese Transformation zu einer Matrix

$$\Gamma_i=\begin{pmatrix} P_i & Q_i \\ R_i & S_i \end{pmatrix} \quad \text{mit} \quad R_i=0$$

führe, wobei die Teilmatrizen von Γ_i dieselben Anzahlen von Reihen und Spalten haben wie die entsprechenden Teilmatrizen von γ_i. Dann muß aber auch gemäß den Gruppenpostulaten das zu Γ_i reziproke Element Γ_i^{-1} existieren; und wie man aus den Regeln der Matrixmultiplikation erkennen kann, muß dann dieses reziproke Element die gleiche Form der Matrix aufweisen wie Γ_i selbst, damit $\Gamma_i\Gamma_i^{-1}=E$. Für andere Elemente als das reziproke zu Γ_i gilt diese Aussage aber nicht notwendigerweise. Da wir uns auf unitäre Matrizen beschränken können, so haben wir aber

$$\Gamma_i^{-1}=\Gamma_i^{\dagger}=\begin{pmatrix} P_i^{\dagger} & 0 \\ Q_i^{\dagger} & S_i^{\dagger} \end{pmatrix},$$

und daraus folgt sofort $Q_i = 0$. Wenn also irgendeine Transformation γ_i auf Γ_i mit $R_i = 0$ „halb reduziert", so ist die Reduktion automatisch eine „vollständige Reduktion" auf die irreduziblen Bestandteile P_i und S_i.

Es wurde schon erwähnt, daß es für uns nicht notwendig ist, solche Transformationen wirklich zu finden, da die möglichen irreduziblen Darstellungen und jedenfalls ihre wichtigsten Eigenschaften, nämlich die Charaktere, schon bekannt sind. Aber um sicher zu sein, keine irreduzible Darstellung übersehen zu haben, muß die Anzahl sämtlicher irreduzibler Darstellungen bestimmt werden. Wir werden sehen, daß sie gleich der Zahl der Klassen der Gruppe ist.

Nach (22) ist der Charakter eines Elements A in der reduziblen Darstellung $\Gamma = \sum_{j=1}^{r'} n_j \Gamma_j$ (r' = Zahl der irreduziblen Darstellungen, die möglicherweise von r = Zahl der Klassen verschieden sein könnte) gegeben durch

$$\chi(A) = \sum_{j=1}^{r'} n_j \chi^{(j)}(A), \tag{23}$$

wobei die Γ_j Darstellungen durch lineare Substitutionen oder durch die zugehörigen Matrizen sind.

Wir betrachten nun eine andere Art der reduziblen Darstellung, nämlich eine durch Permutationen. Wir ordnen jedem Element $E, A, B, \ldots$ der Gruppe eine Permutation dieser Elemente zu, und zwar zum Element A die Permutation, die man erhält, wenn $E, A, B, \ldots$ der Reihe nach mit A multipliziert werden, und entsprechend für die anderen Elemente. Die Gesamtheit dieser „regulären Permutationen" bildet eine Gruppe, die mit der Gruppe $E, A, B, \ldots$ isomorph ist. Der Charakter des Elements E in dieser Darstellung ist $\chi(E) = h$, denn dies ist die Summe der Spuren der Matrizen der Transformationsgleichungen $E' = E$, $A' = A$ usw. Der Charakter jedes anderen Elements verschwindet, da dann immer $X' \neq X$. Daher erhält man aus (23)

$$\chi(A) = \sum_{j=1}^{r'} n_j \chi^{(j)}(A) = \begin{cases} 0, & \text{wenn} \quad A \neq E \\ h, & \text{wenn} \quad A = E \end{cases}. \tag{24}$$

Multipliziert man beiderseits mit $\bar{\chi}^{(k)}(A)$ und summiert über alle Elemente, so ergibt sich

$$S\chi(A)\bar{\chi}^{(k)}(A) = S\sum_{j=1}^{r'} n_j \chi^{(j)}(A)\bar{\chi}^{(k)}(A) = h\bar{\chi}^{(k)}(E).$$

Ferner ist

$$S\sum_{j=1}^{r'} n_j \chi^{(j)}(A)\bar{\chi}^{(k)}(A) = \sum_{j=1}^{r'} n_j S\chi^{(j)}(A)\bar{\chi}^{(k)}(A) = n_k h,$$

da wegen (17a) nur das Glied mit $j = k$ zu berücksichtigen ist, so daß

$$h\,\bar{\chi}^{(k)}(E) = n_k h \quad \text{oder} \quad n_k = \bar{\chi}^{(k)}(E) = \chi^{(k)}(E).$$

Damit sind die Zahlen n_j in (23) bestimmt und die Darstellung durch reguläre Permutationen reduziert auf die irreduziblen Darstellungen Γ_j. Aus (24) folgt sodann

$$\sum_{j=1}^{r'} \chi^{(j)}(E)\,\chi^{(j)}(A) = \begin{cases} 0 & \text{für} \quad A \neq E \\ h & \text{für} \quad A = E \end{cases}. \tag{25}$$

Das ist aber die Beziehung (6) von § 7 und ein Teil der dortigen Beziehung (5).

Nach (17) können die Ausdrücke $\chi_i^{(j)} \sqrt{\frac{h_i}{h}}$ als orthogonale Komponenten von r' Vektoren $\chi^{(j)}$ in einem Raum von r Dimensionen aufgefaßt werden, denn diese Gleichung ist gerade die Orthogonalitätsbedingung für solche Vektoren. Wenn r' größer als r wäre, so wären mehr als r Vektoren im r-dimensionalen Raum zueinander orthogonal, was unmöglich ist. Also $r' \leqslant r$; d. h. die Vektoren $\chi^{(j)}$ und $\chi^{(j')}$ sind linear unabhängig.

Um nun zu zeigen, daß auch nicht weniger als r verschiedene irreduzible Darstellungen vorkommen, daß also $r' = r$, gehen wir von (18) aus:

$$S\chi^{(j)}(B R^{-1} C R) = \frac{h}{f_j}\,\chi^{(j)}(B)\,\chi^{(j)}(C).$$

Wir setzen $C = B^{-1}$ und summieren über j:

$$\sum_{j=1}^{r'} f_j S\chi^{(j)}(B R^{-1} B^{-1} R) = \sum_{j=1}^{r'} h\,\chi^{(j)}(B)\,\chi^{(j)}(B^{-1}).$$

Wegen $f_j = \chi^{(j)}(E)$ und wegen (25) tragen nur die Glieder zur Summe der linken Seite bei, für die $B R^{-1} B^{-1} R = E$. Wenn es m solcher Elemente R gibt, dann kann für die linke Seite mh geschrieben werden [m Glieder (25) mit $A = E$]. Die Bedingung $B R^{-1} B^{-1} R = E$ ist gleichwertig mit $B R^{-1} B^{-1} = R^{-1}$ oder $B R^{-1} = R^{-1} B$. Nun gibt es genau so viel Elemente R, die dieser Bedingung genügen, als es Elemente R^{-1} gibt, die mit B vertauschbar sind. Nach § 3b ist diese Zahl m gegeben durch $m = h/h_B$, wo h_B dem dortigen h' entspricht, also die Zahl der Elemente in der Klasse von B ergibt. Daher ist

$$\sum_{j=1}^{r'} h\,\chi^{(j)}(B)\,\chi^{(j)}(B^{-1}) = \sum_{j=1}^{r'} h\,\chi^{(j)}(B)\,\bar{\chi}^{(j)}(B) = h^2/h_B$$

oder

$$\sum_{j=1}^{r'} \chi^{(j)}(B)\,\bar{\chi}^{(j)}(B) = h/h_B \tag{26}$$

oder in der Bezeichnung von § 7,

$$\sum_{j=1}^{r'} \chi_i^{(j)} \bar{\chi}_i^{(j)} = h/h_i .$$

Wäre $C \neq B^{-1}$, dann würde aus $B R^{-1} C R = E$ folgen $R B R^{-1} = C^{-1}$; dann müßte also C^{-1} zur Klasse von B gehören und dann wäre $\chi^{(j)}(C^{-1}) = \chi^{(j)}(B)$ und $\chi^{(j)}(C) = \bar{\chi}^{(j)}(B)$. Wir erhalten dann wieder dieselbe Beziehung (26), und diese ist die Beziehung (5) von § 7 für $i = i'$. Gehört C nicht zu Klasse von B, dann folgt aus (18) in ganz analoger Weise $\sum_{j=1}^{r'} \chi^{(j)}(B) \bar{\chi}^{(j)}(C) = 0$, so daß allgemein

$$\sum_{j=1}^{r'} \chi_i^{(j)} \bar{\chi}_{i'}^{(j)} = \frac{h}{h_i} \delta_{ii'} . \tag{27}$$

Aus (27) schließt man analog wie weiter oben, daß r Vektoren χ_i im r'-dimensionalen Raum orthogonal sind, woraus $r' \geqslant r$. Zusammen mit der früheren Bedingung $r' \leqslant r$ liefert dies $r' = r$. Die Anzahl r' der Darstellungen ist also tatsächlich gleich der Zahl r der Klassen.

Man sieht leicht ein, daß die Zerlegung von Γ bzw. χ_i eindeutig ist, d. h. daß es nur eine Serie von Zahlen n_j gibt, die die Reduktion beschreibt. Seien etwa zwei verschiedene Reduktionen möglich mit verschiedenen Serien n_j und n_j', dann sollte sein

$$\chi_i = \sum_{j=1}^{r} n_j \chi_i^{(j)} = \sum_{j=1}^{r} n_j' \chi_i'^{(j)} .$$

Man multipliziere diese Gleichung mit $\bar{\chi}_i^{(k)}$ und summiere über alle Elemente (in r Klassen); dann ist

$$\sum_{i=1}^{r} h_i \chi_i \bar{\chi}_i^{(k)} = \sum_{i=1}^{r} h_i \bar{\chi}_i^{k} \sum_{j} n_j \chi_i^{(j)} = \sum_{i=1}^{r} h_i \bar{\chi}_i^{(k)} \sum_{j=1}^{r} n_j' \chi_i'^{(j)} . \tag{28}$$

Wegen der Beziehung (4) von § 7 ist aber nur das Glied mit $j = k$ in der Summe $\sum_j$ maßgebend. Daher

$$\sum_{i=1}^{r} h_i \bar{\chi}_i^{(k)} n_k \chi_i^{(k)} = \sum_{i=1}^{r} h_i \bar{\chi}_i^{(k)} n_k' \chi_i'^{(k)} . \tag{29}$$

Die linke Seite von (29) kann $n_k h$ geschrieben werden, wieder nach (4) von § 7; die rechte Seite ist von Null verschieden nur wenn $\chi_i'^{(k)} = \chi_i^{(k)}$, weil nur dann die Charaktere $\bar{\chi}_i^{(k)}$ und $\chi_i'^{(k)}$ wirklich zur gleichen Darstellung k gehören können (§ 9d). Dann muß aber $n_k' = n_k$ sein, und die beiden Darstellungen mit n_j und n'_j sind identisch. Wir können also nach (28) und (29) allgemein schreiben

$$n_j = \frac{1}{h} \sum_{i=1}^{r} h_i \chi_i \bar{\chi}_i^{(j)}. \tag{30}$$

§ 10. Abzählung der Eigenschwingungen

In den §§ 7 und 8 haben wir die möglichen Verhaltungsweisen von Normalkoordinaten und damit von Schwingungsformen bei Vorliegen von Symmetrien kennen gelernt. Dabei wurde vorausgesetzt, daß jeder Schwingungstyp durch die kleinstmögliche Zahl von Koordinaten beschrieben wurde, so daß die Koeffizientenmatrix der Transformationsgleichungen nicht weiter zu solchen mit kleinerer Dimension reduziert werden konnte. Die Konstruktion der Ableitung der Ergebnisse gibt in Verbindung mit allgemeinen Theoremen der Theorie der Gruppencharaktere (§ 91) die Sicherheit, keine Möglichkeit übersehen zu haben. Ein N-atomiges Molekül hat aber allgemein $3N$ Schwingungsfreiheitsgrade (oder $3N-6$, wenn starre Rotationen und Translationen abgezogen werden), und dementsprechend wird es $3N$ Normalkoordinaten als lineare Kombinationen der $3N$ Atomkoordinaten des Moleküls geben. Diese Zahl ist im allgemeinen weit größer als die Zahl der Schwingungstypen. Es muß also vorkommen, daß mehrere verschiedene Normalkoordinaten (entsprechend verschiedenen Linearkombinationen und damit verschiedenen Schwingungsformen) zu einem Schwingungstypus gehören, also das gleiche Symmetrieverhalten zeigen. So kann es bei dem Schwingungstyp der Abb. 12a noch eine andere Schwingungsform geben, nämlich die, bei der die Cl Atome unter rechten Winkeln zu den C—Cl Bindungen sich gleichzeitig nach außen oder innen bewegen. Es erhebt sich also das Problem, die Anzahl verschiedener Schwingungsformen jedes Typs zu ermitteln.

Dies kann so formuliert werden, daß eine „reduzible“ Matrix aus den Koeffizienten der Transformationsgleichungen von $3N$ Koordinaten in ihre „irreduziblen“ Bestandteile reduziert werden soll. Nach (30) von § 91 ist die Anzahl n_j irreduzibler Darstellungen mit gleichem Charakterensystem oder die Anzahl der in der irreduziblen Darstellung j enthaltenen Schwingungen gegeben durch

$$n_j = \frac{1}{h} \sum_{i=1}^{r} h_i \chi_i \bar{\chi}_i^{(j)}. \tag{1}$$

Um diese Formel auswerten zu können, ist außer den in § 8 tabellierten Charakteren der irreduziblen Darstellungen die Kenntnis von χ_i notwendig. Die Matrizen selbst brauchen aber nicht bekannt zu sein.

Zur Bestimmung von χ_i betrachten wir die allgemeinste lineare Transformation von $3N$ (kartesischen oder anderen) Koordinaten $q_1, \ldots q_{3N}$, die die durch die Schwingung verursachten Abweichungen der N Punktlagen von der Ruhelage angeben. Es sei

$$q_1' = \sum_{k=1}^{3N} \alpha_{1k} q_k, \quad \ldots \quad q_{3N}' = \sum_{k=1}^{3N} \alpha_{3N,k} q_k .$$

Der Charakter dieser reduziblen Darstellung ist $\sum_{k=1}^{3N} \alpha_{kk}$.

Das betrachtete Symmetrieelement möge die Partikel mit den Koordinaten q_l, q_{l+1}, q_{l+2} an die Stelle der Partikel mit q_k, q_{k+1}, q_{k+2} bringen. (Man kann auch sagen, das Symmetrieelement vertausche die Koordinaten bei ungeänderter Lage der Atome.) Wenn die Lagen l und k verschieden sind, so können keine Diagonalkoeffizienten α_{ll}, α_{kk} vorkommen, da ja in diesem Fall die q_l' nur von q_k und umgekehrt abhängen können. Nur wenn $l = k$, d. h. wenn das Atom l auf dem Symmetrieelement selbst liegt und deshalb seinen Platz bei der Operation nicht ändern kann, treten Diagonalglieder und damit Beiträge zu χ auf. Wir können also χ bestimmen aus Operationen, die einen Punkt ungeändert lassen, also aus Rotationen.

Für eine C_n^ζ ist eine solche Transformation in kartesischen Koordinaten ξ, η, ζ gegeben durch

$$\begin{aligned} \xi' &= \xi \cos\varphi + \eta \sin\varphi + \zeta \cdot 0 \\ \eta' &= -\xi \sin\varphi + \eta \cos\varphi + \zeta \cdot 0 \\ \zeta' &= \zeta \cdot 0 + \eta \cdot 0 + \zeta \cdot 1, \\ &\text{mit } \varphi = 2\pi/n. \end{aligned} \tag{2}$$

Der Charakter der reduziblen Darstellung ist daher $\chi(C_n) = 1 + 2\cos\varphi$, falls nur ein Atom durch die C_n ungeändert bleibt. Wenn die i^{te} Symmetrieoperation u_i Atome ungeändert läßt, ist demnach allgemein für reine Drehungen

$$\chi_i(C_n) = u_i \left(1 + 2\cos\frac{2\pi}{n}\right). \tag{3a}$$

Wenn es sich um eine Drehspiegelung handelt (S_n), dann dreht sich in (2) das Vorzeichen von ζ um, und man erhält

$$\chi_i(S_n) = u_i \left(-1 + 2\cos\frac{2\pi}{n}\right). \tag{3b}$$

In S_n sind σ und i als S_1 und S_2 mit enthalten.

Übrigens erkennt man nun, daß die Charaktere der dreidimensionalen Darstellungen F in den Punktgruppen ebenfalls durch $\pm 1 + 2\cos\varphi$ gegeben sein müssen, da es sich ja auch da um Drehungen eines räumlichen Koordinatensystems handelt.

In den Tabellen des § 8 ist der „reduzierte Charakter" $\tilde{\chi}_i = h_i \chi_i / u_i$ am unteren Rand angegeben. Wir können dann (1) auch in der Form

$$n_j = \frac{1}{h} \sum_{i=1}^{r} u_i \tilde{\chi}_i \bar{\chi}_i^{(j)} \tag{4a}$$

benutzen.

Für die Gruppen mit einer unendlichen Anzahl von Elementen $C(\varphi)$ wird die Summe in (1) oder (4a) ein Integral. In diesem Fall ist dann

$$n_j = \frac{\sum_{i=1}^{r} u_i \int \tilde{\chi}_i \bar{\chi}_i^{(j)} d\varphi}{\sum_{i=1}^{r} \int d\varphi_i} . \tag{4b}$$

Wir haben bisher alle $3N$ Freiheitsgrade des Punktsystems betrachtet. In diesen sind aber 3 starre Translationen und 3 (bei linearen Molekülen 2) starre Rotationen oder „Nullfrequenzen" enthalten, die natürlich auch zu einer der irreduziblen Darstellungen gehören müssen und die von n_j abgezogen werden müssen, wenn man die Zahl eigentlicher Schwingungen in der Darstellung j erhalten will. In vielen Fällen lehrt leicht die Anschauung, welches Symmetrieverhalten diese uneigentlichen Schwingungen haben, und in den Tabellen des § 8 sind die betreffenden Schwingungstypen durch R oder T gekennzeichnet. Man kann aber auch formale Regeln aufstellen, die es erlauben, die Gl. (4) entsprechend zu modifizieren, um die korrekte Anzahl n_j direkt zu erhalten. In Kristallen brauchen übrigens nur die Translationen abgezogen zu werden. Rotationen können vorkommen, nicht als solche des ganzen Gitters, wohl aber als Torsions-Schwingungen (Librationen) der Basis. Diese haben dieselben Symmetrieeigenschaften wie eigentliche Rotationen, aber endliche Schwingungsfrequenz. Die eben erwähnten formalen Regeln ergeben sich wie folgt:

Jede Translation ist durch 3 Komponenten bestimmt, die sich bei Symmetrieoperationen genauso transformieren wie die Koordinaten q. Der Charakter einer Translation ist daher $\pm 1 + 2 \cos \varphi$, also derselbe wie für C_n und S_n. Um die für Translation korrigierte Zahl n_j zu erhalten, braucht man also nur jedes u_i um 1 zu vermindern.

Eine starre Rotation ist bestimmt durch die 3 Komponenten eines Rotationsvektors $\mathfrak{d} = \mathfrak{r} \times \delta \mathfrak{r}$, nämlich

$$\begin{aligned} d_\xi &= r_\eta \delta \zeta - r_\zeta \delta \eta \\ d_\eta &= r_\zeta \delta \xi - r_\xi \delta \zeta \\ d_\zeta &= r_\xi \delta \eta - r_\eta \delta \xi , \end{aligned} \tag{5}$$

wobei $\mathfrak{r}$ der Radiusvektor vom Molekülschwerpunkt zum betreffenden Atom und $\delta \mathfrak{r}$ die entsprechende Verschiebung des Atoms darstellt. Wenn man nun die Transformation (2) auf die Komponenten von $\mathfrak{r}$ und $\delta\mathfrak{r}$ anwendet, so erhält man

$$\begin{aligned} d'_\xi &= \pm\, d_\xi \cos\varphi \pm d_\eta \sin\varphi + 0 \\ d'_\eta &= \mp\, d_\xi \sin\varphi \pm d_\eta \cos\varphi + 0 \\ d'_\zeta &= \quad 0 \quad + \quad 0 \quad + d_\zeta. \end{aligned}$$

Für eine C_n ist daher wieder $\chi = 1 + 2\cos\varphi$, und man hat alle zu Elementen C_n gehörenden u_i um 1 zu vermindern. Für eine S_n ist dagegen $\chi = 1 - 2\cos\varphi = -(-1 + 2\cos\varphi)$, so daß dann u_i um 1 vermehrt werden muß.

Für Kristalle ist das Vorgehen grundsätzlich dasselbe wie für endliche Moleküle. Allerdings hätte man streng genommen die Darstellungen der Raumgruppen zu verwenden. Wie die Bornsche Dynamik des Kristallgitters[1] jedoch lehrt, ist es in erster und zwar sehr guter Näherung möglich, mit endlichen Gruppen auszukommen. Wir können hier nur einen kurzen Abriß der wesentlichen Ergebnisse der Gitterdynamik bringen.

Die $3N^3$ Schwingungen eines endlichen Kristallgitters von N^3 Gitterpunkten können aufgefaßt werden als stehende Wellen, deren größte Wellenlänge durch die Ausdehnung des Gitters gegeben ist. Diese Wellenlänge kann für alle praktisch vorkommenden Fälle als unendlich, verglichen mit den Atomabständen, angesehen werden. Für die Zwecke der Rechnung kann der Kristall wie in § 9i durch periodische Wiederholung zu einem unendlichen Gitter ausgedehnt gedacht werden, was den Schwingungen der Randpunkte Bedingungen auferlegt, die für die Schwingungsfrequenzen aber um so weniger von Einfluß sind, je größer der Kristall ist. Für die unendliche Grenzwellenlänge schwingen alle homologen Punkte eines Gitters in gleicher Phase und mit gleichen Amplituden. Die kleinste mögliche Wellenlänge, $\lambda_{\min}$, in einer gegebenen Richtung im Kristall ist gleich dem doppelten Abstand nächster homologer Nachbarn in dieser Richtung. Dazwischen gibt es als mögliche Wellenlängen die Werte $\lambda_{\max}/p$, wobei $\lambda_{\max} = Nd$, wenn d die Gitterkonstante in der betreffenden Richtung und p eine ganze Zahl ist. Zu jeder dieser Wellenlängen oder Wellenvektoren $k_i = 2\pi/\lambda_i$ gehört im allgemeinen eine verschiedene Schwingungsfrequenz. Die Frequenzen können in $3n-3$ „optische Zweige" (n = Anzahl der Basisatome) und 3 „akustische Zweige" angeordnet werden. Die optischen Schwingungen sind dadurch gekennzeichnet, daß nicht-homologe Atome bzw. Ionen mit

[1] Born, M., and K. Huang: Dynamical Theory of Crystal Lattices. Oxford: Clarendon Press 1954. — Seitz, F.: The Modern Theory of Solids. New York: McGraw-Hill 1940. — Brillouin, L.: Wave Propagation in Periodic Structures. New York: McGraw-Hill 1946. — Leibfried, G.: Handbuch der Physik, Bd. VII, 1. Teil, p. 104ff. Berlin-Göttingen-Heidelberg: Springer 1955.

verschiedenem Ladungsvorzeichen im allgemeinen mit entgegengesetzten Phasen schwingen oder jedenfalls mit verschiedener Phase, und zwar um

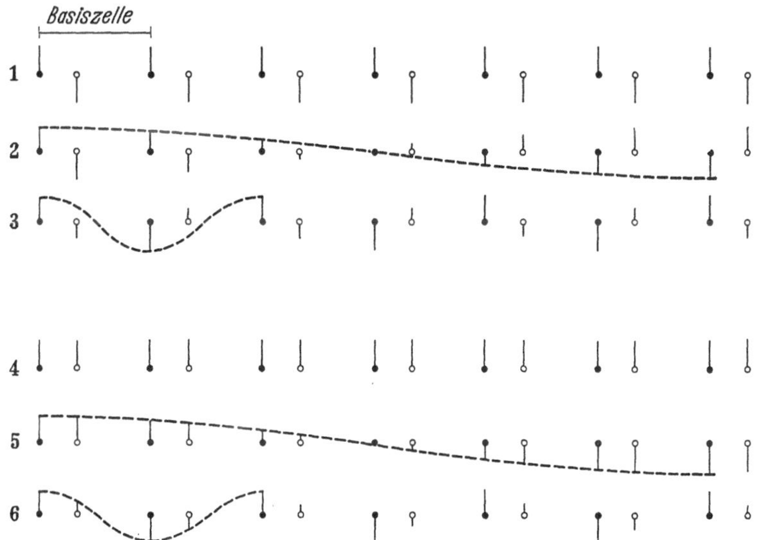

Abb. 15. *Beispiele optischer und akustischer Schwingungen für lineares Gitter*
1—3: Optische Schwingungen für unendliche, endliche, kleinste Wellenlänge;
4—6: Akustische Schwingungen für Wellenlängen wie in 1—3.
Die Amplituden der beiden Atome • und ○ sind als gleich angenommen worden

so verschiedener, je größer die Wellenlänge ist. Dadurch ruft die Schwingung im allgemeinen ein elektrisches Dipolmoment hervor, und sie kann elektromagnetische Strahlung emittieren oder absorbieren. In den akustischen Schwingungen, die im wesentlichen für die elastischen und thermischen Eigenschaften maßgebend sind, schwingen alle Teilchen mit gleicher oder nahezu gleicher Phase, und wieder um so mehr, je größer die Wellenlänge ist. Sie entsprechen den Schallwellen. (Vgl. Abb. 15.) Da nun die für Schwingungsanregung in Frage kommenden elektromagnetischen Felder Wellenlängen im ultraroten Spektralgebiet haben, ist für die optische Anregung von Schwingungen in erster Näherung die Grenzwellenlänge $\lambda_{\max} \cong \infty$ maßgebend. Abb. 16 zeigt schematisch die Verteilung der Frequenzen auf die verschiedenen Zweige für den Fall eines linearen Gitters. Da in der Nähe der Grenzwellenlänge $\lambda_{\max}$ die Kurven nahezu horizontal verlaufen, so häufen sich dort die Frequenzen, und

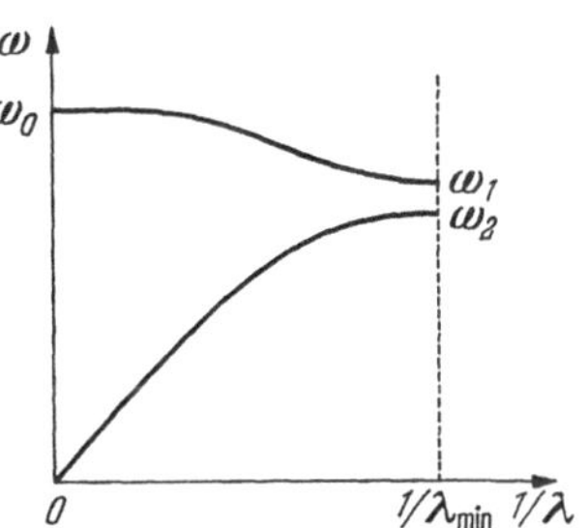

Abb. 16. *Schematische Frequenzverteilung für optischen Zweig (oben) und akustischen Zweig (unten)*
ω_0 ($= \omega_\infty$) = Grenzfrequenz für $\lambda = \infty$

diese sind dann nahezu unabhängig von der Wellenlänge. Daher brauchen wir in erster Näherung nur die „Grenzfrequenzen“ ω_∞ zu berücksichtigen. RAMAN[1] hat die Bornsche Auffassung der Kristallschwingungen kritisiert. Er nimmt an, daß im Kristallgitter nur streng gleichphasige Schwingungen ($\lambda = \infty$) und solche stattfinden können, bei denen benachbarte Zellen streng gegenphasig schwingen ($\lambda_{\min}$). RAMANs Theorie hat als Näherungsmethode eine gewisse Berechtigung; sie ist jedoch nicht grundsätzlich der Bornschen Theorie überlegen. Vgl. hierzu § 23.

Wenn wir uns also weiterhin auf die Grenzfrequenzen ω_∞ beschränken, so ändern die Translationen des Gitters die Schwingungsform nicht. Jede Basiszelle zeigt das gleiche Schwingungsbild.

Diese Ergebnisse der physikalischen Theorie sollen nun in gruppentheoretischer Sprache formuliert werden. Die Raumgruppe des Kristallgitters enthält als invariante Untergruppe die Gruppe der Translationen, die eine Basiszelle in eine andere überführen (§§ 3, 5). Die Darstellungen dieser Untergruppe entsprechen den Wellen der Bornschen Gitterdynamik, wobei jede Zelle als starre Einheit betrachtet wird, die mit einer gewissen Phasenverschiebung gegenüber ihren Nachbarzellen schwingt. Von allen diesen Darstellungen (§ 9i) entspricht aber nur eine der Wellenlänge $\lambda = \infty$. Dies ist die identische Darstellung, die jeder Translation den Charakter $+1$ zuordnet; denn nur dann wird jede Translation die Schwingung innerhalb einer Basiszelle ungeändert mit gleicher Phase in alle anderen Basiszellen transformieren.

Die Faktorgruppe (§ 3) der Untergruppe der Translationen besteht nun aus den Nebengruppen, die man erhält, wenn die Translationen mit je einem Element multipliziert werden, das durch eine herausgegriffene Basiszelle geht (mit den Elementen der Einheitszellengruppe, § 5). Wenn die identische Darstellung der Translationen benutzt wird, enthält daher jede dieser Nebengruppen Elemente, deren Charaktere alle einander gleich sind, und zwar gleich dem Charakter des betreffenden Symmetrieelements in der für die Schwingung in Frage kommenden Darstellung der der Faktorgruppe isomorphen endlichen Punktgruppe. Bei der Konstruktion der Einheitszellengruppe braucht man von allen durch die Basiszelle gehenden parallelen Symmetrieelementen gleicher Art und Zähligkeit immer nur je eines zu berücksichtigen.

Diese Betrachtungen gelten an und für sich nur für unendlich ausgedehnte Gitter. Sie können aber auf endliche Gitter ohne weiteres übertragen werden, wenn man an Stelle der Raumgruppe die „endliche Raumgruppe“ benutzt[2]. Diese wird aus der „endlichen Translations-

---

[1] RAMAN, C. V.: Proc. Ind. Acad. Sci., A **14**, 317, 459 (1941); **18**, 237 (1943); **26**, 339 (1947) und viele andere Arbeiten. Vgl. die Antwort von BORN, M.: Proc. Phys. Soc. **54**, 362 (1942).

[2] WINSTON, H., and R. S. HALFORD: J. Chem. Phys. **17**, 607 (1949).

gruppe" (vgl. § 9i) ebenso aufgebaut wie die Raumgruppe aus der unendlichen Translationsgruppe. Das physikalische Korrelat zu dieser Konstruktion ist die Bornsche cyclische Randbedingung. Die Konstruktion als solche ist aber unabhängig davon und liefert nicht etwa die „Symmetriegruppe" des endlichen Kristalls. Eine spezielle, endliche Raumgruppe ist die Einheitszellengruppe.

Nach diesen Erwägungen ist es also möglich, die für endliche Punktgruppen aufgestellten Regeln zu benutzen. Die Anzahl u_i der Atome, die bei Symmetrieoperationen ungeändert bleiben, ist dann mit der Maßgabe zu bestimmen, daß durch die Symmetrieoperation nicht etwa die Basis als isoliertes Punktsystem in sich übergeführt wird, sondern das Gitter in sich. Die Überführung eines Punkts in einen homologen Gitterpunkt gilt dabei nicht als Überführung in einen andern Punkt, sondern zählt zu den Operationen, die einen Punkt ungeändert lassen. Wenn man nach diesen Gesichtspunkten die u_i für das Kalkspatgitter bestimmt, erhält man bei Anwendung der in § 5 angegebenen Symmetrieoperationen in der dort benutzten Reihenfolge

$$u_1(E) = 10,\ u_2(C_3) = 4,\ u_3(C_2) = 4,\ u_4(i) = 2,\ u_5(S_6) = 2,\ u_6(\tilde{\sigma}_v) = 0.$$

In allen bisherigen Betrachtungen brauchte die Reduktion auf irreduzible Darstellungen nicht explizit durchgeführt zu werden, da nur die Anzahl der auf die schon bekannten irreduziblen Darstellungen entfallenden Schwingungsformen bestimmt werden sollte. Aber es gibt Fälle, in denen man Reduktionen tatsächlich auszuführen wünscht, wobei jedoch die Kenntnis der möglichen irreduziblen Darstellungen diese Aufgabe wesentlich erleichtert. Ein typisches Beispiel sei hier angeführt. Ein Molekül von ursprünglich hoher Symmetrie werde so deformiert, daß es nur noch die Symmetrie einer Untergruppe der ursprünglichen Symmetriegruppe hat. Das kann z. B. durch äußere Felder geschehen oder auch durch die Ersetzung eines Atoms durch ein dazu isotopes. Dabei kann es vorkommen, daß eine f-dimensionale Darstellung der ursprünglichen Gruppe in eine von niedrigerer Dimension reduziert werden muß. Die Gln. (4) sind auch für diese Art der Reduktion anwendbar, wobei der Index i natürlich nur die Elemente der Untergruppe umfaßt. So wird z. B. der Typ E_g von $\mathfrak{D}_{4h}$ zu B_{2g} und B_{3g} von $\mathfrak{D}_{2h}$ reduziert. Das bedeutet physikalisch, daß eine entartete Schwingung von $\mathfrak{D}_{4h}$ in zwei nicht-entartete Komponenten zerlegt werden kann, falls die Symmetrie des Moleküls irgendwie auf $\mathfrak{D}_{2h}$ herabgesetzt wird. Ob sich diese Komponenten merklich in beobachtbaren Eigenschaften, etwa in der Frequenz unterscheiden, ist eine Frage, die durch die Reduktionsmöglichkeit als solche nicht entschieden wird. Die Tatsache, daß in § 8 die gleiche Tabelle für eine Gruppe und einige ihrer Untergruppen benutzt werden kann, ist nur ein Spezialfall dieser Art Reduktion, ein Spezialfall, der sich auf invariante Untergruppen bezieht, in denen keine Reduktion auf Darstellungen verschiedener Dimension nötig ist. Viele andere Beispiele findet man in Tab. 53 von HERZBERGS Buch und in dem S. 3 zitierten Buch von WILSON, DECIUS und CROSS, in Form von „Korrelationstabellen".

Nach demselben Prinzip kann man ferner die Darstellungen einer Punktgruppe auf die von Lagegruppen zurückführen[1].

Es sei noch bemerkt, daß NIGGLI[2] eine geometrische Interpretation der Gruppencharaktere und der Abzählungsvorschriften gegeben hat.

§ 11. Auswahlregeln für Grundschwingungen

Die Klassifizierung von Molekülschwingungen auf Grund der bisherigen Paragraphen setzte die Symmetrie des Moleküls als bekannt voraus. Die umgekehrte Aufgabe, aus der Aufteilung von Schwingungen in verschiedene Typen auf eine unbekannte Molekülstruktur zu schließen, erfordert experimentelle Kriterien, die es erlauben, beobachtete Schwingungsfrequenzen den Typen zuzuordnen. Das geschieht durch die Auswahlregeln. Diese sagen aus, a) welche Typen im ultraroten Absorptionsspektrum beobachtet werden können („ultrarot-aktive" oder einfacher „aktive" Schwingungen) oder nicht („inaktive Schwingungen"); b) in welcher Richtung die Schwingung mit Bezug auf eine ausgezeichnete Achse polarisiert ist; c) welche Typen im Raman-Effekt beobachtet werden können („Raman-aktive" oder „erlaubte" Schwingungen) oder nicht („Raman-inaktive" oder „verbotene Schwingungen"); d) in welcher Weise die Raman-Linien polarisiert sind.

Um die Auswahlregeln für das Schwingungsspektrum[3] abzuleiten, müssen wir wissen, in welcher Weise ultrarote Absorption oder Raman-Linien zustande kommen. Wir befassen uns zunächst mit dem ultraroten Spektrum.

Nach der klassischen Anschauung ist ultrarote Absorption einer Schwingungsfrequenz durch die periodische Änderung des Dipolmoments des Moleküls verursacht. Das ist, wie die Quantenmechanik lehrt, erlaubt, wenn man sich beschränkt auf die Bestimmung von Schwingungsfrequenzen von Grundschwingungen (entsprechend Übergängen vom

---

[1] Siehe Anm. S. 33.

[2] NIGGLI, P.: Helv. Phys. Acta **32**, 770, 913, 1453 (1949).

[3] Die Anwendung der Gruppentheorie auf andere Spektren (Elektronenspektrum, Rotationsspektrum) unterscheidet sich wesentlich nur durch die physikalischen Vorgänge, die diesen Spektren zugrunde liegen, jedoch nicht bezüglich der Klassifizierung. Für die Diskussion des Einflusses der Symmetrie auf Elektronenspektren vergleiche man z. B. SPONER, H., u. E. TELLER: Rev. Mod. Phys. **13**, 75—100 (1941); für Elektronenterme in Kristallen BETHE, H.: Ann. Physik **3**, 133 (1929); für Rotationsspektren siehe HERZBERG, l. c.

Grundzustand zum ersten angeregten Schwingungszustand) und auf die Angabe, ob eine bestimmte Schwingung endliche Intensität hat oder nicht. Die absoluten Intensitäten selbst werden jedoch durch rein klassische Überlegungen im allgemeinen nicht genau wiedergegeben. Die Intensität einer Linie ist vielmehr durch das Quadrat der „Übergangswahrscheinlichkeit" bestimmt, die für Übergänge vom Zustand m zum Zustand n dem quantenmechanischen „Matrixelement des Dipolmoments" proportional ist. Allgemein ist ein solches quantenmechanisches Matrixelement einer Größe F definiert als

$$F_{nm} = \int \psi_n F \overline{\psi}_m d\tau, \tag{1}$$

wo ψ_n die Schrödinger-Funktion im Zustand n ist. $d\tau$ deutet Integration über den „Konfigurationsraum" an, der in unserem Falle sämtliche die Verschiebung der Atome beschreibenden Koordinaten umfaßt. F ist also hier durch die Amplitude der Änderung des Dipolmoments Δp zu ersetzen. Statt Δp schreiben wir fernerhin einfach p. Die Benutzung des Integrals (1) ist in gewisser Weise ein Kompromiß zwischen quantenmechanischen und klassischen Anschauungen, insofern als der klassische Begriff des Dipolmoments in den Formalismus eingeht und wir dessen Änderung auf klassische Weise aus den Schwingungsamplituden berechnen. Wir nehmen an, daß p gegeben ist durch

$$p = \sum e_i \Delta \mathfrak{r}_i,$$

wenn $\Delta \mathfrak{r}_i$ die vektorielle Lageänderung eines Atoms der Ladung e_i beschreibt. p ist dann eine lineare Funktion der Verschiebungskoordinaten. Außerdem nehmen wir, wie bisher immer, an, daß die Energiefunktion eine quadratische Form ist. Es handelt sich dann um Beschreibung des Moleküls durch „harmonische Oscillatoren", die weder in mechanischer noch elektrischer Beziehung Anharmonizität zeigen. Das ist äquivalent der Beschränkung auf Grundschwingungen.

Das Matrixelement F_{nm} hat also hier die Form $\int \psi' p \psi'' d\tau$, wo ψ' und ψ'' Funktionen der $3N$ Koordinaten des Punktsystems sind. Die zu ψ' und ψ'' gehörenden Energiewerte seien E' und E'' derart, daß $\omega = \frac{2\pi}{h}(E' - E'')$ (h = Plancksche Konstante[1]). Jedes ψ ist ein Produkt von $3N$ Schrödinger-Funktionen ψ_i von $3N$ unabhängigen harmonischen Oscillatoren, deren Zustände durch Schwingungsquantenzahlen n_i charakterisiert werden können. Die Bedingung $n_i'' - n_i' = \pm 1$, $n_j'' = n_j'$ $(j \neq i)$ definiert die i^{te} Grundschwingung des Systems, und diese $3N$ Grundschwingungen mit $\Delta n_i = 1$ sind die einzigen, die für harmonische Oscillatoren erlaubt

[1] Für die quantenmechanischen Behauptungen vergleiche man die üblichen Lehrbücher der Atomphysik und Quantentheorie. Eine eingehendere Behandlung der Quantentheorie schwingender Moleküle findet man auch bei HERZBERG, l. c.

sind. Die für uns wesentliche Eigenschaft der ψ_i ist ihr Charakter als Hermitesche Polynome der Normalkoordinaten Q, und zwar ist allgemein für den n^{ten} Quantenzustand $\psi^{(n)}$ ein Polynom vom Grade n. Wenn n gerade ist, so enthält dieses Polynom nur gerade Potenzen der Koordinaten, bei ungeradem n nur ungerade Potenzen. Ein weiterer Faktor $\exp(-aQ^2)$ ist für uns unwesentlich, da er bei Transformationen, die die Energie ungeändert lassen, jedenfalls ungeändert bleibt.

Für einen Übergang $n_i \to n_i - 1$, $n_j \to n_j$ ist daher $\psi_i^{(n)} \bar{\psi}_i^{(n-1)}$ und damit auch $\psi' \bar{\psi}''$ eine ungerade Funktion der Koordinaten, die sich bei Symmetrieoperationen genau so transformiert wie die Koordinaten selbst. Sie bleibt also insbesondere ungeändert, wenn $Q \to Q$, und ihr Vorzeichen wechselt, wenn $Q \to -Q$. Das Integral $\int \psi^{(n)} p \bar{\psi}^{(n-1)} d\tau$ kann also nur dann von Null verschieden sein, wenn p bei allen Symmetrieoperationen sich ebenso transformiert wie $\psi^{(n)} \bar{\psi}^{(n-1)}$, denn dann ist der Integrand eine gerade Funktion, deren Integral über alle (positiven und negativen) Werte der Koordinaten nicht verschwindet.

In der hier benutzten harmonischen Näherung ist nun ω_i unabhängig vom Absolutwert der Quantenzahl, und außerdem ist der eine Zustand des Übergangs bei Absorption praktisch immer der Grundzustand. Wir können also, anstatt vom Übergang $n_i = 1 \to n_i = 0$ einfach von der Schwingung selbst sprechen, die dann einerseits durch den Zustand $n_i = 1$ charakterisiert ist und andererseits durch die Koordinate Q_i. Die Bedingung für nichtverschwindende Intensität kann dann so ausgedrückt werden, daß p sich genauso wie Q transformieren muß. Es muß also p zur gleichen Darstellung wie Q gehören, damit die zu dieser Darstellung gehörende Schwingung aktiv ist. Das Produkt pQ gehört dann zur identischen Darstellung. Für nicht-entartete Schwingungen ist dies unmittelbar einleuchtend, da die Charaktere eines Produkts von Darstellungen ja gleich dem Produkt der Charaktere sind (§ 9g), was die identische Darstellung nur bei gleichen Charakteren ± 1 für p und Q liefert. Bei entarteten Schwingungen wird allerdings das Produkt der Charaktere im allgemeinen zu einer reduziblen Darstellung führen. Dann muß einer der irreduziblen Bestandteile dieser Darstellung die identische sein, wenn die Schwingung aktiv sein soll. Dies kann in jedem Einzelfall leicht verifiziert werden. Aber auch ein allgemeiner Beweis dieser Behauptung ist nicht schwierig: Nach (4) von § 7 ist die Summe der Produkte von Charakteren zweier Darstellungen j' und j'' gegeben durch

$$\sum_{i=1}^{r} h_i \chi_i^{(j')} \bar{\chi}_i^{(j'')} = h\,\delta_{j'j''}. \tag{2}$$

Wenn dies die Summe von Charakteren einer reduziblen Darstellung sein soll, so kann nach (22) von § 9 jedes Glied der Summe in (2) wie folgt geschrieben werden:

$$h_i \chi_i^{(j')} \overline{\chi}_i^{(j'')} = h_i \sum_{j=1}^{r} n_j \chi_i^{(j)},$$

wo die Summe rechts über die zur reduziblen Darstellung gehörenden irreduziblen Bestandteile geht. Es ist also

$$h\,\delta_{j'j''} = \sum_{i=1}^{r} h_i \chi_i^{(j')} \overline{\chi}_i^{(j'')} = \sum_{i=1}^{r} \sum_{j=1}^{r} h_i n_j \chi_i^{(j)} = \sum_j n_j \sum_i h_i \chi_i^{(j)}. \tag{3}$$

Nun ist $\sum_i h_i \chi_i^{(j)} \neq 0$ nur für die totalsymmetrische Darstellung $j = 1$, was man wieder aus (4) von § 7 entnehmen kann, wenn man dort $j' = 1$ setzt, woraus $\sum_{i=1}^{r} h_i \chi_i^{(j)} = h\,\delta_{j1}$. Deshalb ist also

$$h\,\delta_{j'j''} = n_1 h \quad \text{oder} \quad n_1 = \begin{cases} 1 \text{ für } j' = j'' \\ 0 \text{ für } j' \neq j''. \end{cases} \tag{4}$$

Dieses Ergebnis bedeutet, daß ganz allgemein die identische Darstellung mindestens als einer der irreduziblen Bestandteile erhalten wird, falls sowohl p als auch Q zur gleichen Darstellung $j' = j''$ gehören (wie es für aktive Schwingungen Bedingung ist), aber in keinem andern Fall.

Um nun festzustellen, ob p zu einer der irreduziblen Darstellungen gehört oder nicht, kann man jetzt das gleiche Kriterium verwenden, das in (4) von § 10 formuliert ist. Nur muß jetzt χ_i durch den Charakter von p in der reduziblen Darstellung ersetzt werden. Da p aber als Vektor sich wie Koordinaten transformiert, ist genauso wie für Translationen

$$\chi_p = \pm 1 + 2 \cos \varphi,$$

und eine Schwingung des Typs j ist aktiv falls

$$n_p^{(j)} = \frac{1}{h} \sum_{i=1}^{r} h_i (\pm 1 + 2 \cos \varphi)\, \chi_i^{(j)} \neq 0, \tag{5}$$

und inaktiv für

$$n_p^{(j)} = 0.$$

Das Kriterium (5) gibt nur Auskunft über Aktivität oder Inaktivität überhaupt, d. h., in der Sprache der klassischen Theorie, ob $p \neq 0$ oder $p = 0$, nicht aber über die Schwingungsrichtung des Dipolmoments. Es ist aber aus geometrischen Überlegungen heraus offensichtlich, daß in Symmetriegruppen mit ausgezeichneten Achsen E-Typen zwei-dimensionalen Schwingungen in der Ebene senkrecht zur Achse zugeschrieben werden müssen und nicht-entartete Schwingungen solchen parallel zur Achse, falls sie überhaupt aktiv sind. In den Gruppen ohne E-Typen ist die Richtung des schwingenden Dipolmoments ebenfalls leicht zu bestimmen; es schwingt parallel zu einer Achse, für die $\chi = +1$ oder senkrecht zu einer Ebene, für die $\chi = -1$. In den Polyedergruppen ist keine bestimmte Schwingungsrichtung durch die Symmetrie ausgezeichnet.

Tab. 9 gibt alle ultrarot-aktiven Schwingungstypen an[1], wobei p_ξ, p_η, p_ζ die Dipolmomente parallel molekülfesten Achsen ξ, η, ζ entsprechen; $p_\perp$ bedeutet ein Moment senkrecht zu einer ausgezeichneten Richtung.

Tabelle 9. *Die ultrarot-aktiven Schwingungstypen*

	$\mathfrak{C}_i$	$\mathfrak{C}_s$	$\mathfrak{C}_{2h}$	$\mathfrak{C}_{2v}$	$\mathfrak{D}_{2h}$	$\mathfrak{T}_d$	$\mathfrak{T}_h$	$\mathfrak{O}_h$	$\mathfrak{P}_h$
$p_\xi \neq 0$				B_1	B_{3u}				
p_η				B_2	B_{2u}				
p_ζ		A''	A_u	A_1	B_{1u}				
$p_\perp$		A'	B_u						
p	A_u					F_2	F_u	F_{1u}	F_{1u}

	$\mathfrak{C}_{nh}$		$\mathfrak{C}_{nv}$		$\mathfrak{C}_{ni}$	$\mathfrak{S}_{2n}$	$\mathfrak{D}_{nh}$		$\mathfrak{D}_{nd}$		$\mathfrak{D}_{\infty h}$
$p_\zeta \neq 0$	A''	A_u	A_1	A_1	A_u	B	A_2''	A_{2u}	A_{2u}	B_2	A_{1u}
$p_\perp$	E_1'	$E_{1u}^{(-)}$	E_1	$E_1^{(-)}$	E_{1u}	E_1	E_1'	$E_{1u}^{(-)}$	E_{1u}	$E_{1u}^{(-)}$	E_{1u}
n	unger.	gerade	u	g	g	u	u	g	u	g	

Das Aktivitätskriterium ist nur eine notwendige, aber nicht eine hinreichende Bedingung. Es kann vorkommen, daß ein an sich aktiver Schwingungstyp trotzdem inaktive Schwingungen enthält, sei es, daß bestimmte numerische Werte der Amplituden eine Kompensation der positiven und negativen Ladungsverschiebungen hervorrufen auch ohne durch Symmetrie verursachten Zwang, sei es, daß überhaupt keine verschieden geladenen Atome vorhanden sind. So ist z. B. eine der aktiven Schwingungsformen von H_2O „zufällig“ beinahe inaktiv; ein tetraedrisches X_4-Molekül kann zwar mechanisch in einer an sich aktiven Schwingungsform F_2 schwingen, die aber tatsächlich optisch inaktiv ist, da das Dipolmoment in diesem Fall notwendigerweise immer verschwindet. In solchen Fällen kann eine Schwingung durch sekundäre Einflüsse unter Umständen optisch aktiv werden, z. B. wenn durch äußere Felder Dipole induziert werden.

Die Polarisationseigenschaften der Typen können natürlich nur in Kristallen beobachtet werden. Für Kristalle sind, soweit es sich wie hier

[1] Detailliertere Tabellen siehe in den in §1 unter Nr. 10—13 aufgeführten Büchern.

um Grundschwingungen handelt, alle Ergebnisse ohne weiteres übertragbar. Denn das Dipolmoment ist symmetrisch mit Bezug auf Gittertranslationen, also muß auch die Schwingung, um überhaupt aktiv zu sein, einer in den Translationen symmetrischen Darstellung zugehören. Sie muß also zu einer Darstellung der Einheitszellengruppe bzw. zu dieser isomorphen Punktgruppe gehören, für die (5) und Tab. 9 gültig sind. Dies ist streng richtig nur bei Gültigkeit der periodischen Randbedingung (vgl. § 23).

Auswahlregeln für Kristalle, die auf der Diskussion von Lagegruppen aufgebaut sind, sind von verschiedenen Autoren abgeleitet worden[1]. Grundsätzlich besteht kein Unterschied, jedoch hat die Diskussion von Lagegruppen beim Vergleich von Kristallen mit freien Molekülen Vorteile.

Im Raman-Effekt ist nach der Auffassung von Placzek (l. c.) die Änderung der Polarisierbarkeit des Moleküls für die Intensitäten maßgebend. Die Polarisierbarkeit ist definiert als das Dipolmoment, das von einem äußeren elektrischen Feld (hier dem der auf ein Molekül einfallenden Strahlung) pro Feldstärkeneinheit im Molekül induziert wird. Eine erzwungene Schwingung des induzierten Dipolmoments mit der Frequenz ω der einfallenden Strahlung entspricht der Rayleigh-Streuung. Modulation dieser Schwingung durch eine molekulare Frequenz ω_m liefert die Raman-Streuung. Die Frequenz einer Raman-Linie ist dann gegeben durch $\omega_R = \omega \mp \omega_m$. Während Ultrarot-Absorption oder -Emission auf Schwingungen des permanenten Dipolmoments zurückzuführen ist, ist also im Raman-Effekt das induzierte Moment bestimmend. Diese an und für sich klassische Auffassung wird zur Bestimmung von Intensitäten durch Verwendung eines quantenmechanischen Matrixelements der Form (1) in eine quantenmechanische Formulierung übertragen, wo für F die Amplitude des induzierten Dipolmoments einzusetzen ist. Dieser Kompromiß ist erlaubt, wenn $\omega \gg \omega_m$ und $\omega \ll \omega_{el}$, $\omega_{el} - \omega \gg \omega_m$, wobei ω_{el} die zu Elektronenübergängen zugeordneten Frequenzen sind, die meist im Sichtbaren oder Ultraviolett liegen. Auf diesen Anschauungen beruht die „lineare Polarisierbarkeitstheorie" des Raman-Effekts, die aber für manche Erscheinungen in Kristallen unzureichend ist (vgl. § 13).

Die Amplituden der Änderung der Polarisierbarkeit α sind durch einen Tensor mit Komponenten $\alpha_{ik} = \alpha_{ki}$ gegeben. Die Indices (als Zahlen 1, 2, 3 geschrieben), beziehen sich auf molekülfeste Achsen ξ, η, ζ.

Die Intensitätskomponenten I_x und I_z parallel zu orthogonalen raumfesten Achsen x und z (Abb. 17) und der „Depolarisationsgrad" $\varrho = I_x / I_z$ sind in der üblichen Anordnung mit einem Streuwinkel von 90°

[1] Hornig, D. F.: J. Chem. Phys. **16**, 1063 (1948). — Winston, H., and R. S. Halford: J. Chem. Phys. **17**, 607 (1949).

gegeben durch (6), wobei C eine Konstante ist und E den elektrischen Vektor der einfallenden Strahlung bedeutet.

$$I_x = C\alpha_{zx}^2 E_z^2,\; I_z = C\alpha_{zz}^2 E_z^2,\; \varrho_z = \alpha_{zx}^2/\alpha_{zz}^2 \quad (\text{nur } E_z \neq 0);$$
$$I_x = C\alpha_{yx}^2 E_y^2,\; I_z = C\alpha_{yz}^2 E_y^2,\; \varrho_y = \alpha_{yx}^2/\alpha_{yz}^2 \quad (\text{nur } E_y \neq 0); \tag{6}$$
$$I_x = C(\alpha_{yx}^2 + \alpha_{zx}^2)\,E^2,\; I_z = C(\alpha_{yz}^2 + \alpha_{zz}^2)\,E^2,\; \varrho = \frac{\alpha_{yx}^2 + \alpha_{zx}^2}{\alpha_{yz}^2 + \alpha_{zz}^2}$$
(unpolarisierte Strahlung).

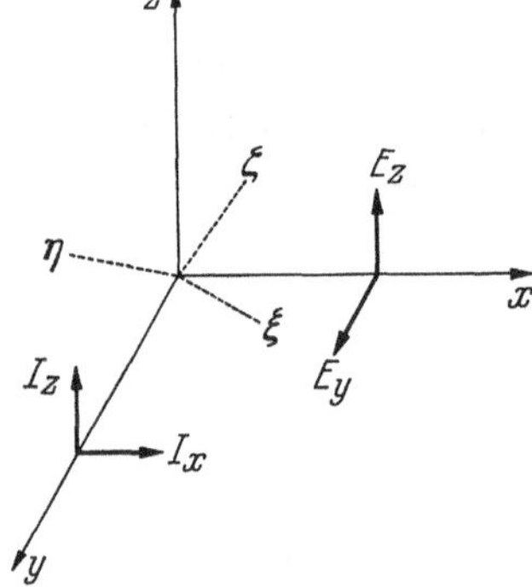

Abb. 17. *Koordinatenachsen zur Beschreibung von Raman-Streuung*
$\xi\,\eta\,\zeta$ = molekülfeste Achsen;
$x\,y\,z$ = raumfeste Achsen;
x = Einstrahlungsrichtung,
y = Beobachtungsrichtung;
E_x, E_y = Komponenten der einfallenden Strahlung;
I_x, I_z = Komponenten der Streustrahlung

Für einen Kristall oder anders räumlich festgelegte Moleküle kann (6) direkt verwendet werden, wobei die Achsen ξ, η, ζ je nach Art der Aufstellung des Kristalls mit den Achsen x, y, z oder geeigneten Permutationen dieser identifiziert werden können. Wenn das körperfeste System nicht parallel zum raumfesten orientiert ist, müßten die Komponenten α_{xy} usw. durch die für Tensorkomponenten gültigen Transformationsformeln aus den $\alpha_{\xi\eta}$ usw. bestimmt werden. Analoges gilt für Abweichungen von der 90°-Streuung. Wir beschränken uns jedoch immer auf den Normalfall der 90°-Streuung mit parallelen Achsensystemen. Es kann übrigens gezeigt werden, daß die im üblichen Sinn optisch gleichwertigen Achsen (nämlich gleichwertig in bezug auf Refraktion) dies nicht notwendigerweise im Raman-Effekt sind[1]. Deshalb sollen die Achsen ξ, η, ζ im Kristall möglichst kristallographisch ausgezeichneten Richtungen entsprechen.

Für Gase und Flüssigkeiten müssen die Intensitäten über alle Orientierungen der Moleküle gemittelt werden. Man erhält[2]

$$\varrho = 6b^2/(45a^2 + 7b^2) \tag{7}$$

mit $a = \frac{1}{3}(\alpha_{11} + \alpha_{22} + \alpha_{33})$,

$$b^2 = \frac{1}{2}\left[(\alpha_{11} - \alpha_{22})^2 + (\alpha_{22} - \alpha_{33})^2 + (\alpha_{33} - \alpha_{11})^2\right] + 3\left[\alpha_{12}^2 + \alpha_{23}^2 + \alpha_{31}^2\right].$$

[1] Mathieu, J.-P.: J. phys. **9**, 83 (1948). — Couture, L., et J.-P. Mathieu: Ann. phys. **3**, 521 (1948). — Couture-Mathieu, L., J. A. A. Ketelaar, W. Vedeler and J. Fahrenfort: J. Chem. Phys. **20**, 1492 (1952). Eine analoge Anisotropie ist auch bei der Rayleigh-Streuung beobachtet worden: Matossi, F.: Z. Physik **92**, 425 (1934).

[2] Vgl. Placzek, G., l. c. — Mathieu, J.-P., l. c. — Born, M.: Optik. Berlin: Springer 1933.

In Gasen bezieht man die α_{ik} von vornherein auf die Hauptachsen des Tensorellipsoids, so daß dann $\alpha_{ik} = 0$.

Die bisherigen Formulierungen beruhten auf der Sprache der klassischen Theorie; deshalb bedeuteten die α_{ik} die Komponenten der Änderung der Polarisierbarkeit. Um die Auswahlregeln zu erhalten, muß man aber vom quantentheoretischen Intensitätsintegral $\int \psi_n F \overline{\psi}_m d\tau$ ausgehen, in dem $F = p_{ind}$, der Vektor der Amplitude des induzierten Dipolmoments, die Polarisierbarkeit selbst enthält. Es kommt dann auf das Symmetrieverhalten von Integralen der Form $\int \psi_n A_{ik} \overline{\psi}_m d\tau$ an, wenn A die Polarisierbarkeit ist. Das formale Kriterium für Raman-Aktivität ist nun dasselbe wie für das ultrarote Spektrum, nur muß die Polarisierbarkeit an Stelle des Dipolmoments treten. Zur Auswertung muß noch der Charakter χ_i für Tensorkomponenten bestimmt werden. Da dieser unabhängig davon ist, ob A oder α zugrunde gelegt werden, schreiben wir hier die Transformationsgleichungen für die α_{ik} an. Da sich Tensorkomponenten wie Produkte von Koordinaten transformieren, sind die Gleichungen für Drehungen und Drehspiegelungen um die ζ-Achse:

$$\begin{aligned}
\alpha'_{11} &= \alpha_{11} + \alpha_{22}\left(\frac{1}{2} - \frac{1}{2}\cos 2\varphi\right) + \alpha_{12}\sin 2\varphi, \\
\alpha'_{22} &= \alpha_{22}\left(\frac{1}{2} + \frac{1}{2}\cos 2\varphi\right) - \alpha_{12}\sin 2\varphi, \\
\alpha'_{33} &= \alpha_{33}, \\
\alpha'_{12} &= (\alpha_{11} - \alpha_{22})\frac{1}{2}\sin 2\varphi + \alpha_{12}\cos 2\varphi, \\
&\left.\begin{aligned}
\alpha'_{23} &= +\alpha_{23}\cos\varphi \mp \alpha_{13}\sin\varphi, \\
\alpha'_{13} &= \pm\alpha_{23}\sin\varphi \pm \alpha_{13}\cos\varphi,
\end{aligned}\right\} \begin{array}{l}\text{oberes/unteres Vorzeichen}\\ \text{für Drehung/Drehspiegelung.}\end{array}
\end{aligned} \tag{8}$$

Der Charakter ist daher als die Summe der Diagonalkoeffizienten:

$$\chi_i = 2 + 2\cos 2\varphi \pm 2\cos\varphi = 2\cos\varphi\,(\pm 1 + 2\cos\varphi).$$

Das Kriterium für Raman-Aktivität lautet daher

$$n_\alpha^{(j)} = \frac{1}{h}\sum_{i=1}^{r} h_i\,(2 + 2\cos 2\varphi \pm 2\cos\varphi)\,\chi_i^{(j)} \neq 0. \tag{9}$$

Für $n_\alpha^{(j)} = 0$ ist die Raman-Linie verboten.

Gl. (9) gibt die Bedingung für Raman-Aktivität ohne Rücksicht auf die Frage, welche spezifischen Komponenten α_{ik} etwa von Null verschieden sind. Durch etwas andere Anordnung der Transformationsgleichungen kann man aber leicht vier voneinander unabhängige

Gleichungssysteme für getrennte Kombinationen finden, nämlich für

$$\begin{array}{lll} \text{a)}\ \alpha_{11}+\alpha_{22} & \text{mit} & \chi_a = 1, \\ \text{b)}\ \alpha_{33} & \text{mit} & \chi_b = 1, \\ \text{c)}\ \alpha_{11}-\alpha_{22} \text{ und } \alpha_{12} & \text{mit} & \chi_c = 2\cos 2\varphi, \\ \text{d)}\ \alpha_{13} \text{ und } \alpha_{23} & \text{mit} & \chi_d = \pm 2\cos\varphi. \end{array} \tag{10}$$

Das Aktivitätskriterium für jede dieser Kombinationen ist wieder (9), in der jetzt χ_a usw. an Stelle der Klammer treten. Nur diejenigen Komponenten α_{ik} der klassischen Theorie sind für einen Schwingungstyp verschieden von Null, für die die entsprechenden Werte von n_a, n_b, n_c oder n_d verschieden von Null sind.

Aus den Kriterien (5) und (9) in Verbindung mit (10) können einige allgemeine Ergebnisse abgelesen werden:

So sieht man leicht ein, daß $\alpha_{11}+\alpha_{22}$ und α_{33} nur in totalsymmetrischen Schwingungen auftreten können, da nur dort $n_a \neq 0$ und $n_b \neq 0$. Daher ist für alle anderen Typen die mittlere Polarisierbarkeit $a = 0$ und $\varrho = 6/7$ in Gasen und Flüssigkeiten, falls die Raman-Linie überhaupt aktiv ist. In ähnlich einfacher Weise ergibt sich, daß alle Schwingungen, die zu einem Symmetriezentrum antisymmetrisch sind, im Raman-Effekt verboten, aber im Ultrarot erlaubt sind und umgekehrt für zu einem Symmetriezentrum symmetrische Schwingungen (Ausschließungsregel).

Manchmal führt die formale Anwendung des Kriteriums (9) zu Schwierigkeiten, die an Hand von zwei Beispielen diskutiert werden sollen. Die Werte von n_α für die Gruppen $\mathfrak{D}_4$ und $\mathfrak{O}$ sind auf Grund von (9) und (10) wie folgt:

$\mathfrak{D}_4$-Typen:	A_1	A_2	B_1	B_2	E	$\mathfrak{O}$-Typen:	A_1	A_2	E	F_1	F_2
n für $\alpha_{11}+\alpha_{22}$	1	0	0	0	0		1	0	0	0	0
α_{33}	1	0	0	0	0		1	0	0	0	0
$\alpha_{11}-\alpha_{22}$, α_{12}	1	−1	1	1	0		0	0	1	−1	1
α_{13}, α_{23}	−1	1	0	0	1		−1	0	0	1	0
α	2	0	1	1	1		1	0	1	0	1

Dabei bemerkt man zunächst das Auftreten von negativen Werten für n, was natürlich ohne physikalische Bedeutung ist. Man darf dann nicht die Komponenten isoliert betrachten.

Um für $\mathfrak{D}_4$ in Übereinstimmung mit der eindeutigen Aussage $n_\alpha = 0$ in A_2 zu bleiben, muß man die Komponenten $\alpha_{11}-\alpha_{22}$, α_{12}, α_{13} und α_{23} zusammenfassen. Als Ergebnis erhält man dann: In A_1 sind $\alpha_{11}-\alpha_{22}$, α_{12}, α_{13}, α_{23} alle gleich Null, daher $\alpha_{11} = \alpha_{22} \neq 0$, $\alpha_{33} \neq 0$, $\alpha_{ik} = 0$.

Für die Typen B_1, B_2, E braucht nicht zusammengefaßt zu werden, da schon ohnedies ein sinnvolles Ergebnis vorhanden ist.

Ein weiteres Problem ergibt sich bei der scheinbaren Gleichheit der Typen B_1 und B_2 von $\mathfrak{D}_4$. Aber die Transformationsgleichungen (8) zeigen für $\varphi = \frac{\pi}{2}$, daß hier das Gleichungssystem für $\alpha_{11} - \alpha_{22}$ und α_{12} in zwei getrennte unabhängige Gleichungen zerfällt, so daß $\alpha_{11} - \alpha_{22}$ und α_{12} getrennten Typen zugeordnet werden sollen.

In $\mathfrak{O}$ kommt ein anderer Gesichtspunkt hinzu, nämlich die Gleichwertigkeit der Koordinatenachsen bei kubischer Symmetrie. Daher folgt aus $\alpha_{12} = 0$ für A_1 sofort auch $\alpha_{13} = \alpha_{23} = 0$, und aus $\alpha_{33} \neq 0$ folgt $\alpha_{11} = \alpha_{22} = \alpha_{33}$. E und F_2 sind formal nicht unterscheidbar. Hier gibt es zwei annehmbare Lösungen, die beide die Gleichwertigkeit der Achsen berücksichtigen, nämlich einerseits $\alpha_{13} = \alpha_{23} = 0$, also auch $\alpha_{12} = 0$ oder andererseits $\alpha_{12} \neq 0$, also auch $\alpha_{23} = \alpha_{13} = \alpha_{12} \neq 0$. Im ersten Fall muß neben $\alpha_{33} = 0$ auch $\alpha_{11} + \alpha_{22} = 0$ sein, aber wegen $n_\alpha = 1$ dürfen nicht alle $\alpha_{ii} = 0$ sein, daher $\alpha_{11} = -\alpha_{22} \neq 0$, $\alpha_{33} = 0$, $\alpha_{ik} = 0$ als die eine Lösung. Im zweiten Fall können mit α_{33} auch $\alpha_{11} = \alpha_{22} = 0$ sein, und wir haben $\alpha_{ii} = 0$, $\alpha_{12} = \alpha_{23} = \alpha_{13}$ als zweite Lösung. Die erste schreiben wir E zu, die zweite F_2, und zwar deshalb, weil in der ebenfalls der kubischen Symmetrie angehörigen Gruppe $\mathfrak{T}$ die Typen E und F tatsächlich unterscheidbar sind, derart daß $n_{\alpha_{13}} \neq 0$ für F und $n_{\alpha_{11}-\alpha_{22}} \neq 0$ für E, wenn überhaupt Aktivität resultieren soll.

Nach allen hier erörterten Gesichtspunkten sind in den Tab. 10 und 11 die Auswahlregeln für den Raman-Effekt zusammengefaßt worden. Die Bezeichnung der aktiven Typen in der speziellen Tab. 11 weicht manchmal von der der allgemeinen Tab. 10 ab.

Tabelle 10. *Raman-aktive Schwingungstypen einiger Gruppen* ($n > 4$)

	$\mathfrak{C}_{nh}$		$\mathfrak{C}_{nv}$	$\mathfrak{D}_{nh}$		$\mathfrak{S}_{2n}$	$\mathfrak{D}_{nd}$	$\mathfrak{D}_{\infty h}$	$\mathfrak{P}_h$
$\alpha_{11} + \alpha_{22}, \alpha_{33} \neq 0$	A_g	A'	A_1	A_{1g}	A_1'	A	A_1	A_{1g}	A_g
$\sigma_{11} - \alpha_{22}, \alpha_{12}$	E_{2g}	E_2'	E_2	E_{2g}	E_2'	E_2	E_2	E_{2g}	H_g
α_{13}, α_{23}	E_{1g}	E_1''	E_1	E_{1g}	E_1''	E_{n-1}	E_{n-1}	E_{1g}	H_g
n	gerade	unger.		g	u	g	g		

Die Regeln für Untergruppen der in den Tabellen behandelten Gruppen sind ohne weiteres aus den gemachten Angaben abzulesen. In den meisten Fällen genügt das Weglassen der Indices in der Typenbezeichnung. Die allgemeine Regel lautet, daß für die Untergruppendarstellung ein α_{ik} nur verschwindet, wenn es in allen jenen Darstellungen der Hauptgruppe verschwindet, die in der Untergruppe zusammenfallen. Die Gruppen $\mathfrak{C}_{ni}$ sind nicht ausdrücklich in Tab. 10 enthalten. Ihre

Auswahlregeln ergeben sich aus denen von $\mathfrak{C}_n$ unter Berücksichtigung der weiter oben erwähnten allgemeinen Regel über Aktivität bei Vorliegen von Symmetriezentren.

Es sei noch erwähnt, daß Raman-Linien in isotropen Substanzen, für die $\varrho = 6/7$, als „depolarisiert" (*dp*) bezeichnet werden, solche mit $\varrho < 6/7$ als polarisiert (*p*). Vollständige Depolarisation ($\varrho = 1$) kann aber nur in Kristallen vorkommen.

Bei entarteten Schwingungen mag es unter Umständen erwünscht sein, die Auswahlregeln für jede Komponente Q' und Q'' der entarteten Schwingung getrennt zu erhalten. Das kann dadurch geschehen, daß man für α_{ik} setzt $\alpha_{ik} = \varepsilon'_{ik} Q' + \varepsilon''_{ik} Q''$ und die Transformationsgleichungen auf die ε_{ik} anwendet[1].

Die Gruppentheorie macht keine Aussagen über numerische Werte. Es können daher einzelne α_{ik} in speziellen Fällen zu Null werden, ohne daß die Auswahlregeln dies fordern. SAKSENA[2] hat auf solche Fälle hingewiesen. Zwar beruhen auch solche Eigenschaften einer Schwingung auf Symmetrie; sie sind aber nicht direkt die Folge der Theorie der Charaktere irreduzibler Darstellungen.

Tabelle 11. *Tensorkomponenten der Polarisierbarkeitsänderung für kristallographische Gruppen*

a	$\alpha_{ii} \neq 0$, $\alpha_{ik} \neq 0$
$\mathfrak{C}_i$	A_g

b	$\alpha_{13} = \alpha_{23} = 0$	$\alpha_{ii} = \alpha_{12} = 0$
$\mathfrak{C}_2$	A	B
$\mathfrak{C}_s$	A'	A''
$\mathfrak{C}_{2h}$	A_g	B_g

c	$\alpha_{ik} = 0$	nur $\alpha_{12} \neq 0$	nur $\alpha_{13} \neq 0$	nur $\alpha_{23} \neq 0$
$\mathfrak{C}_{2v}$	A_1	A_2	B_1	B_2
$\mathfrak{D}_2$	A_1	B_1	B_2	B_3
$\mathfrak{D}_{2h}$	A_{1g}	B_{1g}	B_{2g}	B_{3g}

d	$\alpha_{11} = \alpha_{22}$ $\alpha_{ik} = 0$	$\alpha_{11} = -\alpha_{22}$, $\lvert\alpha_{11}\rvert = \lvert\alpha_{12}\rvert$ $\alpha_{33} = 0$, $\lvert\alpha_{13}\rvert = \lvert\alpha_{23}\rvert$
$\mathfrak{C}_3$, $\mathfrak{C}_{3v}$, $\mathfrak{D}_3$	A, A_1, A_1	E
$\mathfrak{D}_{3d}$, $\mathfrak{C}_{3i}$	A_{1g}, A_g	E_g

[1] COUTURE, L., et J.-P. MATHIEU: J. phys. **6**, 314 (1945). Vgl. auch MATHIEU, l. c.

[2] SAKSENA, B. D.: Proc. Ind. Acad. Sci., A **11**, 229 (1940).

e	$\alpha_{11} = \alpha_{22}$ $\alpha_{ik} = 0$	$\alpha_{11} = -\alpha_{22}$ $\alpha_{33} = 0,\ \alpha_{ik} = 0$	$\alpha_{ii} = 0$ $\alpha_{3i} = 0$	$\alpha_{ii} = \alpha_{12} = 0$ $\lvert\alpha_{13}\rvert = \lvert\alpha_{23}\rvert$
$\mathfrak{C}_{4v}$, $\mathfrak{D}_4$, $\mathfrak{D}_{2d}$	A_1	B_1	B_2	E
$\mathfrak{D}_{4h}$	A_{1g}	B_{1g}	B_{2g}	E_g

f	$\alpha_{11} = \alpha_{22}$ $\alpha_{ik} = 0$	$\alpha_{11} = -\alpha_{22},\ \alpha_{3i} = 0$ $\lvert\alpha_{11}\rvert = \lvert\alpha_{12}\rvert$	$\alpha_{jj} = \alpha_{12} = 0$ $\lvert\alpha_{13}\rvert = \lvert\alpha_{23}\rvert$
$\mathfrak{C}_4$, $\mathfrak{C}_{4h}$, $\mathfrak{S}_4$	A, A_g, A	B, B_g, B	E, E_g, E
$\mathfrak{C}_{3h}$, $\mathfrak{D}_{3h}$	A', A_1'	E'	E''
$\mathfrak{C}_6$, $\mathfrak{C}_{6v}$, $\mathfrak{D}_6$	A, A_1, A_1	$E_2^{(+)}$	$E_1^{(-)}$
$\mathfrak{C}_{6h}$, $\mathfrak{D}_{6h}$	A_g, A_{1g}	$E_{2g}^{(+)}$	$E_{1g}^{(-)}$

g	$\alpha_{11} = \alpha_{22} = \alpha_{33}$ $\alpha_{ik} = 0$	$\alpha_{11} = -\alpha_{22},\ \alpha_{33} = 0$ $\alpha_{ik} = 0$	$\alpha_{ii} = 0$ $\lvert\alpha_{12}\rvert = \lvert\alpha_{23}\rvert = \alpha_{13}\rvert$
$\mathfrak{T}$, $\mathfrak{O}$, $\mathfrak{T}_d$	A, A_1, A_1	E	F, F_2, F_2
$\mathfrak{T}_h$, $\mathfrak{O}_h$	A_g, A_{1g}	E_g	F_g, F_{2g}

Die Theorie der Auswahlregeln beruht letzten Endes auf der Annahme eines Potentials quasielastischer Kräfte, ist also auf Schwingungen von Atomen um eine stabile Gleichgewichtslage beschränkt. Zu solchen Schwingungen gehören aber auch Torsionsschwingungen, in welchen z. B. Teile eines Moleküls starr gegen den Rest des Moleküls gehinderte Rotationen ausführen (Librationen), vorausgesetzt, daß im Energieausdruck entsprechende rücktreibende Kräfte berücksichtigt sind. Bei der theoretischen Behandlung solcher Librationen eines Molekülteils kann ebenfalls das Verhalten gegenüber Symmetrieoperationen einer Rotationsgruppe herangezogen werden. Man muß dann Symmetrieelemente zulassen, die zwar einer Deckoperation für den drehbaren Teil des Moleküls entsprechen, aber nicht einer für das ganze Molekül. Gruppen mit solchen Elementen sind nicht eigentliche Symmetriegruppen.

Howard[1] hat gezeigt, daß in einem äthanähnlichen Molekül X_3ZZX_3 bei Rotation der ZX_3-Gruppen um die gemeinsame Achse C_3 die Gruppe $\mathfrak{D}_{3h}$ herangezogen werden kann, obwohl ein ruhendes Molekül dieser Art diese Symmetrie nur in einer speziellen Konfiguration hat. Aber die potentielle Energie des schwingenden Moleküls ist unter gewissen Voraussetzungen über die Wechselwirkung der beiden Atomgruppen unabhängig vom Rotationswinkel der Atomgruppen gegeneinander und gehorcht der „Pseudosymmetrie" $\mathfrak{D}_{3h}$. Der Unterschied dieser Gruppe zu einer eigentlichen Symmetriegruppe macht sich in den

[1] Howard, J. B.: J. Chem. Phys. 5, 442, 451 (1937).

Auswahlregeln für den Ramaneffekt bemerkbar, in die der Rotationswinkel eingeht. Auch $\mathfrak{D}_{3d}$ ist als Pseudosymmetrie von Äthan diskutiert worden[1], und es wäre wohl möglich, auch $\mathfrak{D}_{6h}$ heranzuziehen.

Das Charakterensystem einer Gruppe mit zusätzlichen Rotationen von Atomgruppen sei hier für den Fall des Äthans wiedergegeben[2]. Darin bedeutet $4\,R$ die Klasse von je zwei Drehungen der beiden CH_3-Gruppen um $\pm 120°$ und σ_v steht auch für $R\sigma_v$.

	E	$2C_3$	$3C_2$	$3\sigma_h$	$4R$	$9\sigma_v$	$2RC_3$	$6S_3$	$6RC_2$
A_1	1	1	1	1	1	1	1	1	1
A_2	1	1	1	−1	1	−1	1	−1	1
A_3	1	1	−1	1	1	−1	1	1	−1
A_4	1	1	−1	−1	1	1	1	−1	−1
E_1	2	2	2	0	−1	0	−1	0	−1
E_2	2	2	−2	0	−1	0	−1	0	1
E_3	2	−1	0	−2	−1	0	2	1	0
E_4	2	−1	0	2	−1	0	2	−1	0
G	4	−2	0	0	1	0	−2	0	0
$\tilde{\chi}_i$	3	0	−3	3	12	9	0	0	−6

Ob die Anwendung dieser Gruppe physikalisch sinnvoll ist, hängt davon ab, ob die Energie so formuliert werden kann, daß sie invariant gegen die Operationen R ist. Die Anwendung der Auswahlregeln lehrt, daß ultrarot- und ramanaktive entartete Schwingungen nur im Typ G auftreten sollen, zum Unterschied von $\mathfrak{D}_{3h}$, wo sowohl E' als auch E'' ramanaktiv sind (mit verschiedenen Polarisationseigenschaften), aber nur E' ultrarotaktiv ist. Eine eindeutige experimentelle Entscheidung über die verschiedenen Möglichkeiten liegt noch nicht vor. Deshalb gehen wir auf dieses Problem nicht näher ein und verweisen auf weitere Literatur[3].

Bei Molekülen vom Typus des Acetons[4] ($CH_3 \cdot CO \cdot CH_3$), die bei fixierten CH_3-Gruppen die Symmetrie $\mathfrak{C}_{2v}$ oder $\mathfrak{C}_2$ haben würden, ist die kinetische Energie der Rotation bei rotationsfähigen CH_3-Gruppen invariant gegenüber den Operationen einer Gruppe, die isomorph ist zu einem direkten Produkt $\mathfrak{C}_{3v} \times \mathfrak{C}_{3v}$.

[1] Bauman, R. P.: J. Chem. Phys. **24**, 13 (1956).

[2] Krishnamurty, T. S. G., und S. Satyanarayanarao: J. Chem. Phys. **18**, 1411 (1950).

[3] Schaefer, K.: Gött. Nachr., Math.-Phys. Kl., **3**, 85 (1938). Crawford jr., B. L., and E. B. Wilson jr.: J. Chem. Phys. **9**, 323 (1941). Venkatarayudu, T.: Proc. Ind. Acad. Sc. A **17**, 79 (1943). Minden, H. T.: J. Chem. Phys. **20**, 1964 (1952).

[4] Myers, R. J., and E. B. Wilson jr.: J. Chem. Phys. **33**, 186 (1960).

§ 12. Auswahlregeln für Ober- und Kombinationsschwingungen

Wenn die potentielle Energie eines Moleküls höhere Potenzen als quadratische enthält, so können Oberschwingungen mit den angenäherten Frequenzen $\omega_i^{(v)} \cong v\omega_i$ und Kombinationsschwingungen mit $\omega^{(v_1, v_2, \ldots)} \cong v_1\omega_1 + v_2\omega_2 + \ldots$ entstehen, wobei die v_l ganze Zahlen sind, die allgemein als Differenzen von Schwingungsquantenzahlen v', v'' aufgefaßt werden können. Man spricht von mechanischer Anharmonizität. Die Energiefunktion kann dann nicht mehr streng in unabhängige Glieder mit nur einer Normalkoordinate zerfällt werden, was auch so ausgedrückt werden kann, daß die Normalkoordinaten voneinander abhängig werden. Die Anharmonizität verursacht eine kleine Verstimmung der Frequenzen gegenüber den „harmonischen Obertönen" $v\omega_i$, die aber für das Folgende ohne Bedeutung ist. Außerdem hängt ω_i nun nicht mehr nur von der Differenz von Quantenzahlen ab, sondern auch von ihrem Absolutwert. Übergänge $v' - v'' =$ const führen also zu etwas verschiedenen Frequenzen.

Außer der mechanischen Anharmonizität, die durch die Form der potentiellen Energie beschrieben ist, muß noch mit einer elektrischen Anharmonizität gerechnet werden, wenn das Dipolmoment nicht als lineare Funktion der Verschiebungskoordinaten betrachtet werden kann. Tatsächlich kann diese Art Anharmonizität nicht vernachlässigt werden[1], insbesondere nicht für Intensitätsfragen. Da die Auswahlregeln als solche aber dadurch nicht beeinflußt werden, können wir von der elektrischen Anharmonizität hier absehen.

Die Spektren, die Ober- und Kombinationsschwingungen entsprechen, bezeichnet man oft als Spektren zweiter (und höherer) Ordnung zum Unterschied vom Spektrum erster Ordnung der Grundschwingungen.

Zunächst möchte man denken, daß die gruppentheoretische Einteilung von Schwingungen und die daraus abgeleiteten Auswahlregeln bei Vorliegen von Anharmonizität ihre Bedeutung verlieren müßten, da sie ja ausdrücklich auf die Annahme von harmonischen Schwingungen gegründet waren. Nun ist zwar das Auftreten der Oberschwingungen an Abweichungen von dieser Annahme gebunden. Die allgemeine Forderung der Invarianz der potentiellen Energie gegenüber Symmetrieoperationen bleibt aber bestehen. Es ist dabei wesentlich, daß die Invarianzforderung nicht nur für die Energiefunktion als Ganzes gelten muß, sondern gesondert für die Teilenergien aus den Gliedern 2. Grades, 3. Grades usw. Andernfalls hingen die Invarianzbedingungen von der zufälligen Größenordnung der verschiedenen Teilfunktionen ab. Die aus der Invarianz der quadratischen Energiefunktion abgeleiteten Beziehungen für die

[1] Vgl. z. B. Crawford, B. L., jr., and H. L. Dinsmore: J. Chem. Phys. **18**, 963, 1682 (1950). — Lax, M., and E. Burstein: Phys. Rev. **97**, 39 (1955).

Koordinaten bleiben also auch jetzt noch gültig. Diese Bedingungen für die Koordinaten legen dann ihrerseits den höheren Gliedern der potentiellen Energie Beschränkungen auf, falls die Invarianz gewahrt werden soll. Das einfachste Beispiel hierfür liefert eine Energie der Form $aQ^2 + bQ^3$, wo das kubische Glied nur auftreten kann, falls die Koordinate Q sich bei Symmetrieoperationen symmetrisch verhält. Bei Antisymmetrie würde ja das kubische Glied, aber nicht das quadratische Glied, das Vorzeichen wechseln, die Energie wäre dann also nicht invariant.

Die Darstellungen, denen Ober- und Kombinationsschwingungen zugeordnet werden können, müssen also dieselben wie für die Grundschwingungen sein oder müssen wenigstens auf diese reduziert werden können. Um diese für jede Kombination zu finden, müssen nach der allgemeinen Vorschrift von § 11 die Symmetrieeigenschaften der Schrödinger-Funktionen, also der Hermiteschen Polynome, für die höheren Energiezustände bekannt sein.

Wie schon in § 11 erwähnt wurde, ist das Hermitesche Polynom $H(v_l)$ des Energiezustands mit der Quantenzahl v_l ein Polynom in den Normalkoordinaten vom Grade v_l, das nur gerade oder ungerade Potenzen enthält, je nachdem ob v_l gerade oder ungerade ist. Daher bleibt $H(v_l)$ bei einer Symmetrieoperation ungeändert, immer wenn Q eine symmetrische Koordinate ist, und für antisymmetrisches Verhalten von Q dann, wenn v_l gerade ist. Bei ungeradem v_l und antisymmetrischem Q verhält sich auch $H(v_l)$ antisymmetrisch.

Dies gibt sofort die Methode an, wie der Charakter einer Ober- oder Kombinationsschwingung nicht-entarteter Grundschwingungen bestimmt werden kann, falls nur Übergänge vom Grundzustand (für den ja alle Schrödinger-Funktionen trivialerweise symmetrisch sind) betrachtet werden. In diesem Fall können wir auch wieder, statt von höher angeregten Zuständen und Übergängen zu sprechen, diese direkt mit Schwingungen identifizieren. Aus den Symmetrieeigenschaften der $H(v_l)$ sieht man nun sofort, daß der Charakter einer Kombination von Schwingungen zweier Typen j und j' einfach aus der Multiplikation der Charaktere $\chi_i^{(j)}$ und $\chi_i^{(j')}$ der kombinierenden Schwingungen erhalten wird, wobei eine Oberschwingung $v\omega$ als Kombination $\omega + \omega \ldots$ von Schwingungen des gleichen Typs aufgefaßt werden darf. (Bei komplexen Charakteren ist das Produkt $\chi^{(j)}\,\overline{\chi^{j'}}$ zu nehmen.) Daraus folgt dann sofort, daß Oberschwingungen gerader Ordnung nicht-entarteter Grundschwingungen (v gerade) immer totalsymmetrisch sind. Falls Übergänge nicht vom Grundzustand aus erfolgen, muß diese Betrachtung etwas modifiziert werden. Wegen der geringen praktischen Bedeutung solcher Übergänge gehen wir darauf nicht ein. Jedenfalls wird auch dann das Verhalten nicht-entarteter Schwingungen durch das Produkt der Charaktere der betreffenden Zustände reguliert. Weiter unten soll jedoch die Wirkung dieser Vernachlässigung kurz diskutiert werden.

Für reine Oberschwingungen ($\omega^{(v)} = v\omega_l$) von f-fach entarteten Schwingungen (wir beschränken uns wieder auf Übergänge vom Grundzustand) ist die Schrödinger-Funktion ψ eine lineare Kombination von Produkten der Hermiteschen Polynome der entarteten Normalkoordinaten in der Form

$$H = H_{n_1}(Q_1) \ldots H_{n_f}(Q_f) = \text{const}\, Q_1^{n_1} \ldots Q_f^{n_f} + \text{Glieder niedrigeren Grads,} \tag{1}$$

wobei $n_1 + n_2 + \ldots + n_f = v$. Wie früher lassen wir einen hier unwesentlichen Exponentialfaktor in H fort. Es gibt ebenso viele Funktionen H für jedes v wie v als Summe von f nicht negativen Zahlen dargestellt werden kann. Die Symmetrieeigenschaften von H sind durch jene des ersten Glieds von H gegeben. Nehmen wir an, die Symmetrieoperation R transformiere Q_i in $Q_i' = a_i Q_i$, dann transformiert sich das erste Glied von (1) in folgender Weise:

$$(Q_1^{n_1} \ldots Q_f^{n_f})' = a_1^{n_1} a_2^{n_2} \ldots a_f^{n_f} Q_1^{n_1} \ldots Q_f^{n_f}.$$

Daher ist der Charakter dieses Zustands (oder hier der Schwingung selbst) gegeben durch

$${}^v\chi = \Sigma a_1^{n_1} \ldots a_f^{n_f},$$

wobei die Summe Σ über alle möglichen Kombinationen $n_1, \ldots n_f$ zu nehmen ist. Dies kann man dann auch schreiben

$${}^v\chi = \Sigma' a_i^v + \Sigma' a_i^{n_i} a_k^{n_k} + \ldots + \Sigma' a_1^{n_1} \ldots a_f^{n_f},$$

wo Σ' eine Summation über jeweils alle Kombinationen von Potenzexponenten andeutet derart, daß $\Sigma n_i = v$ und kein $n_i = 0$. Die verschiedenen hier auftretenden Summen können als Funktion der Charaktere der Potenzen von R,

$$\chi(R^k) = \chi_{i_k} = a_1^k + a_2^k + \ldots + a_f^k, \quad k = 1, \ldots v,$$

ausgedrückt werden. Die umständliche Rechnung übergehen wir hier und geben nur das Endergebnis für die E und F-Typen an (TISZA, l.c.).

Wir bezeichnen mit

${}^v\chi_i$ den Charakter der v^{ten} Oberschwingung in der i^{ten} Klasse;

χ_{i_k} den Charakter jener Klasse, deren Elemente k^{te} Potenzen der Elemente der i^{ten} Klasse sind. Dann ist für

$$E\text{-Typen: } {}^v\chi_i = \frac{1}{2}\{{}^{v-1}\chi_i \cdot \chi_i + \chi_{i_v}\}; \tag{2}$$

$$F\text{-Typen: } {}^v\chi_i = \frac{1}{3}\left\{2 \cdot {}^{v-1}\chi_i \cdot \chi_i - \frac{1}{2} \cdot {}^{v-2}\chi_i \cdot \chi_i^2 + \frac{1}{2}\, {}^{v-2}\chi_i \cdot \chi_{i_2} + \chi_{i_v}\right\}. \tag{3}$$

Für höhere Entartungsgrade vgl. TISZA, l. c. Speziell ergibt sich für die Oktave 2ω, unabhängig vom Entartungsgrad

$$^2\chi_i = \frac{1}{2}\{\chi_i^2 + \chi_{i_2}\}. \tag{4}$$

Die so berechneten Charaktere fallen nun entweder mit solchen der irreduziblen Darstellungen der Gruppe zusammen, oder sie können nach der allgemeinen Regel (1) bzw. (4) von § 10 auf solche reduziert werden. Ob die Oberschwingung etwa auch in verschiedene Frequenzen für jede irreduzible Komponente aufspaltet, ist natürlich eine Frage, die gruppentheoretisch nicht beantwortet werden kann. Die Möglichkeit wird jedenfalls nicht ausgeschlossen.

Wenden wir uns nun Kombinationsschwingungen entarteter Schwingungen zu. Bei Kombinationsschwingungen handelt es sich allgemein um den gleichzeitigen Übergang zweier oder mehrerer Quantenzustände $v_l \to 0$, $v_k \to 0$ usw. (Summationsfrequenz $\omega_l + \omega_k$) oder $v_l \to v_k$ (Differenzfrequenz $\omega_l - \omega_k$). Der Integrand des Intensitätsintegrals enthält dann das Produkt der Schrödinger-Funktionen der kombinierenden Zustände. Der Charakter der Kombination ist hier durch das Produkt der Charaktere der Darstellungen der kombinierenden Zustände (bzw. Schwingungen) gegeben, wie nicht ausführlich bewiesen werden soll, wie aber an einfachen Beispielen verifiziert werden kann.

Die Regel, nach der die Charaktere von Kombinationen gebildet werden, wird oft auch in der Form ausgesprochen, daß das „direkte Produkt" der zu kombinierenden Darstellungen gebildet wird, wobei eben dieses direkte Produkt durch die Produkte der Charaktere definiert wird (vgl. § 9g).

Übrigens ist im Gegensatz zum Fall der nicht-entarteten Schwingungen die Darstellung einer Oberschwingung $v\omega$ hier nicht notwendigerweise identisch mit der Darstellung einer Kombination aus v verschiedenenen Grundschwingungen desselben Typs, denn die Schrödinger-Funktion (1) einer Oberschwingung ist nicht das Produkt von Schrödinger-Funktionen von Grundschwingungen.

Die hier nur skizzierte Methode zur Bestimmung der Charaktere von Ober- und Kombinationsschwingungen führt zu folgenden Ergebnissen:

1. Die Kombination einer Schwingung ω_2 mit einer totalsymmetrischen ω_1 hat das gleiche Charaktersystem wie ω_2 und damit die gleichen Auswahlregeln.

2. Die Kombination einer nicht-entarteten und einer entarteten Schwingung hat den Entartungsgrad der entarteten Schwingung.

3. Alle Oktaven sind im Raman-Effekt aktiv. Für nicht-entartete Schwingungen folgt dies schon aus dem oben erwähnten Resultat, daß Oktaven nicht-entarteter Schwingungen totalsymmetrisch sind. Auch die Oktaven entarteter Schwingungen weisen die totalsymmetrische Darstellung mindestens als einen Bestandteil ihrer Darstellung auf, wie man ohne weiteres an Hand von (4) in jedem Einzelfall verifizieren kann. Es folgt aber auch allgemein aus der Reduktionsformel (4) von § 10, wo für χ_i jetzt der Wert von ${}^2\chi_i$ einzusetzen ist. Danach ist für die Reduktion einer Oktave der Darstellung j'

$$n_j = \frac{1}{h} \sum_{i=1}^{r} h_i \chi_i^{(j)} \cdot {}^2\chi_i^{(j')} = \frac{1}{h} \sum_{i=1}^{r} h_i \chi_i^{(j)} \frac{1}{2} \{(\chi_i^{(j')})^2 + \chi_{i_2}^{(j')}\}.$$

Für $j = 1$ (identische Darstellung) ist $\chi_i^{(1)} = 1$. Wegen $\sum_{i=1}^{r} h_i (\chi_i^{(j')})^2 = h$, (4) von § 7, und wegen $\sum_{i=1}^{r} h_i \chi_{i_2}^{(j')} = h$, (19) von § 9, ist daher $n_1 = 1$.

Natürlich kann dann 2ω auch in anderen Darstellungen enthalten sein, und die Intensitäten und Polarisationseigenschaften für alle diese Darstellungen von 2ω überlagern sich für die Beobachtung, falls nicht die Frequenzen der Komponenten erhebliche Differenzen gegeneinander aufweisen, was aber bisher noch nicht beobachtet wurde.

Als Beispiel betrachten wir die Gruppe $\mathfrak{O}$. Wir wollen alle Darstellungen, zu denen 2ω gehört, finden, und zwar für den Fall, daß ω selbst zum Typ F_1 gehört. Dazu brauchen wir die Charaktere χ_{i_2}, d.h. die Charaktere für jedes X^2, wenn X ein Element von $\mathfrak{O}$ ist. Diese, nämlich $\chi(E^2) = \chi(E)$, $\chi(C_3^2) = \chi(C_3^{-1})$, $\chi(C_2^2) = \chi(E)$, $\chi(C_4^2) = \chi(C_2)$, $\chi(C_2'^2) = \chi(E)$, erhält man leicht aus Tab. 6k für jede Darstellung. Aus diesen Werten berechnen wir die n_j nach (4) von § 10 unter Ersetzung von χ_i durch ${}^2\chi_i$. Man erhält dann $n_{A_1} = 1$, $n_{A_2} = 0$, $n_E = 1$, $n_{F_1} = 0$, $n_{F_2} = 1$. Also gehört die Oktave einer Schwingung F_1 zu A_1, E und F_2, was meist geschrieben wird in der Form

$$2F_1 = A_1 + E + F_2.$$

4. Die Oberschwingungen $v\omega$ der E_k-Typen der Tab. 7 spalten wie folgt auf:

Für gerades v sind die Komponenten $A_1, E_{2k}, E_{4k}, \ldots E_{vk}$;
für ungerades v sind die Komponenten $E_k, E_{3k}, \ldots E_{vk}$.

Dabei ist zu beachten, daß E_k nach Tab. 7 nur bis $k = \frac{n-1}{2}$ bzw. $k = \frac{n}{2} - 1$ definiert ist, je nachdem n ungerade oder gerade ist. Wenn

vk größer wird als diese Werte, dann kann man folgende leicht zu verifizierende Regeln verwenden:

$$E_{n+j} = E_j,\ E_{n-j} = E_{-j} = E_j \quad \text{in } \mathfrak{D}_n \text{ und } \mathfrak{C}_n;$$
$$E_0 = A_1 + A_2,\ E_{n/2} = B_1 + B_2 \quad \text{in } \mathfrak{D}_n;$$
$$E_0 = A,\ E_{n/2} = B \quad \text{in } \mathfrak{C}_n.$$

5. Die Kombination zweier E-Typen E_j und E_k spaltet auf in E_{k+j} und E_{k-j}.

6. F-Typen der Gruppen $\mathfrak{T}_d$, $\mathfrak{O}$ und $\mathfrak{T}$ spalten wie folgt auf:

$$A_1 + F_1 = F_1 \qquad E + F_1 = F_1 + F_2$$
$$A_1 + F_2 = F_2 \qquad E + F_2 = F_1 + F_2$$
$$A_2 + F_1 = F_2 \qquad F_1 + F_1 = A_1 + E + F_1 + F_2$$
$$A_2 + F_2 = F_1 \qquad F_2 + F_2 = A_1 + E + F_1 + F_2$$
$$F_1 + F_2 = A_2 + E + F_1 + F_2$$
$$2F_1 = A_1 + E + F_2 \qquad 2F_2 = A_1 + E + F_2$$
$$3F_1 = A_2 + F_1 + F_1 + F_2 \qquad 3F_2 = A_1 + F_1 + F_2 + F_2$$
$$4F_1 = A_1 + A_1 + E + E + F_1 + F_2 + F_2 \qquad 4F_2 = A_1 + A_1 + E + E + F_1 + F_2 + F_2.$$

Weitere Beispiele findet man in der Literatur (§ 1)[1].

Die Ausdrücke (2) und (3) haben den Charakter von Rekursionsformeln. Es gelingt aber auch, geschlossene Formeln für die Charaktere von Oberschwingungen der E und F-Typen abzuleiten[2]. Wir erwähnen hier nur ein Resultat, das über das in (2) und (3) enthaltene hinausgeht. Die Oberschwingung $v\omega$ eines F-Typs wird primär in Komponenten $F^{(l)}$ ($l = 0, \pm 2, \ldots \pm v$ für v gerade; $l = \pm 1, \pm 3, \ldots \pm v$ für v ungerade) zerlegt, wobei die Charaktere zwei Formen annehmen, nämlich

entweder

$$\chi_i^{(l)} = \frac{\sin[(2l+1)\,\alpha_i/2]}{\sin(\alpha_i/2)} \quad \text{wenn } \chi_{i_s} = \chi_i^2 - 2\chi_i,\ \chi_i \neq 0 \quad \text{oder} \quad \chi_{i_s} = 3,\ \chi_i = 0,$$

oder

$$\chi_i^{(l)} = \frac{\cos[(2l+1)\,\alpha_i/2]}{\sin(\alpha_i/2)}$$

in allen andern Fällen. Dabei ist α_i definiert durch $\chi_i = 1 + 2\cos\alpha_i$. Der Charakter von $v\omega$ ist dann

$${}^{v}\chi_i = \sum_l \chi_i^{(l)}.$$

Die Komponenten $F^{(l)}$ können in irreduzible Bestandteile reduziert werden, und das Endergebnis aller Reduktionen ist das in den obigen Beispielen beschriebene.

[1] Vgl. auch Duculot, C.: J. phys. radium **15**, 644 (1954).

[2] Decius, J. C.: J. Chem. Phys. **17**, 504 (1949). — Wilson-Decius-Cross, l. c.

Komplikationen können eintreten, wenn zufällige Entartungen auftreten (Koinzidenz zweier Frequenzen nicht aus Symmetriegründen, sondern wegen zufälliger numerischer Werte der Bindungskräfte) und bei Fermi-Resonanz (Koinzidenz verschiedener Kombinationen untereinander oder mit Grundschwingungen, falls sie einen irreduziblen Bestandteil gemeinsam haben).

Es bleibt übrig, zu diskutieren, welchen Einfluß die Berücksichtigung von Übergängen aus angeregten Zuständen haben könnte, was praktisch bei sehr hohen Temperaturen oder sehr niedrigen Frequenzen von Bedeutung sein könnte. Auch in diesem Fall kann eine Analyse der Schwingungen nur wieder auf die schon bekannten irreduziblen Darstellungen führen. Nur ist es nicht ausgeschlossen, daß die Symmetriegruppe, die zu verwenden ist, geändert werden müßte, nämlich dann, wenn hochfrequente Schwingungen in einem durch langsame Schwingungen verzerrten Molekül auftreten. In der Näherung harmonischer Oscillatoren ist dies ohne Bedeutung wegen der ungestörten Superposition der Normalkoordinaten. Bei anharmonischen Schwingungen dagegen könnte ein Einfluß vorhanden sein. Bei freien Molekülen ist dies weniger von praktischer Bedeutung als möglicherweise bei Kristallen, wo langsame Gitterschwingungen eine größere Rolle spielen. Tatsächlich konnte gezeigt werden, daß durch langsame Schwingungen hervorgerufene innere Felder im Zusammenwirken mit elektrischer Anharmonizität der Polarisierbarkeit erhebliche Abweichungen von den nach den „harmonischen" Auswahlregeln zu erwartenden Depolarisationsgraden von Raman-Linien verursachen können[1].

Die Verhältnisse in Kristallen sollen nun noch kurz besprochen werden. Dort hat man nicht nur die Ober- und Kombinationsschwingungen der Grenzfrequenzen der verschiedenen Zweige (§ 10) zu berücksichtigen, sondern auch Kombinationen der anderen Frequenzen der Zweige untereinander und mit den Grenzfrequenzen. Solche Kombinationen können aktiv sein und tragen zur Verbreiterung der in Kristallen beobachteten Schwingungsbanden bei, insbesondere im ultraroten Spektrum. Sie können auch unter Umständen zusätzliche Banden erzeugen, falls eine genügend große Zahl solcher Kombinationen sich bei einer bestimmten Frequenz außerhalb der Grenzfrequenzbanden häuft. Dies sind allerdings Effekte zweiter Ordnung.

Die wesentlichste Auswahlregel, die für Raumgruppen abgeleitet werden kann[2], ist die, daß bei einem Übergang, der zu einer ultrarotaktiven Schwingung führen soll, die Vektoren k (§ 9i) in Anfangs- und

---

[1] Matossi, F., and R. Mayer: Phys. Rev. **74**, 449 (1948); vgl. auch § 13.

[2] Seitz, F.: In: Barnes, R. B., R. R. Brattain and F. Seitz: Phys. Rev. **48**, 582 (1935). — Winston, H., and R. S. Halford: J. Chem. Phys. **17**, 607 (1949). — Szigeti, B.: Proc. Roy. Soc. (Lond.) **252**, 217 (1959).

Endzustand der gleichen Darstellung in der Gruppe der Translationen angehören müssen. Sie folgt aus dem Intensitätsintegral $\int \psi' p \overline{\psi}'' d\tau$, wenn beachtet wird, daß p gegenüber Translationen invariant ist, sich also gemäß der totalsymmetrischen Darstellung transformiert. Dann muß für aktive Kombinationen auch $\psi' \overline{\psi''}$ zur totalsymmetrischen Darstellung gehören. Da hier ψ proportional zu $e^{2\pi i k \cdot T}$ ist, muß also $k' = k''$ sein, wobei nach § 9i k-Vektoren, die um $p_1 b_1 + \ldots$ auseinanderliegen (p_i = ganze Zahl, b_i = Komponenten des reziproken Gittervektors) als identisch gelten können. Auch aus dem allgemeinen Aktivitätskriterium (5) von § 11 erhält man das gleiche Resultat, wobei wir uns auf nicht-entartete Zustände beschränken. Der Charakter χ_i einer Kombination ist dann das Produkt $\chi_i' \overline{\chi}_i''$ der Charaktere, die nach § 9i definiert sind. Das Kriterium lautet somit $\frac{1}{h} \sum h_i \chi_i' \overline{\chi_i''} \neq 0$, was wieder nur für $k' = k''$ möglich ist.

Die weitaus überwiegende Zahl der auf Grund dieser Auswahlregel erlaubten Kombinationen bleibt auch unter dem Einfluß der Symmetrie der Faktorgruppe des Gitters erlaubt. Denn praktisch alle Vektoren k sind überhaupt nur der Gruppe $\mathfrak{C}_1$ unterworfen, und nur wenige unter ihnen liegen auf Symmetrieelementen der Faktorgruppe des Gitters oder einer ihrer Untergruppen außer $\mathfrak{C}_1$. Das Verhältnis der Zahl der Vektoren in $\mathfrak{C}_1$ zu allen andern ist mindestens von der Größenordnung der Zahl der Atome in einer linearen Kette des Gitters. Das hat zur Folge, daß praktisch das Auftreten von Kombinationen der Zweige nicht durch die Gittersymmetrie beschränkt wird. Allerdings ist anzunehmen, daß die Intensität jeder einzelnen sehr gering ist gegenüber den Kombinationen der langwelligen Grenzfrequenzen, und nur ihre Häufung kann, wie schon erwähnt, unter Umständen beobachtbare Intensitäten liefern. Auch für den Raman-Effekt liefert die translatorische Symmetrie keine wesentlich einschränkenden Auswahlregeln[1] (vgl. auch § 13). Der formale Unterschied der Auswahlregeln des Raman-Effekts bezüglich der Translationen ist der, daß an Stelle von $k' - k'' = 0$ die Bedingung $k' - k'' = Q$ tritt, wobei Q die Differenz der Wellenvektoren von einfallender und gestreuter Photonenstrahlung ist.

Ein langgestrecktes polymeres Kettenmolekül kann als eine Art linearer Kristall angesehen werden, für den analoge Betrachtungen gelten, wobei an die Stelle der Raumgruppen Liniengruppen treten[2]. Jedoch müssen die eben erwähnten Größenordnungsaussagen revidiert werden.

---

[1] Theimer, O.: Can. J. Phys. **34**, 312 (1956).

[2] Tobin, M. C.: J. Chem. Phys. **23**, 891 (1955). Vgl. auch Liang, C. Y., G. B. B. M. Sutherland and S. Krimm: J. Chem. Phys. **22**, 1468 (1954).

Bei Kristallen kann auch die oben schon erwähnte Wechselwirkung zwischen langsamen Gitterschwingungen, die angenähert starren Translationen oder Rotationen von Atomgruppen der Basis entsprechen, und den höherfrequenten Schwingungen der Atome solcher Gruppen gegeneinander (sogenannte innere Schwingungen von Atomgruppen) von Bedeutung werden. HORNIG[1] hat diesen Fall mittels einer Störungsrechnung genauer untersucht. Das Hauptergebnis ist, daß Frequenzaufspaltungen insbesondere bei entarteten Schwingungen auftreten können, vorausgesetzt, daß das Quadrat der Darstellung dieser Schwingung die zu einer Translation oder Rotation gehörenden Darstellungen enthält. Aus den Charaktertabellen folgt dann, daß nur die E-Typen von $\mathfrak{C}_3$, $\mathfrak{C}_{3v}$, $\mathfrak{C}_{3h}$, $\mathfrak{D}_3$, $\mathfrak{D}_{3d}$, $\mathfrak{S}_4$ und $\mathfrak{D}_{2d}$, sowie die F-Typen von $\mathfrak{T}$, $\mathfrak{T}_d$ und $\mathfrak{T}_h$ aufspalten können. Zum Beispiel hat das Quadrat des Typs E von $\mathfrak{D}_3$ die Charaktere 4, 1, 0 (Tab. 6h), was in 2, −1, 0; 1, 1, 1; 1, 1, −1 zerlegt werden kann, entsprechend den Typen E, A_1 und A_2, wovon sowohl A_2 als auch E zu Translationen und Rotationen gehören.

§ 13. Fragen der Anwendung

Die Anwendung der gruppentheoretischen Auswahlregeln auf die Strukturbestimmung von Molekülen durch Vergleich der beobachteten Absorptions- und Raman-Spektren mit den Aussagen der Abzählungs- und Auswahlregeln ist offensichtlich und braucht hier nicht im einzelnen behandelt zu werden (vgl. z. B. HERZBERG, l. c.). Das Problem ist dabei nicht so sehr die richtige Anwendung der Regeln, sondern vielmehr die Interpretation der Beobachtung. Es ist ja nie mit voller Sicherheit experimentell entscheidbar, ob etwa verschwindende Intensität nur eine Folge ungenügender Empfindlichkeit der Messung ist und ob ein Depolarisationsgrad wirklich genau die Werte Null oder 6/7 annimmt. Deshalb ist selbst in einfachen Fällen eine eindeutige positive Bestimmung der Symmetriegruppe eines Moleküls nicht immer ohne Zuhilfenahme anderer Erwägungen, etwa chemischer Art, möglich. Dagegen ist natürlich die Ausschließung hypothetischer Symmetrien aus einem Widerspruch zur Beobachtung sofort gegeben.

Ernstere Schwierigkeiten haben sich bei der Anwendung auf Kristalle ergeben. Im allgemeinen kann ja die geometrische Struktur eines Kristalls als vorgegeben angesehen werden, so daß etwaige Widersprüche zwischen Theorie und Experiment hier leichter zum Vorschein kommen können. Auf einige Probleme sei hier eingegangen, um die Grenzen der Anwendungsmöglichkeiten aufzuzeigen.

Die Vorgegebenheit der Symmetrie ist cum grano salis zu verstehen. So ist z.B. die geometrische Symmetrie des NaCl-Gitters nicht nur mit

[1] HORNIG, D. F.: J. Chem. Phys. **16**, 1063 (1948).

$\mathfrak{O}_h$ verträglich, sondern auch mit $\mathfrak{O}$, $\mathfrak{T}$, $\mathfrak{T}_h$ und $\mathfrak{T}_d$. Grundsätzlich würden die Auswahlregeln entscheiden lassen, welche dieser Gruppen in Frage kommt[1]. So ist z. B.

die Grundschwingung ω Raman-inaktiv in $\mathfrak{O}_h$, $\mathfrak{O}$, $\mathfrak{T}_h$,
aber Raman-aktiv in $\mathfrak{T}_d$, $\mathfrak{T}$;

die Oktave 2ω ultrarot-inaktiv in $\mathfrak{O}_h$, $\mathfrak{O}$, $\mathfrak{T}_h$,
aber ultrarot-aktiv in $\mathfrak{T}_d$, $\mathfrak{T}$;

die Duodezime 3ω Raman-inaktiv in $\mathfrak{O}_h$, $\mathfrak{T}_h$,
aber Raman-aktiv in $\mathfrak{O}$, $\mathfrak{T}_d$, $\mathfrak{T}$,

jedoch mit verschiedenen Polarisationseigenschaften für $\mathfrak{O}$ und die beiden anderen Gruppen.

Die Beobachtung würde $\mathfrak{T}_d$, $\mathfrak{T}$ und $\mathfrak{O}$ ausschließen, falls Nichtbeobachtung einer Schwingung mit exaktem Verschwinden der Intensität gleichgesetzt werden darf. Ähnliches tritt auch bei Molekülen auf. So kann z. B. aus dem beobachteten Schwingungsspektrum von CO_2 nur auf eine Mindestsymmetrie $\mathfrak{D}_{4h}$ geschlossen werden. Die Beobachtungen sind aber dann auch mit der vollen Symmetrie $\mathfrak{D}_{\infty h}$ verträglich. Bisher ist in solchen Fällen niemals ein Widerspruch zur Annahme der vollen Symmetrie eines aus punktförmigen Atomen bestehenden Molekülmodells aufgetreten. Dieser Sachverhalt kann auch so ausgedrückt werden, daß die Experimente mit der Born-Oppenheimerschen Näherung verträglich sind, die die Schwingungen der Kerne getrennt von Elektronenbewegungen zu behandeln erlaubt. Ein etwaiger Einfluß der Atomform auf die Auswahlregeln für Schwingungen kann daher als unerheblich angesehen werden. Er kann und wird sich aber bemerkbar machen in den numerischen Werten der nicht-verschwindenden Intensitäten oder in den Frequenzwerten, über die die Auswahlregeln aber keine Aussagen machen.

In manchen Fällen werden mehr Frequenzen beobachtet als nach den Abzählungsregeln zulässig ist. Das tritt meist auf in der Form einer Linienaufspaltung, die jedoch nicht die Folge der Aufhebung einer Entartung ist. Dies ist z. B. der Fall im Spektrum des Kalkspats, wo im Ultrarot scheinbar sechs Grundfrequenzen des Typs E_u beobachtet werden anstatt fünf. Es erscheint nämlich ein Dublett ($\omega_1 = 1429$, $1492\ \mathrm{cm}^{-1}$) an Stelle eines einzigen Absorptionsmaximums. In diesem und in vielen anderen Fällen ist die Aufspaltung auf Fermi-Resonanz zurückzuführen, d. h. auf das ungefähre Zusammenfallen zweier Frequenzen gleichen Typs. So ist in unserem Fall $\omega_1 \cong \omega_2 + \omega_2'$, wo $\omega_2 = 706\ \mathrm{cm}^{-1}$ (E_u), $\omega_2' = 714\ \mathrm{cm}^{-1}$ (E_g). Die Kombination $\omega_2 + \omega_2'$ hat

[1] MATOSSI, F.: Physik. Z. **45**, 301 (1945).

nach den Regeln von § 12 eine Komponente E_u, was die Fermi-Resonanz möglich macht, so daß an Stelle zweier Banden von sehr verschiedener Intensität ($I_{\omega_1} \gg I_{\omega_2+\omega_2'}$) zwei von etwa gleicher Intensität und mit Frequenzverschiebung auftreten. Es soll hier aber besonders darauf hingewiesen werden, daß eine für das tetraedrische CBr_4 beobachtete Aufspaltung [654, 672 cm^{-1}, Typ F_2; die übrigen Frequenzen sind bei 123 cm^{-1} (E), 183 cm^{-1} (F_2), 267 cm^{-1} (A_1)] nicht auf Fermi-Resonanz beruhen kann und noch völlig ungeklärt ist, wenn man nicht eine Herabsetzung der Symmetrie des C-Atoms annehmen will. Das Spektrum des CBr_4 ist bisher das einzige Molekülspektrum, dessen Interpretation im Rahmen der Auswahlregeln ernsthafte Schwierigkeiten macht. Im analogen Fall des CCl_4 kann Fermi-Resonanz nicht ausgeschlossen werden.

Eine andere Art Aufspaltung wird beobachtet, wenn mehrere Atomgruppen gleicher Art in einer Basiszelle vorkommen, z. B. zwei SO_4-Gruppen in vielen Sulfaten. Hier handelt es sich aber nicht um eine echte Aufspaltung einer Eigenschwingung des Gesamtsystems. Nur wenn man das Spektrum als das von zwei oder mehreren gekoppelten Teilsystemen zu interpretieren sucht, findet man, daß statt einer Frequenz des Teilsystems deren mehrere mit verschiedenen Symmetrietypen im Gesamtsystem vorkommen, deren Frequenzaufspaltung man dem Einfluß der Kopplung der Atomgruppen innerhalb der Basiszelle zuschreiben kann (sogenannte Davydov-Aufspaltung[1]).

Auch das Auftreten zweier Frequenzen ω_2 im oben erwähnten Beispiel des Kalkspatspektrums gehört hierzu. Eine Frequenz des Typs E' der CO_3-Gruppe ($\mathfrak{D}_{3h}$) wird im Kalkspatgitter ($\mathfrak{D}_{3d}$) „aufgespalten" in E_u und E_g, die gleiche Charaktere für die Symmetrieelemente haben, die beiden Symmetriegruppen gemeinsam sind. Es handelt sich hierbei in gruppentheoretischer Sprache im wesentlichen um eine Reduktion auf irreduzible Darstellungen von Untergruppen (§ 10). Man kann in der Tat die Schwingungen eines Gesamtsystems aus denen des Einzelsystems durch Koppelung unter Berücksichtigung der Symmetrieforderung des Gesamtsystems aufbauen[2]. Das Ergebnis dieser Art des Vorgehens steht nicht im Widerspruch zur Behandlung des Spektrums mit der dem Gesamtsystem entsprechenden Symmetriegruppe. Eine Komplikation für die Interpretation der Beobachtung tritt dann auf, wenn die „Aufspaltung" nicht groß genug ist, um die Frequenzen getrennt zu beobachten, und wenn außerdem die Intensitäts- und Polarisationseigenschaften der beiden Komponenten keine experimentelle Trennung auf Grund dieser Eigenschaften erlauben, was bei niedrig-symmetrischen Molekülkristallen vorkommen kann[3]. Dann benimmt sich die Überlagerung der beiden

---

[1] Davydov, A. S.: Zhur. Eksptl. i Teoret. Fiz. **19**, 181 (1949).

[2] Vgl. z. B. Couture, L., et J.-P. Mathieu: J. phys. radium **10**, 145 (1949).

[3] Kastler, A.: C. R. **219**, 167 (1944).

Frequenzen wie eine entartete Schwingung, auch wenn die Komponenten nicht entartet sind.

Eine schwerwiegende Diskrepanz zwischen theoretischer Vorhersage und Beobachtung tritt im Raman-Spektrum des Kalkspats und einigen anderen Kristallen auf. Die wichtigste dieser sogenannten Anomalien bezieht sich auf den Depolarisationsgrad der zur totalsymmetrischen Schwingung gehörenden Raman-Linie bei 1079 cm^{-1}. Für die drei zueinander orthogonalen Orientierungen: Achse C_3 des Kalkspats parallel zur Einstrahlungsrichtung (1), parallel zur Streurichtung (2), senkrecht zu beiden Richtungen (3) ergibt sich für unpolarisierte Einstrahlung[1]

$$\varrho_1 < 0{,}04, \quad \varrho_2 = 0{,}4, \quad \varrho_3 = 0{,}2,$$

während die Theorie $\varrho_1 = \varrho_2 = \varrho_3 = 0$ fordert. Die Diskrepanz ist um so bemerkenswerter, als es überhaupt unmöglich ist, die Beobachtungen mit einem einzigen Polarisierbarkeitstensor für alle Orientierungen wiederzugeben.

Eine Deutung dieser Anomalie wurde im wesentlichen auf zwei Wegen gesucht, die beide von der dem § 11 zugrunde gelegten „linearen" Polarisierbarkeitstheorie abweichen. Der eine Versuch[2] nimmt einerseits eine Feldabhängigkeit der Polarisierbarkeit an, $\alpha = \alpha_0(1 + \varepsilon E^2)$, und andererseits neben dem Feld E_0 der Erregerstrahlung die Existenz eines Störfelds E_s, das im Bereich einer CO_3-Gruppe homogen ist und im Vergleich zur Schwingungsfrequenz höchstens langsam veränderlich ist, und zwar mit über die CO_3-Ebene statistisch verteilten Richtungen. Dieses Feld kann aufgefaßt werden als Folge der langsamen Gitterschwingungen. Dann ergeben sich für die Depolarisationsgrade in guter Übereinstimmung mit dem Experiment die Werte

$$\varrho_1 = 0, \quad \varrho_2 = 0{,}39, \quad \varrho_3 = 0{,}19,$$

wenn $\varepsilon E_0^2 = -0{,}02$ und $E_s/E_0 = 4{,}2$ gesetzt wird. Auch für polarisierte Einstrahlung gibt die Rechnung die Experimente bezüglich ϱ gut wieder. Da jedoch die Intensitäten der Linien für die verschiedenen Orientierungen nicht korrekt erhalten werden und wegen des Näherungscharakters einiger Mittelwertsbildungen, ist die gute Übereinstimmung nicht zwingend.

Ein weiterer Versuch stammt von THEIMER[3], der ausführlich den Einfluß der Anharmonizität der Schwingungen und der Polarisierbarkeit auf die Auswahlregeln diskutiert. Dabei werden insbesondere die Effekte

---

[1] Für diese und verwandte Beobachtungen vgl. MICHALKE, H.: Z. Physik **108**, 748 (1938). — AYNARD, R.: C. R. **234**, 2352 (1952). — COUTURE, L., u. J.-P. MATHIEU: C. R. **236**, 1868 (1953).

[2] MATOSSI, F., and R. MAYER: Phys. Rev. **74**, 449 (1948).

[3] THEIMER, O.: Can. J. Phys. **34**, 312 (1956).

berücksichtigt, die das kontinuierliche Spektrum der Gitterschwingungen bewirkt. Ferner wird angenommen, daß Elektronen nicht nur in lokalisierten, sondern auch in nichtlokalisierten Bahnen vorhanden sind, was durch die Abweichung von vollkommener Ionenbindung wahrscheinlich gemacht wird. Selbstverständlich werden nicht die gruppentheoretischen Regeln modifiziert, sondern es werden die Beziehungen zwischen Intensität und Polarisierbarkeit und die Auffassung der Polarisierbarkeit als einer atomaren Eigenschaft einer Analyse unterzogen. Die wesentlichen Ergebnisse dieser Arbeit, soweit sie hier von Interesse sind, seien im folgenden aufgezählt.

Der Raman-Effekt zweiter Ordnung, der sich aus den Kombinationen aller Gitterschwingungen ergibt und der als schwaches Kontinuum (mit gewissen Intensitätsspitzen) tatsächlich in Alkalihaliden beobachtet wird, wo ein Raman-Effekt erster Ordnung fehlt, kann nicht zum Auftreten einer an sich verbotenen Raman-Linie führen. Ein so schmales Kontinuum, daß es eine Linie vortäuschen könnte, ist nur mit so geringer Intensität möglich, daß die Anomalie der verbotenen Linie 1079 cm^{-1} dadurch nicht erklärt werden kann. Der Grund hierfür ist die geringe Dichte von elastischen Schwingungen sehr kleiner Wellenzahl.

Höhere Glieder in der Entwicklung der Polarisierbarkeit nach Normalkoordinaten würden zwar ein schwaches kontinuierliches Raman-Spektrum erster Ordnung hervorrufen können, das einem bestimmten Zweig der Gitterschwingungen zugeordnet ist. Dieses könnte aber höchstens dann beobachtbare Intensität ergeben, wenn dieses Kontinuum schmal ist, was allerdings für innere Schwingungen von Atomgruppen der Fall sein kann, wo ω_0 und ω_1 (Abb. 16) im allgemeinen nicht sehr verschieden sind. Im Fall lokalisierter Elektronenbahnen können auch die Auswahlregeln der linearen Theorie durch den Einfluß der Glieder höherer Ordnung verletzt werden, insbesondere bei entarteten Schwingungen. Alle Abweichungen von den Aussagen der linearen Theorie sollten aber unabhängig von der Richtung der einfallenden Strahlung sein, während jedoch die oben beschriebene Anomalie gerade richtungsabhängig ist.

Im Fall nicht-lokalisierbarer Elektronenbahnen hängen die Auswahlregeln von den Wellenvektoren der einfallenden und gestreuten Strahlung ab, und zwar selbst für sehr große Wellenlängen. Denn die Polarisierbarkeit der Elektronen in solchen Bahnen wird dann beeinflußt nicht nur von den Verzerrungen der nächsten Umgebung, sondern vom Verhalten aller Atome. Hier können sehr lange Wellen nicht mehr mit unendlich langer Wellenlänge angenähert werden, und die Symmetriegruppe des Kristalls ist nicht mehr maßgebend für die Auswahlregeln. Dies gibt die Möglichkeit, die beobachteten richtungsabhängigen Abweichungen von den aus $\mathfrak{D}_{3d}$ abgeleiteten Auswahlregeln qualitativ zu deuten. Ein quantitativer Vergleich von Theorie und Experiment liegt jedoch nicht vor.

In piezoelektrischen Kristallen wurde eine weitere Anomalie gefunden[1], wo z. B. in $LiClO_4 \cdot 3H_2O$ die aus Depolarisations- und Intensitätsmessungen abgeleiteten α_{ik}-Werte bei einigen totalsymmetrischen Linien (Typ A_1 von $\mathfrak{C}_{6v}$) richtungsabhängig sind. So variiert für eine Linie bei 620 cm^{-1} α_{33}^2 von 3 bis 9,5, wenn der Winkel zwischen der C_6-Achse und der Beobachtungsrichtung in der x-y-Ebene (Abb. 17) von $-45°$ bis $+45°$ variiert wird. Es wurde dabei festgestellt, daß wahrscheinlich der Winkel zwischen optischer Achse und dem Wellenvektor der die Streuung bewirkenden elastischen Welle (Winkelhalbierende des Winkels zwischen x- und y-Achse) die maßgebende Bestimmungsgröße ist, unabhängig von der räumlichen Orientierung der C_6-Achse. Ferner ist auch die Frequenz der Raman-Linien richtungsabhängig; sie variiert in diesem Fall von 619,5 bis 623 cm^{-1}, in einem anderen Fall noch stärker, um etwa 3%. Es ist noch ungeklärt, ob auch diese Anomalie mit den obigen Ansätzen gedeutet werden kann.

Ein Ergebnis von Blackman[2] deutet jedenfalls darauf hin, daß weitreichende elektrostatische Kräfte auch für lange Wellen, deren Wellenlängen aber noch klein gegen die Kristalldimensionen sind, richtungsabhängig sein können, so daß richtungsabhängige Frequenzen resultieren können.

§ 14. Geschichtlicher Überblick

Am Ende dieses Kapitels sei ein kurzer Überblick über die Entwicklung des Problems des Einflusses der Symmetrie auf Molekülschwingungen gegeben, die zu der systematischen Anwendung der Gruppentheorie auf diesem Gebiet geführt hat.

Die grundlegende Arbeit stammt von Brester[3], der das Verhalten aller Schwingungstypen, die Auswahlregeln für Ultrarotabsorption für alle endlichen Gruppen außer der Ikosaedergruppe ausarbeitete. Seine Methode war speziell auf Kristalle ausgerichtet und benutzte die Invarianz der Bewegungsgleichungen bezüglich Substitutionen, die den Symmetrieeigenschaften der Punktsysteme angepaßt waren. Ohne den gruppentheoretischen Formalismus direkt benutzt zu haben (jedenfalls nicht zur Ableitung der Abzählungs- und Auswahlregeln), basiert doch Bresters Methode implizit auf gruppentheoretischen Gedankengängen.

---

[1] Zum Beispiel Mathieu, J.-P., et L. Couture-Mathieu: J. phys. radium **13**, 271 (1952).

[2] Blackman, M.: Proc. Phys. Soc. (Lond.) A **65**, 394 (1952).

[3] Brester, C. J.: Kristallsymmetrie und Reststrahlen. Dissertation Utrecht 1923. — Z. Physik **24**, 324 (1924).

Auch die Klassifizierung von Schwingungszuständen nach HUND und DENNISON[1] hat implizit gruppentheoretischen Charakter. Die dort eingeführten Symmetriecharaktere entsprechen den irreduziblen Darstellungen.

Die erste explizite Anwendung der Gruppentheorie auf Molekülschwingungen verdankt man WIGNER[2], ohne daß aber eine systematische Ableitung der Auswahlregeln für jede Gruppe ausgearbeitet wurde.

Während das Interesse zunächst auf das ultrarote Spektrum gerichtet war, war es wesentlich schwieriger, den Einfluß der Symmetrie auf den Raman-Effekt zu verstehen und theoretisch zu behandeln. Die erste systematische Theorie dieser Art benutzte die Annahme, daß die Änderung des Tensors der Dielektrizitätskonstante während der Schwingung für die Polarisationseigenschaften der Raman-Linien in Kristallen verantwortlich ist[3]. Die Invarianzeigenschaften dieses Tensors gegenüber Symmetrieoperationen führten zu den Auswahlregeln. Auch die Polarisierbarkeitstheorie von PLACZEK, l. c., verwendet den Invarianzformalismus, wenn auch mit anderen Annahmen über die Entstehung des Raman-Effekts, die insbesondere die Wechselwirkung der Kernbewegung und der Strahlungsemission der Elektronenhülle mittels der Atompolarisierbarkeit zur Geltung bringen. Die Vernachlässigung dieser Wechselwirkung war der Grund dafür, daß der erste Versuch zur Deutung der empirisch gefundenen Auswahlregeln nicht für eine allgemeine Theorie ausreichte, obwohl er in speziellen Fällen Erfolg hatte[4]. Hierbei wurden zwar Symmetrieeigenschaften der Energiefunktion benutzt, aber eine rein klassische Interpretation der Intensitäten beibehalten.

PLACZEKS Theorie ist bis heute der einzige rationelle Zugang zur Behandlung des Raman-Effekts, die nach anfänglichen andersartigen Versuchen auch von CABANNES[5] angenommen wurde. Dieser hat dann eine Übersicht über die anzuwendenden Tensorellipsoide der Polarisierbarkeit für die verschiedenen Schwingungstypen gegeben[6].

Eine rein geometrische Klassifizierung ist von FOKKER[7] durchgeführt worden, und NIGGLI[8] hat die Gruppencharaktere geometrisch interpretiert.

[1] HUND, F.: Z. Physik **43**, 805 (1927). — ELERT, W.: Z. Physik **51**, 6 (1928). — DENNISON, D. M.: Rev. Mod. Phys. **3**, 280 (1931). Es handelt sich hier im wesentlichen um die Behandlung von Rotationsschwingungstermen.

[2] WIGNER, E.: Gött. Nachr., p. 133 (1933); spezielle Fälle von Charakterentabellen auch bei BETHE, H.: Ann. Physik **3**, 133 (1929); dort in Anwendung auf das Problem von Elektronentermen in Kristallen.

[3] MANDELSTAM, L., G. LANDSBERG u. M. LEONTOVITCH: Z. Physik **60**, 334 (1930). — Ein spezieller Fall bei MATOSSI, F.: Z. Physik **64**, 34 (1931). — TAMM, I.: Quantentheoretische Formulierung. Z. Physik **60**, 345 (1930).

[4] SCHAEFER, C.: Z. Physik **54**, 153 (1929).

[5] CABANNES, J.: Ann. phys. **18**, 285 (1932).

[6] CABANNES, J.: C. R. **211**, 625, 750 (1940).

[7] FOKKER, A. D.: Physica **13**, 1, 65 (1933).

[8] NIGGLI, P.: Helv. chim. Acta **32**, 770, 913, 1453 (1949).

Schließlich haben die Arbeiten von WILSON[1], von ROSENTHAL und MURPHY, l. c., und von BHAGAVANTAM und VENKATARAYUDU, l. c., die systematische Anwendung der Gruppentheorie auf Molekülschwingungen in starkem Maße befruchtet und die praktische Benutzung durch die Molekülspektroskopiker eingeleitet, insbesondere durch die Einführung der „Symmetriekoordinaten", worauf im II. Kapitel eingegangen wird.

Kapitel II

Berechnung molekularer Schwingungsfrequenzen

§ 15. Theorie der kleinen Schwingungen

Die Grundlage aller Berechnungen von Schwingungsfrequenzen von Molekülen ist die Theorie der kleinen Schwingungen von Punktsystemen, die hier kurz dargelegt werden soll[2]. Gleichzeitig wird dadurch die Berechtigung einiger physikalischer Annahmen begründet, die der gruppentheoretischen Analyse in § 7 und § 10 zugrunde gelegt wurden.

In der klassischen Theorie molekularer Schwingungen wird ein Molekül als ein Punktsystem von N Punkten angesehen, deren Lagen durch $N' = 3N$ unabhängige Koordinaten $x_1, \ldots x_{N'}$, beschrieben werden. Wir bezeichnen mit x_i^0 die Gleichgewichtswerte dieser Koordinaten. Die potentielle Energie des Punktsystems ist dann gegeben durch

$$\Phi = \Phi^0 + \sum_i \left(\frac{\partial \Phi}{\partial x_i}\right)^0 q_i + \frac{1}{2} \sum_i \sum_k \left(\frac{\partial^2 \Phi}{\partial x_i \partial x_k}\right)^0 q_i q_k, \tag{1}$$

wenn $q_i = x_i - x_i^0 = \delta x_i$ die Verschiebungen der Koordinaten aus den Gleichgewichtslagen angeben und wenn wir uns auf harmonische Kräfte beschränken, d. h. keine höheren als quadratische Glieder in Φ annehmen. $\sum_i$ soll hier immer eine Summation von 1 bis N' bedeuten. Φ^0 kann ohne weiteres als Null angenommen werden, und da Φ^0 eine Gleichgewichtslage beschreiben soll, muß außerdem sein

$$\delta \Phi = \sum_i \left(\frac{\partial \Phi}{\partial x_i}\right)^0 \delta x_i = \sum_i \left(\frac{\partial \Phi}{\partial x_i}\right)^0 q_i = 0 .$$

[1] HOWARD, J. B., and E. B. WILSON jr.: J. Chem. Phys. 2, 630 (1934) und viele andere Arbeiten; vgl. WILSON, DECIUS u. CROSS, l. c.

[2] Man vergleiche die üblichen Lehrbücher der theoretischen Physik und insbesondere KOHLRAUSCH, K. W. F.: Der Smekal-Raman-Effekt, Ergänzungsband. Berlin: Springer 1938.

Daher bleibt für die potentielle Energie eines aus der Gleichgewichtslage verzerrten Moleküls übrig

$$\left.\begin{aligned}\Phi = \frac{1}{2}\,[&a_{11} q_1 q_1 + a_{12} q_1 q_2 + \dots + a_{1N'} q_1 q_{N'}\\ &+ a_{21} q_2 q_1 + \dots\\ &\;\vdots\\ &+ a_{N'1} q_{N'} q_1 + \dots + a_{N'N'} q_{N'} q_{N'}],\end{aligned}\right\} \tag{2}$$

wobei

$$a_{ik} = a_{ki} = \left(\frac{\partial^2 \Phi}{\partial x_i \partial x_k}\right)^0 .$$

Die kinetische Energie des Punktsystems in ihrer allgemeinsten Form ist

$$T = \frac{1}{2}\,[b_{11} \dot{q}_1^2 + b_{12} \dot{q}_1 \dot{q}_2 + \dots + b_{N'N'} \dot{q}_{N'}^2],\quad b_{ik} = b_{ki}, \tag{3}$$

wobei die Koeffizienten grundsätzlich von der augenblicklichen Konfiguration des Systems abhängen, aber für kleine Schwingungen um die Gleichgewichtslage $q_i = 0$ als konstant angesehen werden können, d.h. nur als Funktionen der Punktmassen.

Die Bewegung wird durch die Lagrangeschen Bewegungsgleichungen

$$\frac{\partial (T - \Phi)}{\partial q_i} - \frac{d}{dt} \frac{\partial T}{\partial \dot{q}_i} = 0$$

beherrscht, aus denen mittels (2) und (3) N' Differentialgleichungen

$$\left.\begin{aligned}&b_{11} \ddot{q}_1 + b_{12} \ddot{q}_2 + \dots + b_{1N'} \ddot{q}_{N'} + a_{11} q_1 + \dots + a_{1N'} q_{N'} = 0\\ &\;\vdots\\ &b_{N'1} \ddot{q}_1 + \dots \qquad\qquad\qquad \dots + a_{N'N'} q_{N'} = 0\end{aligned}\right\} \tag{4}$$

folgen. Diese können durch den Ansatz

$$q_i = A_i e^{\varrho t}$$

integriert werden, wobei das System (4) in ein anderes (5) von N' Gleichungen für die Unbekannten $A_1, \dots A_{N'}$ transformiert wird:

$$\left.\begin{aligned}&(a_{11} + b_{11} \varrho^2)\, A_1 + \dots \quad + (a_{1N'} + b_{1N'} \varrho^2)\, A_{N'} = 0\\ &\;\vdots\\ &(a_{N'1} + b_{N'1} \varrho^2)\, A_1 + \dots + (a_{N'N'} + b_{N'N'} \varrho^2)\, A_{N'} = 0\,.\end{aligned}\right\} \tag{5}$$

Dieses System homogener linearer Gleichungen besitzt nicht-verschwindende Lösungen nur, wenn die Determinante der Koeffizienten verschwindet, nämlich wenn

$$| a_{ik} + b_{ik} \varrho^2 | = 0\,.$$

Diese „Säkulargleichung“ für ϱ^2 hat N'^{ten} Grad und besitzt daher N' Lösungen für ϱ^2, die durch den Index l unterschieden werden sollen. Bei stabilem Gleichgewicht ist ϱ^2 negativ reell, so daß man setzen kann $\varrho^2 = -\omega^2$. Dann wird schließlich

$$q_i = A_i e^{i\omega t}$$

als periodische Funktion der Zeit erhalten.

Zu jedem Wert ϱ_l gehört ein Satz von Amplituden $A_i^{(l)}$, von denen aber aus (5) nur Verhältnisse A_i/A_k bestimmbar sind, so daß ein A_i willkürlich gewählt werden kann, z. B.

$$A_1^{(l)} = \alpha_{1l} e^{i\varepsilon_l}.$$

Dann kann man schreiben

$$A_i^{(l)} = \alpha_{il} e^{i\varepsilon_l} \quad (\text{mit reellen } \alpha_{il} \text{ und } \varepsilon_l) \tag{6}$$

und

$$q_i^{(l)} = \alpha_{il} \cos(\omega_l t + \varepsilon_l) \equiv \alpha_{il} Q_l, \tag{6a}$$

da nur der Realteil von physikalischer Bedeutung ist.

Die Gl. (6) und (6a) sagen aus, daß alle Punkte lineare Bewegungen mit gleicher Frequenz ω_l und gleicher Phase ε_l ausführen, vorausgesetzt, daß zu einem gegebenen ϱ_l nur ein einziger Satz von Amplituden A_i gehört, so daß mit $l \neq l'$ auch $\varrho_l \neq \varrho_{l'}$.

Wenn aber $\varrho_l = \varrho_{l'}$ („zweifache Entartung“), dann hat man für eine Frequenz $\omega_l = \omega_{l'}$ zwei „Schwingungsformen“, nämlich zwei verschiedene Sätze von Amplitudenverhältnissen. Diese können dann mit willkürlicher Phasenverschiebung $\varepsilon_l - \varepsilon_{l'}$ superponiert werden. Die Überlagerung kann aufgefaßt werden als die zweier linearer Schwingungen mit verschiedener Richtung und Phase, so daß eine nicht-lineare ebene „entartete“ Schwingung resultiert. Analog ist es bei mehr als zweifacher Entartung.

Für die Koeffizienten α_{ik} bestehen Orthogonalitätsbeziehungen, die wie folgt abgeleitet werden können: Nach (5) ist

$$\varrho_l^2 \sum_k b_{ik} A_k^{(l)} + \sum_k a_{ik} A_k^{(l)} = 0, \tag{5a}$$

daher durch Multiplikation mit $A_i^{(l')}$ und Summation über i:

$$\varrho_l^2 \sum_k \sum_i b_{ik} A_k^{(l)} A_i^{(l')} + \sum_k \sum_i a_{ik} A_k^{(l)} A_i^{(l')} = 0, \tag{7}$$

und in entsprechender Weise ebenso

$$\varrho_{l'}^2 \sum_k \sum_i b_{ik} A_k^{(l')} A_i^{(l)} + \sum_k \sum_i a_{ik} A_k^{(l')} A_i^{(l)} = 0. \tag{7a}$$

Wegen
$$\sum_k \sum_i a_{ik} A_k^{(l')} A_i^{(l)} = \sum_k \sum_i a_{ik} A_k^{(l)} A_i^{(l')}$$
kombinieren (7) und (7a) zu der Gleichung
$$(\varrho_l^2 - \varrho_{l'}^2) \sum_k \sum_i b_{ik} A_k^{(l)} A_i^{(l')} = 0 .$$
Wenn $\varrho_l \neq \varrho_{l'}$ ist daher $\sum_i \sum_k b_{ik} A_k^{(l)} A_i^{(l')} = 0$ oder
$$\sum_i \sum_k b_{ik} \alpha_{il} \alpha_{kl'} = 0 . \tag{8}$$

Gl. (8) drückt die Orthogonalität der Koeffizienten der Schwingungen ω_l und $\omega_{l'} \neq \omega_l$ aus. Wegen dieser Orthogonalität leisten die durch die Verschiebung in der l^{ten} Schwingungsform erzeugten quasielastischen Kräfte keine Arbeit an den Teilchen, die sich auf Grund der l'^{ten} Schwingungsform bewegen. Die Kraft F_l, hervorgerufen durch die Verschiebungen von ω_l, ist nämlich am i^{ten} Atom
$$F_l = \frac{\partial \Phi}{\partial q_i^{(l)}} = \sum_k a_{ik} q_k^{(l)} .$$

Die Arbeit dieser Kräfte auf dem Weg $q_i^{(l')}$ des i^{ten} Atoms während der Schwingung l' ist dann
$$F_l q_i^{(l')} = \sum_k a_{ik} q_k^{(l)} q_i^{(l')} ,$$
und die gesamte am Punktsystem geleistete Arbeit ist
$$\sum_i \sum_k a_{ik} q_k^{(l)} q_i^{(l')} = \text{const} \sum_i \sum_k a_{ik} A_k^{(l)} A_i^{(l')} ,$$
und dies verschwindet nach (7) und (8). Der Einfachheit halber haben wir nur eine von drei Koordinaten des i^{ten} Atoms herausgegriffen; am Ergebnis ändert sich nichts, wenn man durch vektorielle Addition der betreffenden Kraft- und Verschiebungskomponenten alle drei Koordinaten berücksichtigt hätte. Nach diesen Ergebnissen sind also alle Schwingungen, für die $\varrho_l \neq \varrho_{l'}$, voneinander unabhängig, und es ist plausibel, daß man die Energie als eine Summe von Beiträgen dieser unabhängigen Schwingungen schreiben darf[1], nämlich
$$T = \sum_l T_l \quad \text{mit} \quad T_l = \frac{1}{2} \sum_i \sum_k b_{ik} \dot{q}_i^{(l)} \dot{q}_k^{(l)} \tag{9}$$
und
$$\Phi = \sum_l \Phi_l \quad \text{mit} \quad \Phi_l = \frac{1}{2} \sum_i \sum_k a_{ik} q_i^{(l)} q_k^{(l)} . \tag{10}$$

[1] Die mathematische Rechtfertigung für dieses Vorgehen wird in § 16 gegeben.

Wegen (6a) darf man dann auch schreiben

$$T = \frac{1}{2} \sum_i \sum_k b_{ik} \alpha_{il} \dot{Q}_l \alpha_{kl} \dot{Q}_l = \frac{1}{2} \dot{Q}_l^2 \sum_i \sum_k b_{ik} \alpha_{il} \alpha_{kl}$$

und

$$\Phi_l = \frac{1}{2} Q_l^2 \sum_i \sum_k a_{ik} \alpha_{il} \alpha_{kl} .$$

Da ein α_{il} für jedes l willkürlich gewählt werden darf, kann die Summe $\sum_i \sum_k b_{ik} \alpha_{il} \alpha_{kl}$ „normiert" werden zu einem von l unabhängigen Wert, und zwar üblicherweise zu

$$\sum_i \sum_k b_{ik} \alpha_{il} \alpha_{kl} = 1 . \tag{11}$$

Das läuft darauf hinaus, die Koordinate Q_l nicht wie in (6a), sondern als

$$Q_l = Q_l^{(o)} \cos(\omega_l t + \varepsilon_l) \tag{12}$$

zu definieren, wobei die Amplituden $Q_l^{(o)}$ von Q_l mit den Amplituden α_{il} von $q^{(l)}$ vermöge (11) und (6a) miteinander zusammenhängen. Es ergibt sich nun

$$T_l = \frac{1}{2} \dot{Q}_l^2$$

und

$$\Phi_l = \frac{1}{2} Q_l^2 \sum_i \left[\sum_k a_{ik} \alpha_{kl} \right] \alpha_{il} = -\frac{1}{2} Q_l^2 \sum_i \left[\varrho_l^2 \sum_k b_{ik} \alpha_{kl} \right] \alpha_{il}, \text{ wegen (5) u. (6),}$$

$$\text{oder } \Phi_l = -\frac{1}{2} Q_l^2 \varrho_l^2 = \frac{1}{2} Q_l^2 \omega_l^2 \qquad \text{wegen (11).}$$

Die Bewegungsgleichungen erhalten dann die einfache Form

$$\ddot{Q}_l + \omega_l^2 Q_l = 0 , \tag{13}$$

also N' unabhängige Gleichungen.

Man nennt die Q_l oder auch ihre Amplituden $Q_l^{(o)}$ „Normalkoordinaten" des Punktsystems, wobei jedes Q_l die Gesamtheit aller Verschiebungen $q_i^{(l)}$ einer zu einer Frequenz ω_l gehörenden Schwingungsform repräsentiert. Die hier beschriebenen Eigenschaften der Normalkoordinaten haben wir im I. Kapitel verschiedentlich benutzt. Aus den Normalkoordinaten erhält man q_i, also die Lösung des ursprünglichen Gleichungssystems aus den N' Gleichungen

$$q_i = \sum_l q_i^{(l)} = \sum_l \alpha_{il} Q_l . \tag{14}$$

Die Gl. (14) stellen das allgemeine Integral der Gl. (4) dar, das, wie es sein muß, $2N'$ willkürliche Konstanten enthält, die den Anfangsbedingungen angepaßt werden können, nämlich N' willkürliche Konstanten ε_l und N' willkürliche Konstanten $\alpha_{11}, \ldots \alpha_{1N'}$. Umgekehrt ist natürlich auch Q_l eine lineare Funktion der q_i.

Es ist nicht überflüssig zu bemerken, daß die Form (14) mit gleichen Koeffizienten von $q_i^{(l)}$ und die Normierungsvorschrift (11) nicht physikalisch notwendige Bedingungen sind. Aber andere Formulierungen würden nur die schon an und für sich willkürlichen Werte der $\alpha_{11} \ldots \alpha_{1N'}$ ändern, ohne das Hauptergebnis zu beeinflussen, nämlich die Darstellung der Energie als Summe von Quadraten und das allgemeine Integral von (4) als lineare Kombination von Normalkoordinaten.

Wenn Entartung vorliegt, wenn also $\omega_l = \omega_{l'}$, dann enthält Φ offenbar ein Glied $\omega_l^2(Q_l^2 + Q_{l'}^2)$. Nach den bisherigen Ausführungen sind auch diese Koordinaten entarteter Schwingungen orthogonal zu allen andern, für die $\omega \neq \omega_l$. Jedoch sind Q_l und $Q_{l'}$ untereinander nicht notwendigerweise orthogonal. Man kann ja statt Q_l und $Q_{l'}$ neue Koordinaten Q_l^* und $Q_{l'}^*$ gemäß

$$\begin{aligned} Q_l^* &= Q_l \cos\varphi + Q_{l'} \sin\varphi \\ Q_{l'}^* &= -Q_l \sin\varphi + Q_{l'} \cos\varphi \end{aligned} \tag{15a}$$

einführen, derart daß

$$Q_l^{*2} + Q_{l'}^{*2} = Q_l^2 + Q_{l'}^2.$$

Diese einer Drehung des Koordinatensystems äquivalente Transformation kann auch auf die α_{ik} angewandt werden, für die dann

$$\begin{aligned} \alpha_{il}^* &= \alpha_{il} \cos\varphi + \alpha_{il'} \sin\varphi \\ \alpha_{il'}^* &= -\alpha_{il} \sin\varphi + \alpha_{il'} \cos\varphi. \end{aligned} \tag{15b}$$

Aus (15a) und (15b) folgt dann

$$\alpha_{il}^* Q_l^* + \alpha_{il'}^* Q_{l'}^* = \alpha_{il} Q_l + \alpha_{il'} Q_{l'},$$

so daß mit dieser Transformation der α_{ik} und der Q die allgemeine Lösung q_i unabhängig von der speziellen Wahl der miteinander entarteten Koordinaten wird. Der Winkel φ ist an und für sich willkürlich. Man wird ihn aber wie in § 7 auf Werte $\varphi = 2\pi/n$ beschränken, um mit den allgemeinen Forderungen in Einklang zu bleiben, die an Transformationen zu stellen sind, die Elementen von Gruppen endlicher Ordnung entsprechen sollen.

Die Orthogonalitätsbedingung für die entarteten Koordinaten würde nun lauten

$$\sum_i \sum_k b_{ik} \alpha_{il}^* \alpha_{kl'}^* = \sum_i \sum_k b_{ik} \{\alpha_{il}\alpha_{kl'} \cos^2\varphi - \alpha_{il'}\alpha_{kl} \sin^2\varphi \\ + (\alpha_{il'}\alpha_{kl'} - \alpha_{il}\alpha_{kl}) \sin\varphi \cos\varphi\} = 0.$$

In der Tat wäre diese Bedingung erfüllt, wenn (8) und (11) anwendbar sind. Diese beiden Beziehungen waren aber unter der Voraussetzung $\varrho_l \neq \varrho_{l'}$ abgeleitet, die hier nicht mehr gilt. Also sind im allgemeinen Koordinaten entarteter Schwingungen nicht orthogonal zueinander. Nichts hindert jedoch, diese Bedingungen trotzdem den entarteten Koordinaten aufzuerlegen, was nur die Werte der willkürlichen Integrationskonstanten ändern würde, deren Anzahl aber unverändert bleibt. Was hier für zweifache Entartung formuliert ist, ist ohne weiteres auf beliebige Entartung übertragbar.

Die Einführung von Normalkoordinaten kann auch als Transformation der quadratischen Form

$$\sum_i \sum_k (a_{ik} - b_{ik}\omega^2)\, q_i q_k$$

in eine Summe von Quadraten

$$\sum_l \frac{1}{2} (\dot{Q}_l^2 + \omega_l^2 Q_l^2)$$

durch eine sogenannte Transformation auf Hauptachsen aufgefaßt werden. Diese Transformation wird durch (14) geleistet, wenn für die Koeffizienten α_{il} die Bedingungen (8) und (11) erfüllt sind, d. h. wenn

$$\sum_k \sum_i b_{ik} \alpha_{il} \alpha_{kl'} = \delta_{ll'}. \tag{16}$$

Diese Bedingung kann noch vereinfacht werden, wenn man bedenkt, daß schon die kinetische Energie allein auf Hauptachsen hätte transformiert werden können, so daß nur Koeffizienten b_{ik} mit $i = k$ auftreten würden. Natürlich würde eine solche Transformation auch die Koeffizienten a_{ik} abändern, etwa in a'_{ik}. Diese abgeänderten Koeffizienten können wir aber einfach wieder mit a_{ik} bezeichnen, was an der Form der Beziehungen nichts ändert. Die Bedingung (16) erhält dann die einfachere Form

$$\sum_i b_{ii} \alpha_{il} \alpha_{il'} = \delta_{ll'}. \tag{16a}$$

Die hier formulierte Transformation der Energie ist nur ein Spezialfall der allgemeineren Aufgabe, eine Hermitesche Form

$$F = \sum_i \sum_k c_{ik} x_i \bar{x}_k, \qquad c_{ik} = \bar{c}_{ki},$$

auf Hauptachsen zu transformieren, d. h. auf die Form

$$\sum_i \lambda_i \xi_i \bar{\xi}_i$$

zu bringen. In § 16 wird gezeigt werden, daß dies immer geschehen kann mit Hilfe „unitärer" Transformationen, deren Koeffizienten u_{ik} die Beziehung $\sum_i u_{ik}\bar{u}_{ik'} = \delta_{kk'}$ erfüllen. Gl. (16a) ist ein Spezialfall dieser Beziehung für reelle Koeffizienten $u_{ik} = \sqrt{b_{ii}}\,\alpha_{ik}$.

§ 16. Transformation auf Hauptachsen

Es handelt sich darum, die Hermitesche Form

$$F = \sum_i \sum_k c_{ik} x_i \bar{x}_k \qquad (c_{ik} = \bar{c}_{ki})$$

auf die Form

$$\Phi = \sum_i \lambda_i \xi_i \bar{\xi}_i$$

durch lineare Substitutionen zu transformieren. Diese Aufgabe ist äquivalent der Transformation einer Matrix[1] c mit den Koeffizienten c_{ik} in eine Diagonalmatrix λ mit den Koeffizienten $\lambda_{ik} = \lambda_i \delta_{ik}$. Die Indices sollen die Werte 1 bis n annehmen.

Wir bilden die Matrix $c - \lambda_s e$ (e = Einheitsmatrix, s = ein willkürlicher, aber fest vorgegebener Index) und daraus ein System linearer Gleichungen in Variablen r_k, deren Koeffizienten gerade die der Matrix $c - \lambda_s e$ sind, also die Gleichungen

$$\sum_k c_{ik} r_k - \lambda_s r_i = 0. \tag{1}$$

Dies sind n Gleichungen. Dieses homogene Gleichungssystem kann nur gelöst werden, falls die Determinante der Koeffizienten verschwindet, also falls

$$|\, c_{ik} - \lambda_s e_{ik} \,| = 0.$$

Dies ist eine Säkulargleichung n^{ten} Grades für λ_s als Unbekannte mit n Lösungen $\lambda_1, \ldots \lambda_n$, die die „Eigenwerte" der Matrix c genannt werden. Die r_k bilden die Komponenten eines „Eigenvektors" $\mathfrak{r}$. Die Eigenwerte λ_s sind reell, wenn c Hermitesch ist[2]. Das folgt leicht aus (1) durch Multiplikation mit $\bar{r}_i$ und Summation über alle i,

$$\sum_i \sum_k c_{ik} r_k \bar{r}_i - \sum_i \lambda_s r_i \bar{r}_i = 0.$$

---

[1] Buchstaben ohne Indizes bedeuten im allgemeinen Matrizen.

[2] Wir erinnern aus § 9: Für Hermitesche Matrizen ist $c^\dagger = c$; für unitäre Matrizen ist $u^\dagger = u^{-1}$; $a^\dagger$ ist definiert durch $a^\dagger_{ik} = \bar{a}_{ki}$. Ferner ist $(ab)^\dagger = b^\dagger a^\dagger$, da $(b^\dagger a^\dagger)_{ik} = \sum_j b^\dagger_{ij} a^\dagger_{jk} = \sum_j \bar{b}_{ji}\bar{a}_{kj} = \sum_j \bar{a}_{kj}\bar{b}_{ji} = (\overline{ab})_{ki}$.

Die erste Summe muß reell sein, da für jedes komplexe Glied $c_{ik} r_k \bar{r}_i$ ein Gegenstück $c_{ki} r_i \bar{r}_k$ auftritt, das wegen $c_{ki} = \bar{c}_{ik}$ konjugiert komplex zu $c_{ik} r_k \bar{r}_i$ ist, so daß die Summe beider reell wird. Da auch $r_i \bar{r}_i$ reell ist, so muß auch λ_s reell sein. λ_s ist nicht nur reell, sondern auch positiv für alle uns interessierenden Fälle der Schwingungen um eine stabile Gleichgewichtslage. Die potentielle Energie hat ja im Gleichgewicht ein Minimum, dessen Wert zu Null angenommen wurde. Daher ist in der Umgebung des Gleichgewichts die potentielle Energie immer positiv; die kinetische Energie ist es als Summe von Geschwindigkeitsquadraten auch. Daher haben wir für von Null verschiedene Werte der Koordinaten nur mit positiven Formen F oder Φ zu rechnen (es sind „positiv definite Hermitesche Formen"). Das ist nur möglich, wenn alle λ_s positiv sind. In der Bezeichnung von § 15 heißt dies, daß ϱ^2 negativ ist.

Das System (1) enthält n Gleichungen für jedes s, also n^2 Gleichungen im ganzen. Das ist allerdings nur richtig, falls alle Koeffizienten λ_s verschieden voneinander sind. Wenn irgendein $\lambda_s = \lambda_t$, dann werden die Systeme (1) für die Indices s und t miteinander identisch. Zunächst nehmen wir an, daß dies nicht eintritt.

Wenn man für r_k vollständiger r_{ks} schreibt, so kann man die n^2 Gleichungen (1) nach den Regeln der Matrizenmultiplikation auch in der Form

$$cr - r\lambda e = 0 \tag{2}$$

schreiben, woraus folgt

$$r^{-1} c r = \lambda e = \lambda . \tag{3}$$

Die Matrix λ ist übrigens ebenfalls Hermitesch, denn wegen der reellen Werte λ_s ist $\lambda^\dagger = \lambda$.

Wenn r^{-1} existiert, d. h. wenn $|r_{ik}| \neq 0$, und wenn die Variablen r_{ks} Lösungen von (1) sind, dann würde (3) die geforderte Transformation von c auf eine Diagonalmatrix leisten. Es kann nun gezeigt werden, daß in der Tat unitäre Matrizen $r = u$ (3) befriedigen würden, denn dann wäre (wegen $c^\dagger = c$, $u^\dagger = u^{-1}$)

$$\lambda^\dagger = (u^{-1} c u)^\dagger = u^\dagger c \, (u^{-1})^\dagger = u^{-1} c u = \lambda ,$$

wie es sein muß. Es muß aber noch weiter gezeigt werden, daß *nur* eine unitäre Matrix die Bedingung (3) erfüllen kann.

Aus (3) folgt, wenn beiderseits die adjungierte Matrix genommen wird und wegen $\lambda^\dagger = \lambda$

$$(r^{-1} c r)^\dagger = r^\dagger c^\dagger (r^{-1})^\dagger = r^\dagger c \, (r^{-1})^\dagger = \lambda^\dagger = \lambda$$

und

$$cr = r\lambda, \quad \text{also} \quad (cr)^\dagger = r^\dagger c = (r\lambda)^\dagger = \lambda r^\dagger .$$

Daher

$$\lambda r^{\dagger}(r^{-1})^{\dagger} = r^{\dagger} c\,(r^{-1})^{\dagger} = \lambda \quad \text{oder} \quad r^{\dagger}(r^{-1})^{\dagger} = e.$$

Diese Bedingung ist aber identisch mit der Definition unitärer Matrizen, für die sie ja in $r^{-1}r = e$ übergeht. Also haben wir das allgemeine Ergebnis, daß eine Hermitesche Matrix (c) durch unitäre Matrizen in eine Diagonalmatrix (λ) transformiert werden kann. Um allerdings die transformierende Matrix wirklich zu finden, muß man die Eigenwerte λ_s kennen. Daher hilft die grundsätzliche Kenntnis der Transformierbarkeit auf Hauptachsen nicht schon an sich in der Lösung des Schwingungsproblems.

Die Summe der Eigenwerte von c ist der Charakter von λ als die Summe der Diagonalelemente von λ. Da der Charakter einer Matrix unabhängig ist von Transformationen (§ 9), so ist dies auch der Charakter von c. Der Charakter einer Matrix wird daher oft als die Summe ihrer Eigenwerte definiert.

Die obigen Betrachtungen über die Transformation Hermitescher Matrizen können nun leicht in analoger Form auf die Transformation unitärer Matrizen übertragen werden. Auch eine unitäre Matrix U kann durch eine geeignete andere unitäre Matrix u auf Diagonalform Λ,

$$u^{-1} U u = \Lambda \quad \text{oder} \quad U u = u \Lambda \tag{3a}$$

transformiert werden, wobei Λ ebenfalls eine unitäre Matrix ist; denn $\Lambda^{-1} = u^{-1} U^{-1} u = u^{\dagger} U^{\dagger} (u^{-1})^{\dagger} = \Lambda^{\dagger}$. Also ist $\Lambda\Lambda^{\dagger} = e$ oder $\bar{\Lambda}_i \Lambda_i = 1$. Das heißt, die Eigenwerte von U haben den Absolutwert 1, und daher sind die Charaktere unitärer Matrizen Summen von Einheitswurzeln.

Für den Fall mehrfacher Wurzeln der Säkulargleichung verweisen wir auf die Literatur[1]. Es genüge zu bemerken, daß auch dann immer eine Transformation auf Hauptachsen möglich ist. Die wesentliche Wirkung der Entartung ist zwar, daß von den Gleichungen einige mit anderen identisch werden, also zur Bestimmung der Koeffizienten bzw. Koordinaten nicht mehr zur Verfügung stehen. Wegen der Symmetrieeigenschaften Hermitescher Matrizen muß aber auch eine entsprechende Zahl von Spalten der Koeffizientenmatrix ausfallen, so daß die Zahl der Gleichungen wieder zur Bestimmung der Unbekannten ausreichen muß.

Bei Anwendung des Vorstehenden auf § 15 bemerkt man zunächst, daß dort die Säkulargleichung in allgemeinerer Form auftrat, nämlich als $| a_{ik} - \lambda b_{ik} | = 0$. Es handelt sich dann also um die Diagonalisierung zweier Hermitescher Formen, der beiden Energiefunktionen. Auch in

[1] Vgl. z. B. Margenau, H., and G. Murphy: The Mathematics of Physics and Chemistry. New York: van Nostrand 1943.

diesem Fall sind die Eigenwerte λ_s der allgemeinen Gleichung reell. Aus einer der Gleichungen

$$\sum_k a_{ik} r_{ks} = \lambda_s \sum_k b_{ik} r_{ks}$$

erhält man durch Multiplikation mit $\bar{r}_{is}$ und Summierung über i,

$$\sum_k \sum_i a_{ik} r_{ks} \bar{r}_{is} = \lambda_s \sum_k \sum_i b_{ik} r_{ks} \bar{r}_{is} \tag{4}$$

und entsprechend die dazu konjugiert komplexe Gleichung

$$\sum_k \sum_i \bar{a}_{ik} \bar{r}_{ks} r_{is} = \bar{\lambda}_s \sum_k \sum_i \bar{b}_{ik} \bar{r}_{ks} r_{is}.$$

Wegen der Hermiteschen Natur von a und b wird dies

$$\sum_k \sum_i a_{ki} \bar{r}_{ks} r_{is} = \bar{\lambda}_s \sum_k \sum_i b_{ki} \bar{r}_{ks} r_{is}. \tag{5}$$

Die Summen auf der linken Seite von (4) und (5) sind identisch, denn nur die Indices sind vertauscht. Also ist

$$(\lambda_s - \bar{\lambda}_s) \sum_k \sum_i b_{ki} \bar{r}_{ks} r_{is} = 0,$$

woraus $\lambda_s = \bar{\lambda}_s$, falls die Doppelsumme positiv definit ist.

Es ist nun nicht schwierig einzusehen, daß Transformationsmatrizen gefunden werden können, die beide Formen, $\sum_i \sum_k a_{ik} x_i \bar{x}_k$ und $\sum_i \sum_k b_{ik} x_i \bar{x}_k$ in Diagonalform

$$\sum_i \sum_k b_{ik} x_i \bar{x}_k = \sum_i \xi^2 \quad \text{und} \quad \sum_i \sum_k a_{ik} x_i \bar{x}_k = \sum_i \lambda_i \xi_i^2$$

überführen. Da Geschwindigkeiten sich wie Koordinaten transformieren, umfassen diese Betrachtungen auch den Fall, daß eine der Formen die kinetische Energie, die andere die potentielle Energie ist. Haben wir nun z.B. eine unitäre Transformation gefunden, die b auf die Diagonalmatrix β ($\beta_{ij} = \beta_i \delta_{ij}$) transformiert, so daß

$$q^\dagger b q = \beta, \tag{6}$$

so gibt die gleiche Transformation

$$q^\dagger a q = \alpha,$$

wo aber α nicht notwendigerweise diagonal sein muß. Auf die Diagonalmatrix β kann dann eine zweite Transformation ausgeübt werden, so daß

$$p^\dagger \beta p = e,$$

woraus leicht folgt, daß $p_{ij} = p_i \delta_{ij}$, $p_i = 1/\sqrt{\beta_i}$. Da β positiv ist, müssen diese Matrixkoeffizienten reell sein. Diese Transformation auf α angewandt, würde

$$p^\dagger \alpha p = \gamma$$

ergeben, was nun durch eine unitäre Transformation auf Diagonalform Λ gebracht werden kann,

$$r^\dagger \gamma r = \Lambda, \quad \Lambda_{ij} = \Lambda_i \delta_{ij}\,.$$

Diese letzte Transformation läßt nun aber natürlich $p^\dagger \beta p = e$ ungeändert. Hat man also eine Transformation für b auf Hauptachsen gefunden, so ist auch eine für a vorhanden, und die gleiche Transformation (nämlich das Produkt aller vorgenannten Transformationen), die a auf Diagonalform führt, tut dies auch für b, wobei b sogar die spezielle Form e annehmen kann.

Es bleibt noch übrig zu zeigen, daß die Λ_i Lösungen der Säkulargleichung $|a_{ik} - \lambda b_{ik}| = 0$ sein müssen. Für den allgemeinen Beweis verweisen wir wieder auf die Literatur[1]. Es soll hier genügen, zu beweisen, daß $\Lambda_i = \lambda_i$ wenigstens eine hinreichende Bedingung ist.

Wir benutzen dazu das Theorem, daß die Säkulargleichung $|a - \lambda b| = 0$ dieselbe Gleichung für λ_i ergibt, auch wenn a und b durch eine Matrix s transformiert wurden. Eine solche Transformation ergibt

$$s^{-1}(a - \lambda b)\, s = s^{-1} a s - \lambda s^{-1} b s\,.$$

Bildet man nun die Determinanten dieser Matrizen, so ist[2]

$$|a - \lambda b| = |s^{-1} a s - \lambda s^{-1} b s|\,.$$

Deshalb ist also die transformierte Gleichung $|s^{-1} a s - \lambda s^{-1} b s| = 0$ identisch mit der ursprünglichen und muß die gleichen Lösungen λ_i haben. Mit anderen Worten, nicht nur der Charakter, die Summe der Eigenwerte, sondern die Eigenwerte selbst sind invariant gegen Transformationen.

In unserem Fall haben wir

$$s^{-1} a s = \Lambda, \quad s^{-1} b s = e,$$

daher $|a - \lambda b| = |\Lambda - \lambda e| = 0$ oder $\Lambda_i = \lambda_i$. Hieraus folgt aber noch nicht, daß die gleichzeitige Transformation von a und b *nur* dann möglich ist. Dies ist aber tatsächlich der Fall.

[1] Vgl. JEFFREYS, H., and B. S. JEFFREYS: Methods of Mathematical Physics, University Press, Cambridge 1946; für reelle symmetrische Formen siehe auch SCHAEFER, CL.: Einführung in die Theoretische Physik, Bd. I.

[2] Die Determinante eines Produkts $c = ab$ zweier Matrizen a und b ist gleich dem Produkt der Determinanten: $|c| = |a|\,|b|$; vgl. übliche Lehrbücher der Determinantentheorie. Da Determinanten Zahlen sind, sind sie als Faktoren vertauschbar; daher $|ab| = |ba|$ selbst wenn $ab \neq ba$ und daher $|s^{-1} a s| = |s^{-1} s a| = |a|$.

§ 17. Kraftsysteme. Symmetriekoordinaten

In § 15 wurde eine allgemeine Potentialfunktion benutzt. Wenn man aber den in der Energie auftretenden Konstanten anschauliche physikalische Bedeutung beilegen will, die sich direkt auf Kräfte zwischen Massenpunkten beziehen soll, dann müssen die Koordinaten sowohl als die Form der Energiefunktion in spezieller Weise gewählt werden. Wenn man z.B. annimmt, daß nur Zentralkräfte wirken, wären die $N(N-1)/2$ Abstandsänderungen zwischen den N Punkten des Systems eine natürlich erscheinende Wahl von Koordinaten, wovon aber nur $3N-6$ unabhängig wären. Diese Wahl würde von Anfang an die Überlagerung von starren Translationen und Rotationen ausschließen. Solche Koordinaten sind „innere" Koordinaten des Systems. Sie haben den Nachteil, daß die kinetische Energie, die ja nicht von Entfernungen, sondern von den Partikelbewegungen selbst (d. h. von deren Geschwindigkeiten) abhängt, nur in komplizierter Weise in solchen Koordinaten ausgedrückt werden kann.

Oft werden Winkeländerungen neben einer ausgewählten Zahl ($< 3N-6$) von Abstandsänderungen als Koordinaten eingeführt, wobei im allgemeinen überzählige Koordinaten auftreten, wenn z. B. wie bei ringförmigen Molekülen Beziehungen zwischen den Winkeln bestehen. Ihre Behandlung bedarf besonderer Maßnahmen, auf die wir hier nicht eingehen, da bei der später bevorzugten Koordinatenwahl dieses Problem nicht auftritt. Wir verweisen auf Wilson, Decius u. Cross. Jedenfalls sind auch diese Koordinaten innere Koordinaten, da auch sie nur von den Strukturänderungen des Moleküls abhängen.

Andererseits geben kartesische Koordinaten der Partikelverschiebungen einfache Ausdrücke für die kinetische Energie, aber die potentielle Energie hat in solchen Koordinaten eine Form, deren Glieder einzeln nicht leicht physikalisch zu interpretieren sind. Natürlich sind vom mathematischen Standpunkt aus Normalkoordinaten die beste Wahl. Sie setzen aber die vorherige Lösung des Schwingungsproblems schon voraus.

Eine mehr grundsätzliche Schwierigkeit liegt darin, daß die allgemeinste Form der Energie $n(n+1)/2$ Konstanten ($n = 3N$) besitzt, wogegen aber im allgemeinen sehr viel weniger Beobachtungsdaten, nämlich $3N-6$, vorliegen. Selbst diese Zahl wird bei symmetrischen Molekülen nicht immer erreicht, da die Symmetrie die Anzahl verschiedener beobachtbarer Frequenzen herabsetzt. Eine Methode, dieser Schwierigkeit Herr zu werden, liegt darin, daß man isotope Moleküle miteinander vergleicht, da in solchen weder Struktur noch Kräfte verschieden sind, sondern nur die Massen, und diese in bekannter Weise. Ein anderes, aber theoretisch weniger einwandfreies Hilfsmittel besteht darin, anzunehmen, daß Kräfte zwischen zwei bestimmten Atomen in einem Molekül nahezu gleich den Kräften zwischen den gleichen Atomen in einem verwandten Molekül sind. Im Extremfall führt dies zum Begriff der „charakteristischen Schwingung", die gewissen chemischen Bindungen in mehreren Molekülen gemeinsam ist. Für eine Diskussion der damit zusammenhängenden Probleme verweisen wir auf HERZBERG, l.c. und KOHLRAUSCH[1]. Wir gehen hier nur auf die radikalste Methode ein, die darin besteht, die Zahl unabhängiger Konstanten durch eine spezielle Form der potentiellen Energie herabzusetzen. Wir erwähnten schon oben das „Zentralkraftsystem", das Zentralkräfte zwischen allen Punkten des Systems annimmt, die also nur abstandsabhängig sind. Das „vereinfachte Zentralkraftsystem" beschränkt diese Kräfte noch weiter, indem es Kräfte nur zwischen solchen Atomen annimmt, die als chemisch gebunden angesehen werden. Dieses System ist im allgemeinen unzureichend. Das „Valenzkraftsystem", das zu den Kräften des vereinfachten Zentralkraftsystems noch winkelerhaltende Kräfte hinzufügt, ist das weitaus gebräuchlichste und erfolgreichste. Alle diese Systeme können durch Wechselwirkungsglieder verallgemeinert werden.

Im Valenzkraftsystem hat die potentielle Energie die Form

$$\Phi = \frac{1}{2}\sum_i k_i \Delta_i^2 + \frac{1}{2}\sum_i d_i s_i^2 \delta_i^2 + \underbrace{\frac{1}{2}\sum_{i,j} k_{ij}\Delta_i\Delta_j + \frac{1}{2}\sum_{i,j} d_{ij} s_i s_j \delta_i \delta_j + \frac{1}{2}\sum_{i,j} \varkappa_{ij}\Delta_i s_j \delta_j}_{\text{Wechselwirkungsglieder}} . \quad (1)$$

Δ_i bezeichnet eine Abstandsänderung, δ_i eine Winkeländerung, s_i eine passende Größe von der Dimension einer Länge, um jede „Kraftkonstante" k_i, d_i usw. auf die gleiche Dimension zu bringen. Eine vollständige Formulierung der potentiellen Energie müßte außerdem Wechselwirkung mit Rotationszuständen und anharmonische Glieder enthalten. Wir vernachlässigen die Wechselwirkung mit der Rotation gänzlich, d. h. wir betrachten nur reine Schwingungsspektren. Vernachlässigung der Anharmonizität beschränkt uns auf Grundschwingungen. Die Verstimmung von Oberschwingungen durch Anharmonizität interessiert nicht wesentlich im Zusammenhang mit der Anwendung der Gruppentheorie. Die Form der potentiellen Energie ist jedoch Beschränkungen durch Symmetrieerfordernisse unterworfen (vgl. § 12).

[1] KOHLRAUSCH, K. W. F.: Der Smekal-Raman-Effekt. Berlin: Springer 1931; Ergänzungsband 1938. — Ramanspektren. Leipzig: Akad. Verl.-Ges. 1943. Vgl. HIBBEN, J. H.: The Raman Effect and its Chemical Applications. New York: Reinhold Publ. Comp. 1939.

Ein Kraftsystem, das zu dem Valenzkraftsystem Kräfte zwischen chemisch nicht gebundenen Atomen hinzufügt, ist das Urey-Bradley-System (siehe die Literatur am Ende des Paragraphen). Oft wird dieses mit linearen Gliedern in Φ geschrieben; jedoch können alle solche Potentiale immer in solche ohne lineare Glieder transformiert werden. Für einige repräsentive Fälle hat TORKINGTON[1] Transformationsformeln angegeben. TORKINGTON weist dabei darauf hin, daß die Koeffizienten linearer Terme in den Formeln, die die Frequenzen als Funktionen der Kraftkonstanten angeben, nicht enthalten sein sollten. Dadurch bedürfen einige der für XY_4 und XY_6 erhaltenen Resultate einer Korrektur.

Ein System, das innere Spannungen berücksichtigt, ist von SLOWINSKY[2] angegeben worden.

In Kristallen werden gewöhnlich nur Kräfte zwischen nächsten Nachbarn oder übernächsten Nachbarn angenommen. Das reicht nicht immer aus, jedenfalls nicht bei Berücksichtigung von Coulomb-Kräften in Ionenkristallen (vgl. §20). Aber natürlich darf man nicht die Kräfte vergessen, die auf ein Atom einer Basis durch Atome einer Nachbarzelle ausgeübt werden.

Nachdem eine Entscheidung über das zu wählende Kraftsystem gefällt ist, müssen geeignete Koordinaten bestimmt werden. Unabhängig davon, ob man von kartesischen oder inneren Koordinaten ausgeht, ist es möglich, solche Linearkombinationen dieser Koordinaten zu finden, die die Symmetrieeigenschaften des Punktsystems und seiner möglichen Schwingungstypen direkt zum Ausdruck bringen, indem sie sich bei Symmetrieoperationen so transformieren, wie es den irreduziblen Darstellungen der Schwingungstypen entspricht. Diese Forderung an die Koordinatenwahl führt zu den „Symmetriekoordinaten". Sie ist natürlich nicht zwangsläufig, und es gibt daher mehrere Arten von Symmetriekoordinaten. Wir beschränken uns im wesentlichen auf eines dieser Systeme von Symmetriekoordinaten. Einzelheiten werden in den §§ 19 und 20 an Hand von Beispielen besprochen. Die allgemeine Methode soll jedoch schon hier beschrieben werden.

Die Lage jedes Punktes soll durch rechtwinklige oder schiefwinklige „Punktkoordinaten" x_i, y_i, z_i bestimmt sein, so daß $x_i = y_i = z_i = 0$ die Gleichgewichtslage angibt. Die Koordinatenachsen der N so definierten Punktkoordinaten können, aber brauchen nicht parallel zueinander zu sein. Zweckmäßigerweise orientiert man sie jedoch, wenn möglich, parallel zu Symmetrieelementen. Die Symmetriekoordinaten sind lineare Funktionen der Punktkoordinaten

$$q_k = \sum_{i=1}^{N} (a_{ki} x_i + b_{ki} y_i + c_{ki} z_i), \tag{2}$$

[1] TORKINGTON, P.: Trans. Faraday Soc. **47**, 105 (1951).

[2] SLOWINSKY, E. J., jr.: J. Chem. Phys. **23**, 1933 (1955).

deren Koeffizienten aus der Bedingung bestimmt werden, daß Symmetrieoperationen des Punktsystems diese Koordinaten gemäß dem Charakterensystem des betreffenden Schwingungstyps transformieren. Bei nicht-entarteten Schwingungen geht dabei q_k in sich selbst oder sein Negatives über. Bei entarteten Schwingungen hat man f Koordinaten q_{kl}, und man hat lineare Kombinationen dieser f Koordinaten zu bilden, die sich nach

$$q'_{kj} = \sum_{l=1}^{f} \alpha_{jl}^{(k)} q_{kl}$$

transformieren. Wir fordern Orthogonalität der Symmetriekoordinaten, d. h.

$$\sum_{i=1}^{N} [(a_{ki} a_{k'i} + b_{ki} b_{k'i} + c_{ki} c_{k'i}) + (a_{ki} b_{k'i} + a_{k'i} b_{ki}) \cos(x_i, y_i) + (b_{ki} c_{k'i} + b_{k'i} c_{ki}) \cos(y_i, z_i) + (c_{ki} a_{k'i} + c_{k'i} a_{ki}) \cos(z_i, x_i)] = 0. \quad (3)$$

Für rechtwinklige Koordinaten ist nur das erste Glied maßgebend. Die Orthogonalität ist eine *notwendige* Forderung nur für Koordinaten verschiedenen Schwingungstyps (§ 18).

Sind die Koeffizienten der Symmetriekoordinaten für jeden Typ gefunden, so erhält man die Bedingungen, denen die x_i, y_i, z_i eines Schwingungstyps gehorchen müssen, indem man alle q_j, für die $j \neq k$ gleich Null setzt. Diese Beziehungen zwischen den Punktkoordinaten eines Schwingungstyps werden dann in die potentielle und kinetische Energie eingesetzt, die dadurch erheblich vereinfacht werden. Natürlich ist (1) in die Punktkoordinaten umzuschreiben[1]. Wir geben hier einige Umrechnungsformeln für die wichtigsten Arten von inneren Koordinaten (weitere siehe in Wilson, Decius u. Cross, l. c., p. 58ff.)[2]. Die Ruhelage der Atome sei durch Koordinaten X_i, Y_i, Z_i gegeben, ihre Verschiebungen durch x_i, y_i, z_i. Man definiere Vektoren ϱ_i mit den Komponenten x_i, y_i, z_i und e_{ik} mit den Komponenten $\frac{X_k - X_i}{r_{ik}}$, $\frac{Y_k - Y_i}{r_{ik}}$, $\frac{Z_k - Z_i}{r_{ik}}$. Dann ist für

a) die Abstandsänderung Δr_{ik} zweier Atome ($a \cdot b$ skalares Produkt von a und b):

$$\Delta r_{ik} = (\varrho_k - \varrho_i) \cdot e_{ik};$$

---

[1] Für den Fall nicht-regulärtetraedrischer Moleküle vom Typus substituierter Methane hat Torkington, P. [Trans. Faraday Soc. **46**, 27 (1950)] einige nützliche Formeln für die Umrechnung von Valenzkoordinaten (Abstands- und Winkeländerungen) in kartesische Punktkoordinaten gegeben.

[2] Vgl. auch Malhiot, R. J., and S. M. Ferigle, J. Chem. Phys. **23**, 30 (1955).

b) die Änderung des Winkels φ zwischen zwei Bindungen $i-k$ und $k-j$:

$$\Delta\varphi = \frac{e_{ki}\cos\varphi - e_{kj}}{r_{ki}\sin\varphi}\cdot\varrho_i + \frac{e_{kj}\cos\varphi - e_{ki}}{r_{kj}\sin\varphi}\cdot\varrho_j + \frac{(r_{ki}-r_{kj}\cos\varphi)\,e_{ki} + (r_{kj}-r_{ki}\cos\varphi)\,e_{kj}}{r_{ki}\,r_{kj}\sin\varphi}\cdot\varrho_k;$$

c) die Änderung des Winkels θ zwischen einer Bindung $i-k$ und der Ebene $i-k-j-l$ ($\varphi = \sphericalangle(jkl)$, $a\times b$ vektorielles Produkt von a und b):

$$\sin\varphi\cdot\Delta\theta = \frac{1}{r_{ki}}(e_{kj}\times e_{kl})\cdot\varrho_i + \frac{1}{r_{kj}}(e_{kl}\times e_{ki})\cdot\varrho_j + \frac{1}{r_{kl}}(e_{ki}\times e_{kj})\cdot\varrho_l - \left[\frac{e_{kj}\times e_{kl}}{r_{ki}} + \frac{e_{kl}\times e_{ki}}{r_{kj}} + \frac{e_{ki}\times e_{kj}}{r_{kl}}\right]\cdot\varrho_k.$$

Durch vektorielle Addition von Δr_{ik} verschiedener Bindungen lassen sich dann z. B. auch die Änderungen von Abständen zwischen Ecken und Mittelpunkten von Polyedern berechnen. Die vektorielle Schreibweise ist natürlich auch bei nicht-orthogonalen Punktkoordinaten gültig.

Die kinetische Energie ist in Punktkoordinaten gegeben durch

$$2T = \sum_{i=1}^{N} m_i(\dot{x}_i^2 + \dot{y}_i^2 + \dot{z}_i^2) + 2\sum_{i=1}^{N} m_i\left[\dot{x}_i\dot{y}_i\cos(x_i, y_i) + \dot{y}_i\dot{z}_i\cos(y_i, z_i) + \dot{z}_i\dot{x}_i\cos(z_i, x_i)\right]. \tag{4}$$

Diese Methode ist eng verwandt mit der von BHAGAVANTAM und VENKATARAYUDU, l. c. Der wesentliche Unterschied besteht darin, daß wir darauf verzichten, die Erhaltung von Schwerpunkt und Drehimpuls in die Definition der Symmetriekoordinaten aufzunehmen. In komplizierten Fällen ist dieses Vorgehen zweckmäßiger als die Eliminierung der sechs überzähligen Koordinaten durch die Erhaltungssätze. Natürlich erhält man dann sechs zusätzliche Frequenzen $\omega = 0$, die den Translationen und Rotationen des Moleküls zugeordnet werden müssen. Unsere Koordinaten gehören zu den von ROSENTHAL und MURPHY, l. c. sogenannten „geometrischen Symmetriekoordinaten"; in der Bezeichnung von WILSON, DECIUS u. CROSS sind es außerdem „äußere Symmetriekoordinaten", als lineare Kombination von Punktkoordinaten.

ECKART[1] hat die Bedingungen, denen die Koordinaten gehorchen müssen, um die Schwingungen des Moleküls korrekt zu beschreiben, genauer studiert. Das Problem liegt darin, daß das mit dem Molekül verbundene Koordinatensystem, in bezug auf welches der Drehimpuls

[1] ECKART, F.: Phys. Rev. **47**, 552 (1935). Vgl. auch FERIGLE, S. M., and A. WEBER: Amer. J. Phys. **21**, 102 (1953); MALHIOT, R. J., and S. M. FERIGLE: J. Chem. Phys. **22**, 717 (1954).

verschwinden soll, bei einem nicht-starren, schwingenden Molekül nicht a priori definiert ist und daß die kinetische Energie des rotierenden und schwingenden Moleküls von Koordinaten abhängt, die nicht als klein angesehen werden können (z.B. Eulersche Winkel). Das für uns wesentliche Ergebnis ECKARTS ist, daß die Benutzung von $3N$ kartesischen Punktkoordinaten und die damit verbundene Einführung von Nullfrequenzen erlaubt ist und daß die Punktkoordinaten den Bedingungen gehorchen müssen

$$\sum_{i=1}^{N} m_i \varrho_i = 0 \quad \text{und} \quad \sum_{i=1}^{N} m_i (R_i \times \varrho_i) = 0,$$

wo ϱ_i der Vektor mit den Komponenten x_i, y_i, z_i ist und R_i der Vektor, der die Lage des i^{ten} Atoms relativ zum Schwerpunkt des Systems beschreibt. Diese „Eckart-Bedingungen" sind formal identisch mit der üblichen Formulierung der Erhaltungssätze; sie dienen aber eigentlich zur Festlegung des mit dem Molekül rotierenden Koordinatensystems. Die Bedingungen sind nur brauchbar, wenn keine der Schwingungsfrequenzen sehr viel kleiner ist als die übrigen[1]. Nur dann kann das Molekül als quasi-starr betrachtet werden, und die Wechselwirkung zwischen Rotation und Schwingung bleibt genügend klein. Wie man aber auch die Koordinaten wählt, die Schwingungsfrequenzen bleiben davon unberührt, da die Werte der Energie durch die Koordinatenwahl nicht beeinflußt werden. Aber die Beschreibung des durch die Schwingung verzerrten Moleküls durch Normalkoordinaten kann durch ungünstige Wahl der Koordinaten beeinträchtigt werden.

Der Vorteil der hier benutzten Symmetriekoordinaten liegt darin, daß sie auch bei komplizierten Molekülen leicht zu bestimmen sind und daß die Reduktion der Säkulargleichung auf solche für jeden Schwingungstyp ebenfalls leicht zu erhalten ist (vgl. §§ 18—20). Die algebraischen Schwierigkeiten bei der Lösung der schließlich auftretenden Säkulargleichung sind grundsätzlich die gleichen wie bei der Wahl anderer Koordinaten. Tatsächlich benutzen wir die Symmetriekoordinaten nur als Hilfsmittel zur Vereinfachung des Energieausdrucks, nicht als eigentliche Variabeln, als die bei uns die Punktkoordinaten anzusehen sind.

Ein anderer Vorteil des hier gewählten Systems ist die automatische Vermeidung überzähliger Koordinaten (außer den sechs uneigentlichen Schwingungen). Die Zurückführung aller Valenzwinkel- und Abstandsänderungen auf Punktkoordinaten läßt solche überzähligen Koordinaten nicht erscheinen. Allerdings ist das Problem nur an eine andere Stelle gerückt, nämlich in die Formulierung der potentiellen Energie. Grundsätzlich ist es aber gleichgültig, ob überzählige Koordinaten in der

[1] Dies trifft nicht zu für „anomale" Moleküle mit mehr oder weniger frei drehbaren Atomgruppen. Für diesen Fall gibt es keine allgemeine Regel.

Energie erscheinen oder nicht, da dadurch höchstens die physikalische Bedeutung der Kraftkonstanten beeinflußt wird. Es ist jedenfalls zweckmäßig, jede Valenzkoordinate, die eine unabhängige chemische Bedeutung hat, einzuschließen, also z.B. alle n Winkel in einem X_n-Molekül. Winkel jedoch, die sich zu 360° ergänzen, zählen nur einmal, da dabei nur eine chemische Kraft wirksam ist. Daß man bei Wahl von Valenzkräften zwischen chemisch gebundenen Atomen jedenfalls nicht zu wenig Koordinaten erhält, um alle $3N-6$ Schwingungen beschreiben zu können, hat DECIUS[1] gezeigt.

Ein anderes wichtiges System von Symmetriekoordinaten wurde von HOWARD und WILSON[2] eingeführt. Dieses System besteht aus Linearkombinationen von inneren Valenzkoordinaten, was den Vorteil hat, automatisch die Erhaltungssätze zu garantieren. Indem wir für alle Einzelheiten auf das Buch von WILSON, DECIUS u. CROSS verweisen, geben wir hier nur die grundlegenden Definitionen.

Die inneren Koordinaten R_k des Systems mögen durch $R_k = \sum_{i=1}^{n} B_{ki} x_i$; $k = 1, \ldots 3N-6$ (x_i = Punktkoordinaten) gegeben sein. Dann ist

$$2T = \sum_{k,l=1}^{3N-6} (G^{-1})_{kl} \dot{R}_k \dot{R}_l = \sum_{k,l=1}^{3N-6} G_{kl} \dot{P}_k \dot{P}_l$$

mit $P_k = \partial T / \partial \dot{R}_k$ und den Koeffizienten G_{kl} der Matrix G,

$$G_{kl} = \sum_{i=1}^{3N} B_{ki} B_{li} / m_l;$$

außerdem

$$2\Phi = \sum_{k,l=1}^{3N} F_{kl} R_k R_l.$$

Die wesentliche Schwierigkeit dieses Systems liegt in der Bestimmung der Matrix G für jeden Typ, für die aber, außer in der oben angeführten Literatur, durch TORKINGTON und POLO[3] wertvolle Hilfsmittel vorliegen. Die Säkulargleichung für ω^2 kann in verschiedenen Formen geschrieben werden, und zwar als

$$|F - G^{-1}\omega^2| = 0, \ |G - F^{-1}\omega^2| = 0, \ |GF - E\omega^2| = 0,$$

von denen jede charakteristische Vorzüge und Nachteile besitzt, je nach der Struktur von F und G.

---

[1] DECIUS, J. C.: J. Chem. Phys. **17**, 1315 (1949).

[2] HOWARD, J. B., and E. B. WILSON jr.: J. Chem. Phys. **2**, 630 (1934). — REDLICH, O., and H. TOMPA: J. Chem. Phys. **5**, 529 (1937). — WILSON, E. B., jr. and B. L. CRAWFORD jr.: J. Chem. Phys. **6**, 223 (1938). — WILSON, DECIUS u. CROSS, l. c.

[3] TORKINGTON, P.: J. Chem. Phys. **18**, 93 (1950). — POLO, S. R.: J. Chem. Phys. **24**, 1133 (1956).

Der Vorteil der Wilsonschen Methode liegt dagegen in der leichteren Möglichkeit, mittels der F- und G-Matrizen allgemeine Theoreme der Theorie der Molekülschwingungen zu formulieren. Als ein Beispiel führen wir an

$$\Pi_i \omega_i^2 = GF,$$

wo Π das Produkt über alle Frequenzen eines Typs bedeutet und F und G sich ebenso auf diesen Typ beziehen. Hieraus hat dann BERNSTEIN[1] Beziehungen zwischen Frequenzänderungen bei Änderungen der Kraftkonstanten abgeleitet. Ebenso kann der Isotopeneffekt der Schwingungsfrequenzen daraus erhalten werden.

Andere Arten von Symmetriekoordinaten unterscheiden sich nicht wesentlich vom Wilsonschen System der „inneren Symmetriekoordinaten" oder dem hier bevorzugten. Ein allgemeiner Formalismus zur Ableitung von Symmetriekoordinaten verschiedener Art ist von NIELSEN u. BERRYMAN[2] entwickelt worden.

Es ist übrigens von Interesse, daß neben G, der inversen Matrix der kinetischen Energie, auch eine inverse Matrix der potentiellen Energie mit Erfolg verwendet werden kann[3]. Ferner können die mittleren Amplitudenquadrate in einer Matrix zusammengefaßt werden, die ebenso wie die Energie-Matrizen oder die Matrizen der linearen Transformationen in getrennte Bestandteile für jeden Schwingungstyp zerlegt werden können[4].

Wenn mittels der Symmetriekoordinaten die Säkulargleichungen aufgestellt sind, so können aus ihnen bei bekannten Kraftkonstanten grundsätzlich die Schwingungsfrequenzen berechnet werden. Meist liegt jedoch die umgekehrte Aufgabe vor, die wesentlich schwieriger ist, und oft führen nur numerische oder Approximationsmethoden zum Ziel. Es sind jedoch auch analytische Formulierungen möglich, die grundsätzlich die Kraftkonstanten aus den Frequenzen berechnen lassen[5]. Für den Fall, daß man die Schwingungsfrequenzen mit genügender Näherung einzelnen inneren Koordinaten Δ_i zuordnen kann (Vgl. S. 144), läßt sich das wesentliche Ergebnis in folgender Form aussprechen:

Die potentielle Energie Φ sei als Funktion der inneren Koordinaten Δ_i gegeben durch

$$2\Phi = \sum_{i=1}^{n} \sum_{j=1}^{n} d_{ij} \Delta_i \Delta_j,$$

[1] BERNSTEIN, H. J.: Can. J. Chem. **29**, 284 (1951).

[2] NIELSEN, R. J., and L. H. BERRYMAN: J. Chem. Phys. **17**, 659 (1949).

[3] MASLOV, P. G.: Dokl. Akad. Nauk **67**, 819 (1949).

[4] CYVIN, S. J.: Spectrochim. Acta **15**, 828 (1959). — MORIN, Y., and E. HIROTA, J. Chem. Phys. **23**, 737 (1955).

[5] TORKINGTON, P.: J. Chem. Phys. **17**, 1026 (1949). Vgl. auch TAYLOR, W. J.: J. Chem. Phys. **18**, 1301 (1950).

die inneren Koordinaten als Funktion kartesischer Punktkoordinaten durch

$$\Delta_i = \sum_{k=1}^{N} a_{ik} z_k \qquad (N = n + 6).$$

Man bestimme die Matrix A aus

$$A_{ij} = \sum_{k=1}^{N} a_{ik} a_{jk} M / m_k,$$

wo die m_k die Massen des Systems sind und M eine willkürlich ausgewählte unter ihnen. Man ordne die Indices in der Weise, daß die Frequenzen der Größe nach geordnet sind, $\omega_1 > \omega_2 > \ldots > \omega_n$ und setze $\lambda_i = M\omega_i^2$. Man bilde

$$h_{ij} = \sum_{k=1}^{j} A_{ik} c_{kj},$$

worin c_{ij} eine Unterdeterminante der j^{ten} Reihe der Teildeterminante aus den ersten j Reihen und Kolonnen von A ist. Es gilt $c_{ij} = 0$ für $i > j$, $h_{ij} = 0$ für $i < j$. Dann sind die Kraftkonstanten d_{ij} zu erhalten aus

$$d_{ij} = \sum_{k=1}^{n} \frac{c_{ik} c_{jk}}{c_{kk} h_{kk}} \lambda_k \qquad \text{mit} \qquad i > j.$$

Ferner ist dann für eine bestimmte Frequenz ω_k:

$$z_j = \frac{M}{m_j} \sum_{i=1}^{k} a_{ij} c_{ik}.$$

Der Beitrag von ω_k zur potentiellen Energie ist gegeben durch

$$2\Phi(\omega_k) = c_{kk} h_{kk} \lambda_k.$$

Mit Vorteil können elektronische Rechenmaschinen eingesetzt werden. Diese machen ältere automatische Methoden[1] jedoch nicht überflüssig. Hinweise auf die praktische Lösung der Säkulargleichung siehe auch bei Wilson, Decius u. Cross, l.c.

Es sei ausdrücklich darauf aufmerksam gemacht, daß die Zahlenwerte auch solcher Kraftkonstanten, die mehreren Kraftsystemen gemeinsam sind, von der Wahl des Systems abhängen, also z. B. von der

---

[1] Frost, A. A., and M. Tamres: J. Chem. Phys. **15**, 383 (1947), potentiometrisch. — Kron, G.: J. Chem. Phys. **14**, 19 (1946). — Carter, G. K., and G. Kron: J. Chem. Phys. **14**, 32 (1946), elektrische Schwingungskreise. — Kettering, C. F., L. W. Shutts and D. H. Andrews: Phys. Rev. **36**, 531 (1930). — MacDougall, D. F., and E. B. Wilson jr.: J. Chem. Phys. **5**, 940 (1937). — Reitz, A. W.: Z. physik. Chem., B **35**, 363 (1937).

Weglassung gewisser Kraftkonstanten. Eine ausführliche Diskussion des Variationsbereichs von Kraftkonstanten für den Spezialfall von Säkulargleichungen zweiten Grads hat TORKINGTON[1] durchgeführt.

Anstatt auf die für jeden Einzelfall spezifisch zu wählenden Methoden einzugehen, geben wir hier ein Verzeichnis einschlägiger Literatur, in der Frequenzberechnungen durchgeführt wurden. Oft sind dabei nur die F- und G-Matrizen angegeben, aus denen die Säkulargleichung konstruiert werden kann.

Literaturverzeichnis

ARNETT, R. L., and B. L. CRAWFORD jr.: J. Chem. Phys. **18**, 118 (1950); C_2H_4.

BARRIOL, J.: J. phys. radium **7**, 209 (1946); Quarz.

BERKOVITZ, J.: J. Chem. Phys. **29**, 1386 (1958); **32**, 1519 (1960); Alkalihalid-Dimere.

BHAGAVANTAM, S., and T. VENKATARAYUDU: Proc. Indian Acad. Sci., A **8**, 119 (1938); Phosphor. — Proc. Indian Acad. Sci., A **8**, 101 (1938); Schwefel.

BORN, M.: Optik. Berlin: Springer 1933, § 100; XY_4.

BREDERODE, H. V., and H. GERDING: Rec. trav. chim. **67**, 677 (1948); P_4O_6, $P_4O_6S_4$.

BURKHARD, O.: Proc. Indian Acad. Sci., A **8**, 365 (1938); organische Moleküle.

CALIFANO, S., and B. CRAWFORD jr.: Spectrochim. Acta **16**, 889, 900 (1960); C_6H_6, Triazin.

CLAASSEN, H. H.: J. Chem. Phys. **18**, 543 (1950); X_4Y_8.

COWAN, R. D.: J. Chem. Phys. **18**, 1101 (1950); $WXYZ_3$.

CRAWFORD, B. L., jr., and S. R. BRINKLEY: J. Chem. Phys. **9**, 69 (1941); C_2H_2 und andere.

CROSS, P. C., and J. H. v. VLECK: J. Chem. Phys. **1**, 350, 357 (1933); XYZ.

CYVIN, S. J.: Spectrochim. Acta **16**, 1022, 1421 (1960); Cyclopropan.

DARLING, P. T., and D. M. DENNISON: Phys. Rev. **57**, 128 (1940); H_2O.

DENNISON, D. M.: Phil. Mag. **1**, 195 (1926); NH_3, CH_4.

DENNISON, D. M.: Phys. Rev. **41**, 304 (1932); CO_2.

DOWLING, J. M.: J. Chem. Phys. **25**, 284 (1956); Äthylen.

EL-SABBAN, M. Z., A. G. MEISTER and F. F. CLEVELAND: J. Chem. Phys. **19**, 855 (1951); $Cl_3C—CH_3$.

EL'YASHEVICH, M. A., u. B. I. STEPANOV: J. Phys. Chem. (U.S.S.R.) **17**, 145 (1943); Propan, Butan.

GLOCKLER, G., and J. Y. TUNG: J. Chem. Phys. **13**, 388 (1945); XYZ.

HEATH, D. F., and J. W. LINNET: Trans. Faraday Soc. **44**, 556 (1948); H_2O. — Trans. Faraday Soc. **44**, 561 (1948); XY_4. — Trans. Faraday Soc. **45**, 264 (1949) XY_6.

HERMAN, R. C., and W. H. SHAFFER: J. Chem. Phys. **17**, 30 (1949); Allen.

HOLLENBERG, J. L., and D. A. DOWS: Spectrochim. Acta **16**, 1155 (1960); ClO_3-Ion.

HOWARD, J. B., and E. B. WILSON jr.: J. Chem. Phys. **2**, 630 (1934); XY_3.

JANZ, G. J., and Y. MIKAWA: J. Mol. Spectr. **5**, 92 (1960); XY_3, Urey-Bradley-Konstanten.

KELLNER, L.: Proc. Roy. Soc., (Lond.) A **62**, 200 (1949); Lineare Kette, Biegungsschwingungen.

---

[1] TORKINGTON, P.: J. Chem. Phys. **17**, 357 (1949).

KING, G. W.: J. Chem. Phys. **5**, 405 (1937); H_2O.
KING, W. T., and B. CRAWFORD, jr.: J. Mol. Spectr. **5**, 421 (1960); Diacethylen, Gruppen- und Kettenfrequenzen.
LECHNER, F.: Wien. Ber. **141**, 633 (1932); dreiatomige Moleküle.
LIPPINCOTT, E. R., and M. C. TOBIN: J. Chem. Phys. **21**, 1559 (1953); N_4S_4.
LOVELL, R. J., C. V. STEPHENSON and E. A. JONES: J. Chem. Phys. **22**, 1953 (1954); F_2CO.
MANN, D. E., T. SHIMANOUCHI, J. H. MEAL and L. FANO: J. Chem. Phys. **27**, 43 (1957); halogenierte Äthane.
MANNEBACK, C.: Ann. soc. sci. Bruxelles **55** B, 5, 129, 237 (1935); C_6H_6.
MATOSSI, F.: J. Chem. Phys. **17**, 679 (1949); SiO_3-Ring, SiO_3-Kette, Si_2O_4.
MATOSSI, F.: J. Chem. Phys. **19**, 1543 (1951) Rutil.
McCULLOUGH, R. L., L. H. JONES and G. A. CROSBY: Spectrochim. Acta **16**, 929 (1960); $Ni(CN)_4$-Ion.
McMURRY, H. L.: J. Mol. Spektr. **3**, 203, 216 (1959); C_2H_6.
MEISTER, F., and F. F. CLEVELAND: J. Chem. Phys. **15**, 349 (1947); Diacethylen u. a.
MILLS, I. M., and H. W. THOMPSON: Proc. Roy. Soc. A **228**, 287 (1955); Diacethylen.
MURATA, H., and K. KAWAI: J. Chem. Phys. **26**, 1355 (1957); $M(XY)_4$.
MYAZAWA, T., and K. S. PITZER: J. Chem. Phys. **30**, 1076 (1959); CHOOH u. a., Torsionsschwingungen.
NAGENDRA NATH, N. S.: Indian J. Phys. 8, 581 (1934); XY_4.
NAGENDRA, NATH, N. S.: Proc. Indian Acad. Sci.; A **1**, 250 (1935); XY_6.
NIELSEN, H. H.: Phys. Rev. **32**, 773 (1928); XY_3.
PACE, E. L.: J. Chem. Phys. **18**, 881 (1950); Fluoromethane.
PISTORIUS, C. W. F. T.: J. Chem. Phys. **27**, 965 (1957); XH_4.
ROSENTHAL, J. E.: Phys. Rev. **45**, 426, 538 (1934); fünfatomige Moleküle. — Phys. Rev. **47**, 235 (1935); XY_3. — Phys. Rev. **49**, 535 (1936); XY_4.
ROSENTHAL, J. E.: J. Chem. Phys. **5**, 465 (1937); dreiatomige Moleküle.
SAKSENA, B. D.: Proc. Indian Acad. Sci., A **12**, 93 (1940); Quarz.
SALANT, E. O., and J. E. ROSENTHAL: Phys. Rev. **42**, 812 (1932); XY_3, XY_4, Isotopeneffekt.
SCHAEFER, C.: Z. Physik **60**, 586 (1930); XY_4.
SILVER, S., and W. H. SHAFFER: J. Chem. Phys. **9**, 299 (1941); XY_3.
SHIMANOUCHI, T.: Bull. Chem. Res. (Tokyo) **21**, 825 (1942); **22**, 958, 964 (1943); CY_4, CX_3Y, CX_2Y_2.
SHIMANOUCHI, T.: J. Chem. Phys. **25**, 660 (1956); ebene Moleküle.
SIMANOUTI, T.: J. Chem. Phys. **17**, 245, 734 (1949); Methanderivate, Polyäthylen.
STEPHENSON, C. V., and E. A. JONES: J. Chem. Phys. **20**, 1830 (1952); BrF_5.
SUTHERLAND, G. B. B. M., and D. M. DENNISON: Proc. Roy. Soc., A **148**, 250 (1935); vielatomige Moleküle.
TAYLOR, W. J., and K. S. PITZER: J. Research NBS **38**, 1 (1948); Propan, Toluol u. a.
THEIMER, O. H.: J. Chem. Phys. **27**, 408 (1957); Kettenmoleküle.
TORKINGTON, P.: J. Chem. Phys. **17**, 357 (1949); XY_2. — J. Chem. Phys. **17**, 1026 (1949); Äthylen u. a. — Proc. Phys. Soc. (Lond.), A **64**, 32 (1951); Äthylen.
UREY, H. C., and C. A. BRADLEY: Phys. Rev. **38**, 1969 (1931); XY_4.
VENKATARAYUDU, T.: Proc. Indian Acad. Sci., A **8**, 349 (1938); Diamant.
VENKATESWARLU, K., and S. SUNDARAM: J. Chem. Phys. **23**, 2365, 2368 (1955); XY_4, XY_3.
VERLEYSEN, A., u. C. M. MANNEBACK: Ann. soc. sci. Bruxelles **57** B, 311 (1937); C_2H_4.
VOGE, H., and J. E. ROSENTHAL: J. Chem. Phys. **4**, 134, 137 (1935); XYZ_3.

Weber, A., and S. M. Ferigle: J. Chem. Phys. **23**, 579 (1955); Dimethyl-diacethylen.

Whitcomb, S. E., H. H. Nielsen and L. H. Thomas: J. Chem. Phys. 8, 143 (1940); Kettenmoleküle.

Wilson, E. B., jr.: Phys. Rev. **45**, 706 (1934); C_6H_6.

Ziomek, J. S., and C. B. Mast: J. Chem. Phys. **21**, 862 (1953); XY_5.

Ziomek, J. S., J. Chem. Phys. **22**, 1001 (1954); XY_3Z_2.

Viele andere Ergebnisse siehe in der zitierten Buchliteratur.

§ 18. Reduktion auf irreduzible Gruppendarstellungen

Der wichtigste Vorzug jeder Art von Symmetriekoordinaten liegt in der Möglichkeit, sie dazu zu benutzen, die Säkulargleichung in Faktoren zu zerlegen, und zwar in so viele wie es verschiedene irreduzible Darstellungen in der Symmetriegruppe des betreffenden Punktsystems gibt. Jeder Faktor gehört zu einer dieser Darstellungen, und der Grad der Säkulargleichung in dieser Darstellung ist gleich der Zahl n_j der Schwingungsformen des Schwingungstyps j.

Betrachten wir z. B. zwei Symmetriekoordinaten q_a und q_b, von denen wir annehmen, daß sie zwei verschiedenen nicht-entarteten Schwingungstypen angehören. Dann muß mindestens eine Klasse von Symmetrieelementen in der Gruppe vorhanden sein, für die die Charaktere der q_a und q_b entsprechenden Darstellungen differieren. Denn sonst gehörten ja q_a und q_b zur gleichen Darstellung. Nehmen wir an, es sei für diese Klasse $q_a' = q_a$, $q_b' = -q_b$. Dann ist $q_a' q_b' = -q_a q_b$. Daraus folgt aber, daß die potentielle Energie Φ gegenüber Symmetrieoperationen dieser Klasse nur dann invariant sein kann, wenn $q_a q_b$ gar nicht in ihr auftritt. Dieses Ergebnis kann sofort zu der Aussage verallgemeinert werden, daß Produkte von Symmetriekoordinaten, die zu verschiedenen Darstellungen gehören, in der potentiellen Energie fehlen müssen. Und dies bedeutet zugleich, daß der Energieausdruck Φ in unabhängige quadratische Formen Φ_j zerfällt, von denen jede nur Koordinaten eines einzigen Schwingungstyps j enthält, und zwar n_j solcher Koordinaten. Entsprechend zerfällt die Säkulargleichung in Faktoren von r Gleichungen des Grads n_j, wenn r die Zahl der irreduziblen Darstellungen ist.

In gewisser Weise sind daher die Symmetriekoordinaten analog zu den Normalkoordinaten, und zwar insofern als die Schwingungsformen eines Typs unabhängig sind von denen eines andern Typs. Dies ist auch der tiefere Grund, warum in § 17 Orthogonalität für Symmetriekoordinaten gefordert wurde. Gleichzeitig erkennt man aber, daß Orthogonalität als notwendig nur für Koordinaten verschiedenen Typs gefordert werden muß. Normal- und Symmetriekoordinaten sind aber nicht identisch; denn für Normalkoordinaten würde ja die Säkulargleichung in Faktoren ersten Grades zerfallen müssen, entsprechend der Zerlegung der Energie in lauter Quadrate.

Diese Aussagen bleiben richtig auch für entartete Schwingungen, nur ist der Beweis etwas umständlicher und erfordert einige Ergebnisse aus § 9.

Wir betrachten zwei Darstellungen Γ_j und $\Gamma_{j'}$, deren Dimensionen f_j und $f_{j'}$ seien. Die Symmetriekoordinaten, die zu Γ_j gehören, seien $q_{j\alpha}$ ($\alpha = 1 \ldots f_j$), die von $\Gamma_{j'}$ seien $p_{j'\beta}$ ($\beta = 1, \ldots f_{j'}$). Gemäß (10) von § 9 transformiert sich das Produkt bei einer Symmetrieoperation wie

$$q'_{j\alpha} p'_{j'\beta} = \sum_{l=1}^{f_j} \sum_{m=1}^{f_{j'}} g_{l\alpha} g'_{m\beta} q_{jl} p_{j'm}, \tag{1}$$

wo $g_{l\alpha}$ und $g'_{m\beta}$ Koeffizienten der zu q und p gehörenden Transformationsmatrizen der betreffenden Symmetrieoperation sind. Wir bilden die Summe S über alle h Elemente der Gruppe. Nun können die Matrizen g und g' (für $j \neq j'$) sicher nicht für alle Klassen zueinander adjungiert sein (denn sonst wären die Darstellungen identisch). Daher haben wir hier die gleichen Umstände wie bei (14) von § 9, und es bleiben in S nur Glieder mit $g = g'$, $j = j'$, $l = m$ und $\alpha = \beta$ übrig. Mittels (14a) von § 9 erhält man dann

$$S q'_{j\alpha} p'_{j\alpha} = \sum_{l=1}^{f_j} S g_{l\alpha} \bar{g}_{l\alpha} q_{jl} p_{jl} = \sum_{l=1}^{f_j} q_{jl} p_{jl} \frac{h}{f_j}. \tag{2}$$

In allen andern Fällen, d. h. insbesondere für $j \neq j'$ verschwindet $S q'_{j\alpha} p'_{j'\beta}$ und daher auch alle Produkte entarteter Koordinaten verschiedenen Schwingungstyps. Ferner hat man

$$\sum_{\alpha=1}^{f_j} S q'_{j\alpha} p'_{j\alpha} = S \sum_{\alpha=1}^{f_j} q'_{j\alpha} p'_{j\alpha} = h \sum_{\alpha=1}^{f_j} q'_{j\alpha} p'_{j\alpha} = f_j \sum_{l=1}^{f_j} q_{jl} p_{jl} \frac{h}{f_j} \quad \text{oder}$$

$$\sum_{\alpha=1}^{f_j} q'_{j\alpha} p'_{j\alpha} = \sum_{l=1}^{f_j} q_{jl} p_{jl}. \tag{3}$$

Die potentielle Energie ist daher nur dann invariant, wenn die Produkte $q_{jl} p_{jl}$ genau wie in (3) auftreten, d. h. mit gleichen Koeffizienten. In § 7 hatten wir diese Eigenschaften für den Spezialfall $q = p$ als Ausgangspunkt der Diskussion entarteter Koordinaten benutzt.

Weiter oben haben wir behauptet, daß jeder Bestandteil Φ_j der Energie gerade n_j Variablen enthält, wobei n_j die Zahl der Schwingungen des Typs j angibt oder die Zahl der irreduziblen Darstellungen Γ_j in der reduziblen Darstellung. Diese trivial erscheinende Aussage soll noch begründet werden. Nun ist der Charakter χ_i der reduziblen Darstellung nach § 91 gegeben durch

$$\chi_i = \sum_{j=1}^{r} n_j \chi_i^{(j)}.$$

Für das Symmetrieelement $E\,(i=1)$ ist aber $\chi_i^{(j)}=1$, daher $\chi_i(E)=\Sigma n_j$. Nach (3) von § 10 ist aber auch, wegen $u_1=N$, $\chi(E)=3N$, d. h. gleich der Gesamtzahl der Variablen, und dies kann nur richtig sein, wenn jedes Φ_j mindestens so viel Variablen hat, wie n_j angibt. Φ_j kann aber auch nicht mehr als n_j Variablen haben; denn das würde ja bedeuten, daß bei Reduktion von Φ_j auf Normalkoordinaten, die jede eine Schwingung darstellen, mehr Schwingungen gleichen Symmetrieverhaltens möglich wären als der Reduktion auf die irreduziblen Darstellungen entspricht, was dem in § 9 erläuterten Begriff der Reduzibilität widersprechen würde. Diese Betrachtungen gelten für entartete und nichtentartete Schwingungen, nur muß man für die ersten statt von Variablen von Sätzen aus f_j Variablen sprechen.

Der Anzahl n_j von Variablen oder Koordinaten q_i (oder der Zahl n_j von Sätzen von f_j Variablen) eines Schwingungstyps müssen n_j unabhängige Koeffizienten a_{ik} usw. in (2) von § 17 entsprechen, so daß alle Koeffizienten der Symmetriekoordinaten als Funktion der Punktkoordinaten durch n_j dieser Koeffizienten ausdrückbar sind. Nur dann sind die n_j Koordinaten q_i voneinander unabhängig und können grundsätzlich durch n_j lineare Kombinationen zu n_j unabhängigen Normalkoordinaten transformiert werden. Die Aufgabe ist, die Koeffizienten a_{ik} auf n_j unabhängige unter ihnen für jeden Schwingungstyp zurückzuführen. Das ist mit den hier behandelten Symmetriekoordinaten immer möglich, und zwar mit folgender Methode, die allgemein für eine f-dimensionale Darstellung Γ_j formuliert sei.

Wir gehen von f Symmetriekoordinaten q_l aus und betrachten deren Transformationseigenschaften. (Der Index bezieht sich hier also auf die f miteinander entarteten Koordinaten einer Schwingungsfrequenz, nicht auf die verschiedenen Frequenzen, die Punktkoordinate x_i soll gleichzeitig y_i und z_i umfassen.) Dann ist für eine bestimmte Symmetrieoperation

$$q_l' = \sum_{k=1}^{f} \alpha_{lk} q_k = \sum_{k=1}^{f} \alpha_{lk} \sum_{i=1}^{3N} a_{ki} x_i. \tag{4}$$

Die Punktkoordinaten mögen sich gemäß

$$x_i' = \sum_{m=1}^{3N} s_{im} x_m$$

transformieren, so daß für q_l' auch geschrieben werden kann

$$q_l' = \sum_{i=1}^{3N} a_{li} x_i' = \sum_{i=1}^{N} a_{li} \sum_{m=1}^{N} s_{im} x_m. \tag{5}$$

Hieraus folgt

$$\sum_{k=1}^{f} \alpha_{lk} \sum_{i=1}^{3N} a_{ki} x_i = \sum_{i=1}^{3N} a_{li} \sum_{m=1}^{3N} s_{im} x_m. \tag{6}$$

Für jeden Index m gibt dies eine Gleichung zwischen den Koeffizienten, nämlich

$$\sum_{k=1}^{f} \alpha_{lk} a_{km} = \sum_{i=1}^{3N} a_{li} s_{im}. \tag{7}$$

Das sind im ganzen $3Nf$ Gleichungen, eine für jedes m und jedes l, für jede Symmetrieoperation der Gruppe bzw. für alle zulässigen Werte der Koeffizienten α und s. Nicht alle diese Gleichungen sind unabhängig voneinander. Aber jedenfalls können aus ihnen, unter Umständen auch unter zusätzlicher Benutzung der Orthogonalitätsbeziehungen, grundsätzlich die Koeffizienten a_{li} als Funktion einiger übrigbleibender unabhängiger Koeffizienten bestimmt werden.

Ein anderes System von Gleichungen zur Bestimmung der Koeffizienten kann wie folgt abgeleitet werden[1]. Wenn q_l und q_l' Symmetriekoordinaten sind, so kann deren Summe über alle Elemente der Gruppe ebenfalls als eine Symmetriekoordinate Q angesehen werden, wobei also für ein bestimmtes l:

$$Q = S q_l' = S \sum_{k=1}^{f} \alpha_{lk} q_k.$$

Nun gibt es für jedes l nur n_j unabhängige Koordinaten q_l' und daher n_j Koordinaten Q. Das führt zu n_j Gleichungen der Art

$$S \sum_{k=1}^{f} \alpha_{lk} \sum_{i=1}^{3N} a_{ki} x_i = \sum_{i=1}^{3N} S a_{li} \sum_{m=1}^{3N} s_{im} x_m \tag{8}$$

für jedes l. Bezeichnen wir die unabhängigen Koeffizienten a_{ki} mit A_{ki}, so ist

$$\sum_{i=1}^{3N} a_{ki} x_i = \sum_{i=1}^{n_j} A_{ki} \xi_i,$$

wobei ξ_i eine lineare Kombination der x_i darstellt. Die ξ_i mögen sich gemäß $\xi_i' = \sum_{m=1}^{n_j} \sigma_{im} \xi_m$ transformieren. Damit wird aus (8):

$$S \sum_{k=1}^{f} \alpha_{lk} \sum_{i=1}^{n_j} A_{ki} \xi_i = \sum_{i=1}^{n_j} S A_{li} \sum_{m=1}^{n_j} \sigma_{im} \xi_m, \tag{9}$$

was n_j Gleichungen für die n_j Koeffizienten A_{ki} darstellt, also eine ausreichende Zahl. Tatsächlich braucht man bei der praktischen Durch-

[1] Nielsen, J. R., and L. H. Berryman: J. Chem. Phys. 17, 659 (1949).

führung der Methode der Symmetriekoordinaten nicht von (9) auszugehen, sondern man kann ebensogut das leichter aufzustellende System (7) oder dazu äquivalente benutzen, aus dem man eine geeignete Zahl unabhängiger Gleichungen auswählt. Es ist ja gleichgültig, auf welchem Weg man zu den unabhängigen Koeffizienten und deren Beziehung zu allen anderen gelangt.

Die nächsten beiden Paragraphen sollen an Hand von Beispielen die praktische Anwendung der Symmetriekoordinaten zur Frequenzberechnung erläutern. Die Beispiele sind nicht des wissenschaftlichen Interesses wegen gewählt, sondern aus didaktischen Gründen. Rein algebraische Schwierigkeiten sind durch starke Vereinfachung des Kraftsystems soweit wie möglich vermieden, Vereinfachungen, die jedoch oft über das Maß dessen hinausgehen, das erlaubt ist, wenn man die Frequenzberechnungen dazu verwenden will, aus dem Vergleich von Beobachtung und Theorie Schlüsse auf Struktur und Bindungskräfte eines Moleküls zu ziehen. An geeigneter Stelle ist auf die Wirkung solcher Vereinfachungen und auf andere Punkte hingewiesen worden, die in der Praxis zu Schwierigkeiten Anlaß geben könnten.

§ 19. Anwendung auf Moleküle der Form XY_2, X_3, X_2Y_3, ZX_2Y_3

a) Nicht-entartete Koordinaten. Als erstes Beispiel wählen wir ein symmetrisches nicht-lineares System dreier Massenpunkte, wie es H_2O darstellt (Abb. 18). Dabei treten nur nicht-entartete Schwingungen auf. Das Molekül hat die Symmetrie $\mathfrak{C}_{2v}$ mit den Symmetrieoperationen E, C_2^x, σ_y und σ_z durch den Punkt M. Bei Anwendung von C_2 oder σ_y werden die Punkte 1 und 2 vertauscht (oder anders ausgedrückt: werden die Schwingungsamplituden oder Verschiebungen von Punkt 1 nach 2 übergeführt und umgekehrt). Die beiden andern Operationen lassen die Punkte ungeändert. Dies wird symbolisch wie folgt ausgedrückt:

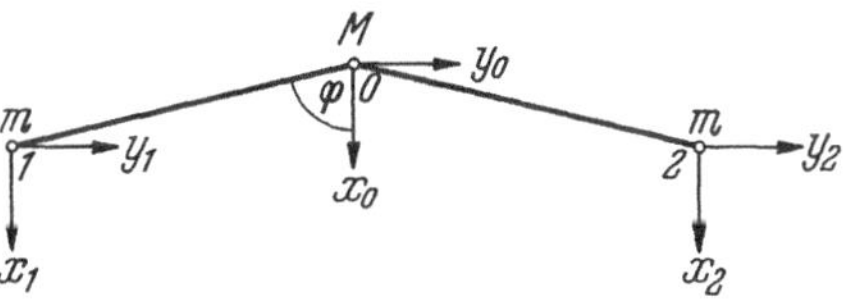

Abb. 18. *Koordinaten für gewinkeltes XY_2-Molekül*

$$E: (0)\ (1)\ (2); \quad C_2: (0)\ (1,\ 2); \quad \sigma_y: (0)\ (1,\ 2); \quad \sigma_z: (0)\ (1)\ (2).$$

Die Punktkoordinaten werden folgendermaßen ausgetauscht:

$$E: x_i \to x_i,\ y_i \to y_i,\ z_i \to z_i;$$

$$C_2: x_0 \to x_0,\ y_0 \to -y_0,\ z_0 \to -z_0;\ x_1 \leftrightarrow x_2,\ y_1 \leftrightarrow -y_2,\ z_1 \leftrightarrow -z_2;$$

$$\sigma_y: x_0 \to x_0,\ y_0 \to -y_0,\ z_0 \to z_0;\ x_1 \leftrightarrow x_2,\ y_1 \leftrightarrow -y_2,\ z_1 \leftrightarrow z_2;$$

$$\sigma_z: x_i \to x_i,\ y_i \to y_i,\ z_i \to -z_i.$$

Die Zahl u_i der ungeänderten Teilchen ist

$$u_E = 3, \quad u_{C_2} = 1, \quad u_{\sigma_y} = 1, \quad u_{\sigma_z} = 3.$$

Die Anzahl n_j der Schwingungsformen für die Schwingungstypen A_1, A_2, B_1 und B_2 lassen sich nach Tab. 6a und der Abzählregel (§ 10) berechnen als:

	für	A_1	A_2	B_1	B_2
n_j, einschließlich der uneigentlichen Schwingungen	=	3	1	2	3
n_j, ausschließlich der uneigentlichen Schwingungen	=	2	0	0	1 .

Die Intensitäts- und Polarisationsregeln (§ 11) ergeben als Charakterisierung der entsprechenden Schwingungstypen[1]:

	A_1	A_2	B_1	B_2
UR:	$M_x \neq 0$	ia	$M_y \neq 0$	$M_z \neq 0$
RE:	p	dp	dp	dp .

Wir schreiben die Symmetriekoordinaten in der speziellen Form

$$q_k = a_k x_0 + b_k x_1 + c_k x_2 + d_k y_0 + e_k y_1 + f_k y_2 + g_k z_0 + h_k z_1 + i_k z_2$$

unter Fortlassung des Index k, wenn das nicht zu Verwechslungen führen kann.

Um a_k bis i_k zu bestimmen, wenden wir die Symmetrieoperationen an unter Berücksichtigung ihrer Charaktere für die verschiedenen Schwingungstypen und der Transformationseigenschaften der Punkte und ihrer Koordinaten.

1. Typ A_1: $n_j = 3$; $k = 1, 2, 3$.

a) Klasse C_2: $\chi_j = 1$ oder

$$q' = a x_0 + b x_2 + c x_1 - d y_0 - e y_2 - f y_1 - g z_0 - h z_2 - i z_1 = q,$$

woraus folgt

$$b = c, \quad d = g = 0, \quad e = -f, \quad h = -i.$$

b) Klasse σ_y: $\chi_j = 1$ oder

$$q' = a x_0 + b(x_2 + x_1) - e(y_2 - y_1) + h(z_2 - z_1) = q,$$

d. h. $h = 0$ (unter Verwendung der Beziehungen, die bereits für Klasse C_2 abgeleitet sind).

c) Klasse σ_z: $\chi_j = 1$ oder

$$q' = a x_0 + b(x_1 + x_2) + e(y_1 - y_2) = q.$$

[1] Gebräuchliche Abkürzungen: a = aktiv; ia = inaktiv; p = polarisiert, $\varrho < 6/7$; dp = depolarisiert, $\varrho = 6/7$; v = verboten; M_x = x-Komponente der Amplitude des Dipolmoments.

Diese Gleichung liefert keine neuen Beziehungen zwischen den Koeffizienten. Daher ist

$$q_k = a_k x_0 + b_k (x_1 + x_2) + e_k (y_1 - y_2),$$

oder als 3 „unabhängige Koordinaten“

$$q_1 = x_0, \quad q_2 = x_1 + x_2, \quad q_3 = y_1 - y_2.$$

2. Typ A_2: $n_j = 1$, $k = 4$.

In der entsprechenden Weise wie für A_1 erhalten wir hier

$$q_4 = z_1 - z_2.$$

3. Typ B_1: $n_j = 2$; $k = 5, 6$.

$$q_5 = z_0, \quad q_6 = z_1 + z_2.$$

4. Typ B_2: $n_j = 3$; $k = 7, 8, 9$.

$$q_7 = y_0, \quad q_8 = y_1 + y_2, \quad q_9 = x_1 - x_2.$$

Alle q_k sind orthogonal zueinander, aber sie sind nicht notwendigerweise Normalkoordinaten.

Die Schwingungstypen, zu denen Translationen und Rotationen gehören, erhält man folgendermaßen:

Für T parallel x ist $x_0 = x_1 = x_2$, $y_i = z_i = 0$,
oder q_3 bis $q_9 = 0$; $q_1, q_2 \neq 0$, d. h. A_1;

Für T parallel y ist $y_0 = y_1 = y_2$, $x_i = z_i = 0$,
oder nur $q_7, q_8 \neq 0$, d. h. B_2;

Für T parallel z ist $z_0 = z_1 = z_2$, $y_i = x_i = 0$,
oder nur $q_5, q_6 \neq 0$, d. h. B_1;

Für R um x[1] ist $z_1 = -z_2$, $z_0 = 0$,
oder nur $q_4 \neq 0$, d. h. A_2;

Für R um y ist $z_1 = z_2 = -\alpha z_0$,
oder nur $q_5, q_6 \neq 0$, d. h. B_1;

Für R um z ist $x_0 = 0$, $x_1 = -x_2 \neq 0$, $y_0 = \alpha x_1$,
oder nur $q_7, q_9 \neq 0$, d. h. B_2.

Wie wir schon gesehen haben, bleiben nur drei eigentliche Schwingungsformen übrig, nämlich zwei in A_1 und eine in B_2.

[1] Diese Beziehungen gelten nur für unendlich kleine Rotationswinkel. α hängt von der Lage des Schwerpunktes ab.

Die Schwingungsformen für A_1, d. h. die Beziehungen zwischen den Punkt-Koordinaten dieses Typs, werden bestimmt, indem man q_4 bis q_9 gleich Null setzt.

Das ergibt

$$y_0 = 0,\ y_1 = -y_2,\ x_1 = x_2,\ z_i = 0,\quad x_0 \text{ beliebig.}$$

Wir haben drei unabhängige Veränderliche, von denen eine mit Hilfe des Impulssatzes eleminiert werden könnte. Doch ist dies nicht notwendig. Die quantitativen Werte der Verhältnisse y_1/x_0 und x_1/x_0 oder die Koeffizienten a, b und e können nur bestimmt werden, nachdem die Säkulargleichung tatsächlich gelöst ist (siehe unten). Sie sind von den Massen und Kräften abhängig.

In ähnlicher Weise erhalten wir für B_2:

$$x_0 = 0,\ x_1 = -x_2,\ y_1 = y_2,\ z_i = 0,\quad y_0 \text{ beliebig.}$$

Dabei hätten wir mit Hilfe der Erhaltungssätze zwei der Koordinaten eliminieren können.

Nun muß die potentielle Energie als Funktion passender Koordinaten ausgedrückt werden, z. B. als Funktion der Abstandsänderungen. Wir müssen sie für die einzelnen Typen spezialisieren als Funktion der übrigbleibenden unabhängigen Koordinaten x_i, wobei wir die Beziehung der Koordinaten untereinander ausnutzen. Für die kinetische Energie würde ein ähnliches Verfahren anzuwenden sein; doch ist sie im allgemeinen schon in Punkt-Koordinaten.

Wenn wir annehmen, daß die potentielle Energie nur abhängig ist von den Änderungen Δ_1 und Δ_2 der Abstände 0—1 und 0—2, dann ist

$$\Phi = \frac{k}{2}(\Delta_1^2 + \Delta_2^2).$$

Δ_1 und Δ_2 sind aus den Punktkoordinaten als

$$\begin{aligned} \Delta_1 &= (y_0 - y_1)\sin\varphi + (x_1 - x_0)\cos\varphi \\ \Delta_2 &= (y_0 - y_2)\sin\varphi + (x_2 - x_0)\cos\varphi \end{aligned} \qquad 2\varphi = \sphericalangle\,(1\ 0\ 2)$$

zu berechnen, was sich spezialisiert zu

$$\Delta_1 = \Delta_2 = -x_0\cos\varphi + x_1\cos\varphi - y_1\sin\varphi \qquad \text{für } A_1 \text{ und}$$

$$\Delta_1 = -\Delta_2 = x_1\cos\varphi + y_0\sin\varphi - y_1\sin\varphi \qquad \text{für } B_2.$$

Für die weiterhin nichtberücksichtigte Winkeländerung δ_0 würde man erhalten

$$R\,\delta_0 = (x_0 - x_1 - x_2)\sin\varphi + (y_0 - y_1 + y_2)\cos\varphi;$$

R ist der Gleichgewichtsabstand zweier Atome. Dann erhalten wir

$$\Phi_{A_1} = k[(x_1 - x_0)^2 \cos^2\varphi + y_1^2 \sin^2\varphi - 2y_1(x_1 - x_0)\cos\varphi\sin\varphi],$$

$$T_{A_1} = \frac{M}{2}\dot{x}_0^2 + m\dot{x}_1^2 + m\dot{y}_1^2;$$

$$\Phi_{B_2} = k[x_1^2 \cos^2\varphi + (y_0 - y_1)^2 \sin^2\varphi + 2x_1(y_0 - y_1)\cos\varphi\sin\varphi],$$

$$T_{B_2} = \frac{M}{2}\dot{y}_0^2 + m\dot{x}_1^2 + m\dot{y}_1^2.$$

Der Vorteil der Methode liegt in der Tatsache, daß Φ nicht von Anfang an als Funktion der gewählten Koordinaten ausgedrückt zu werden braucht, sondern daß wir die aus den Symmetriebedingungen für jeden Typ einzeln abgeleiteten Beziehungen benutzen können.

Die Schwingungsgleichungen werden dann in der üblichen Weise [(5) von § 15] abgeleitet und nach den Frequenzen und, falls erwünscht, nach Amplituden aufgelöst. Natürlich steht es uns frei, diese Gleichung durch neue Transformationen noch weiter zu vereinfachen, bis wir, wenn möglich, die Normalkoordinaten direkt bekommen.

In unserm Fall müssen wir eine Nullfrequenz in A_1 und zwei Nullfrequenzen in B_2 bekommen. Hätten wir die entsprechenden überzähligen Koordinaten eliminiert, so hätten wir nur zwei unabhängige Symmetriekoordinaten für A_1 und eine für B_2 erhalten; dann würde keine Nullfrequenz auftreten. Beide Wege sind möglich; aber der erste ist bequemer, wenn das Molekül komplizierter ist.

Der Vollständigkeit halber geben wir die einfachen und bekannten Resultate für die Frequenzen und deren Schwingungsformen an. Wir schreiben die Säkulargleichung in einer Form, die die entsprechenden linearen Gleichungen in den Koordinaten sofort nahelegt.

Für A_1: $\quad x_0 \quad x_1 \quad y_1$

$$\begin{vmatrix} -M\omega^2 + 2k\cos^2\varphi & -2k\cos^2\varphi & 2k\cos\varphi\sin\varphi \\ -2k\cos^2\varphi & -2m\omega^2 + 2k\cos^2\varphi & -2k\cos\varphi\sin\varphi \\ 2k\cos\varphi\sin\varphi & -2k\cos\varphi\sin\varphi & -2m\omega^2 + 2k\sin^2\varphi \end{vmatrix} = 0;$$

$$\text{daraus ergibt sich} \begin{cases} \omega_1^2 = k[1/m + (2/M)\cos^2\varphi] \\ \omega_2^2 = 0, \\ \omega_3^2 = 0. \end{cases}$$

Daß wir zwei Nullfrequenzen an Stelle von einer erhalten, liegt an der zu starken Vereinfachung des Ausdrucks für die potentielle Energie. Dies ist stets der Fall, wenn der Energieausdruck nicht die erforderliche Anzahl innerer Koordinaten enthält. Als wir die Änderung des Winkels φ (oder die Änderung des Abstands 1—2) vernachlässigten, haben wir die

Bewegungsfreiheit beschränkt, und unsere drei Koordinaten x_0, x_1, y_1 sind nicht streng unabhängig voneinander[1].

Führt man ω_i in die linearen Gleichungen ein, die durch die Reihen der obigen Determinante angedeutet sind, so erhält man folgende Beziehungen:

$$y_1/x_1 = -\operatorname{tg}\varphi, \quad x_0/x_1 = -2m/M \text{ für } \omega_1; \quad x_1/y_1 = \frac{\operatorname{tg}\varphi}{1+2m/M},$$

$$x_0/x_1 = -2m/M \text{ für } \omega_2; \quad x_0 = x_1 = x_2 \neq 0, \quad y_i = 0(T) \text{ für } \omega_3.$$

Für $\omega_{1,2}$ ist dabei auf die Erhaltung des Schwerpunktes Rücksicht genommen. Die Gleichungen beschreiben die normalen Schwingungsformen; man hätte sie ebenso aus einer Diagonaltransformation der Matrix obiger Determinante erhalten können.

Für B_2 erhalten wir auf die gleiche Weise:

$$\omega_4^2 = k[1/m + (2/M)\sin^2\varphi] \text{ mit } x_1/y_0 = (M/m)\operatorname{cotg}\varphi, \; y_1/y_0 = -M/2m,$$

$$\omega_5^2 = 0 \text{ (Translation)}, \qquad \omega_6^2 = 0 \text{ (Rotation)}.$$

Die übliche Anwendung dieser Resultate würde darin bestehen, die Kraftkonstanten und, wenn nötig, auch φ aus empirischen Werten der Frequenzen zu bestimmen[2].

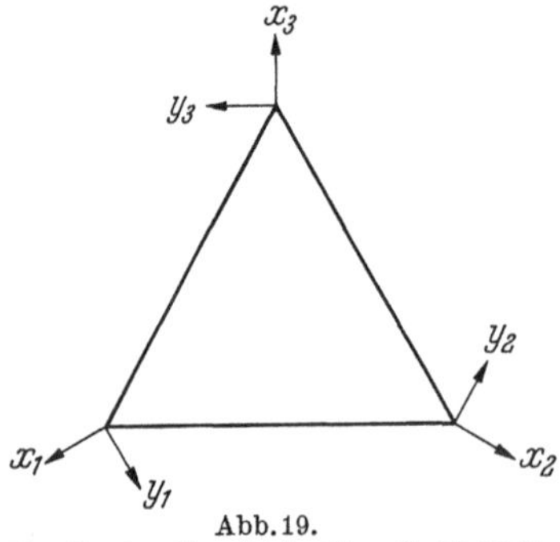

Abb. 19.
Koordinaten für gleichseitiges X_3-Molekül

Dazu müssen die beobachteten Frequenzen unter Beachtung der Auswahlregeln den verschiedenen Schwingungstypen zugeordnet werden, was oft nicht eindeutig durchgeführt werden kann. Bei falscher Zuordnung wird aber im allgemeinen die Berechnung der Kraftkonstanten physikalisch unannehmbare Ergebnisse liefern.

Sind die Kraftkonstanten bestimmt und alle Δ_i, dann kann man die potentielle Energie zerlegen in Anteile, die bestimmten Bindungen zukommen und die prozentuale Beteiligung der verschiedenen Kraftkonstanten feststellen. Überwiegt bei einer bestimmten Schwingung das Glied mit der einer bestimmten Bindung entsprechenden Kraftkonstanten, so hat man das Recht von einer dieser Bindung zukommenden Bindungsfrequenz zu sprechen.

[1] Ein formaler Beweis ist von CRAWFORD, B. L., jr., and E. B. WILSON jr. in J. Chem. Phys. **9**, 323 (1941) geliefert worden.

[2] Eine gründliche Untersuchung der Säkulargleichung für XY_2 siehe bei TORKINGTON, P.: J. Chem. Phys. **17**, 357 (1949).

b) Entartete Koordinaten. Die nächsten Beispiele enthalten entartete Koordinaten. Wir betrachten die Schwingungen dreier gleicher Massen in den Ecken eines gleichseitigen Dreiecks ($\mathfrak{D}_{3h}$). Die Punktkoordinaten sind in Abb. 19 angedeutet. Die Wahl nichtparalleler Achsen erleichtert die Rechnungen beträchtlich.

Nach dem im ersten Beispiel benutzten Schema haben wir folgende Symmetrieeigenschaften:

C_3: $x_1 \to x_2 \to x_3 \to x_1,\ y_1 \to y_2 \to y_3 \to y_1,\ z_1 \to z_2 \to z_3 \to z_1$; $(1, 2, 3)$; $u_{C_3} = 0$,

C_2: $x_1 \leftrightarrow x_2,\ x_3 \to x_3,\ y_1 \leftrightarrow -y_2,\ y_3 \to -y_3, z_1 \leftrightarrow -z_2,\ z_3 \to -z_3$;

$(1, 2)\,(3)$; $u_{C_2} = 1$

und analog für die C_2-Achsen durch 1 und 2;

iC_6: $x_1 \to x_3 \to x_2 \to x_1,\ y_1 \to y_3 \to y_2 \to y_1,\ z_1 \to -z_3 \to z_2 \to -z_1$;

$(1, 3, 2)$; $u_{iC_6} = 0$;

σ_h: $x_i \to x_i,\ y_i \to y_i,\ z_i \to -z_i$; $(1)\,(2)\,(3)$; $u_{\sigma_h} = 3$;

σ_v: $x_1 \leftrightarrow x_2,\ x_3 \to x_3,\ y_1 \leftrightarrow -y_2,\ y_3 \to y_3,\ z_1 \leftrightarrow z_2,\ z_3 \to z_3$;

$(1, 2)\,(3)$; $u_{\sigma_v} = 1$,

und analog für die Ebenen durch 1 und 2.

Nach der Tab. 6h erhält man je eine Schwingung der Typen A_1', A_2', A_2'', E'' und zwei für E'. Aber eigentliche Schwingungen, und zwar je eine, existieren nur für A_1' und E'.

Die Symmetriekoordinaten der nicht-entarteten Schwingungen ergeben sich nach dem Verfahren des ersten Beispiels zu

A_1': $q_1 = x_1 + x_2 + x_3$.

A_2': $q_2 = y_1 + y_2 + y_3$; hierzu die Rotation um z ($y_1 = y_2 = y_3$, $x_i = z_i = 0$).

A_2'': $q_3 = z_1 + z_2 + z_3$; hierzu die Translation parallel z ($z_1 = z_2 = z_3$).

Nun zu den Typen E' und E''. Nach (3) von § 7 setzen wir

$$q_a' = \alpha_{11} q_a + \alpha_{12} q_b \qquad\qquad q_a = \sum_{i=1}^{3} (a_i x_i + b_i y_i + c_i z_i)$$

und

$$q_b' = \alpha_{21} q_a + \alpha_{22} q_b \qquad\qquad q_b = \sum_{i=1}^{3} (\alpha_i x_i + \beta_i y_i + \gamma_i z_i)$$

und wählen α_{ik} derart, daß die richtigen Werte der Charaktere unter Beachtung der Orthogonalitätsbeziehungen erhalten werden.

Anwendung der Operation σ_h mit

$\chi = +2$ für E'	$\chi = -2$ für E''
oder $q_a' = q_a$, $q_b' = q_b$	oder $q_a' = -q_a$, $q_b' = -q_b$
ergibt $c_i = \gamma_i = 0$.	ergibt $a_i = b_i = \alpha_i = \beta_i = 0$.

Anwendung von C_2 (durch Punkt 3) mit $\chi = 0$ oder $q'_a = -q_a$, $q'_b = q_b$ in beiden Typen ergibt

$$a_1 = -a_2,\ b_1 = -b_2,\ a_3 = 0, \qquad c_1 = c_2,\ c_3 \neq 0,$$
$$\alpha_1 = \alpha_2,\ \beta_1 = \beta_2,\ \beta_3 = 0. \qquad \gamma_1 = -\gamma_2,\ \gamma_3 = 0.$$

Umgekehrte Vorzeichenwahl in den Transformationsgleichungen hätte die a- und b-Komponenten vertauscht, was unwesentlich ist. Dasselbe gilt für die Anwendung von σ_v statt von C_2. Jedoch würde die Operation C_2 (durch Punkt 1 oder 2) ein neues, aber nutzloses Resultat ergeben haben, nämlich Verschwinden aller Koeffizienten. Der tiefere Grund für dieses Verhalten ist darin zu suchen, daß die Zerlegung der entarteten Schwingung in zwei bezüglich der Operation σ und C_2 nichtentartete Komponenten die Wirkung der die Entartung bedingenden hohen Symmetrie zerstört.

Für die Zwecke der Frequenzberechnung ist aber trotzdem unser Verfahren erlaubt und zweckmäßig, nur müssen dann weitere Hilfsmittel zur Bestimmung der Koeffizienten a_i usw. herangezogen werden, z. B. Orthogonalitätseigenschaften[1] der Symmetriekoordinaten. In unserem Fall führt deren Anwendung zu den Beziehungen

$$c_3 = -2c_1, \quad b_3 = -2b_1, \quad \alpha_3 = -2\alpha_1,$$

so daß jetzt die korrekte Anzahl unabhängiger Koeffizienten erreicht ist. Die Symmetriekoordinaten sind dann

$$q_{4a,5a} = a_1(x_1 - x_2) + b_1(y_1 + y_2 - 2y_3), \qquad q_{6a} = z_1 + z_2 - 2z_3,$$
$$q_{4b,5b} = \alpha_1(x_1 + x_2 - 2x_3) + \beta_1(y_1 - y_2). \qquad q_{6b} = z_1 - z_2.$$

q_{6a} und q_{6b} entsprechen den Rotationen um die zu x_3 und y_3 parallelen Achsen durch den Schwerpunkt ($z_1 = -z_2$, $z_3 = 0$ und $z_1 = z_2 = -z_3$).

In $q_{4,5}$ können wir die uneigentlichen Schwingungen aus den Erhaltungssätzen für

$$\text{Impuls, } x_3 = \frac{x_1 + x_2}{2} + \sqrt{3}\,\frac{y_1 - y_2}{2},\ y_3 = \frac{y_1 + y_2}{2} + \sqrt{3}\,\frac{x_2 - x_1}{2},$$
$$\text{und Drehimpuls, } y_1 + y_2 + y_3 = 0,$$

eliminieren. Es bleibt dann für E' die einzige Koordinate

$$q_{4a} = -(\sqrt{3}\,a_1 + 3b_1)\,y_3 = a'\,y_3,$$
$$q_{4b} = (\beta - \sqrt{3}\,\alpha_1)(y_1 - y_2) = \alpha'(y_1 - y_2)$$

übrig.

[1] Eine Methode, entartete Symmetriekoordinaten mittels komplexer Darstellungen zu bestimmen, ist von VENKATARAYUDU, T. [Proc. Indian Acad. Sci., A **17**, 50 (1943)] ausgearbeitet worden. Vgl. auch KILPATRICK, J. E.: J. Chem. Phys. **16**, 749 (1948).

Die Bedingungen für die Punktkoordinaten lauten

für A_1':	für E':
$q_2, \dots q_6 = 0$ oder	$q_1, q_2, q_3, q_6, q_{4b,5b} = 0$ oder
$x_1 = x_2 = x_3,\ y_i = 0,\ z_i = 0;$	$x_{1a} = -x_{2a},\ x_{3a} = 0,\ y_{1a} = y_{2a} = -\frac{1}{2} y_{3a},\ z_{ia} = 0.$

Die allgemeinen Ausdrücke

$$\Delta_{ik} = \frac{\sqrt{3}}{2}(x_i + x_k) - \frac{1}{2}(y_i - y_k);$$

für die Abstandsänderungen spezialisieren sich zu

$\Delta_{12} = \Delta_{23} = \Delta_{31} = \sqrt{3}\, x_1$	$\Delta_{12} = 0,\ \Delta_{31} = -\Delta_{23} = \frac{\sqrt{3}}{2} x_1 + \frac{3}{2} y_1.$

Die potentielle Energie $\Phi = \frac{k}{2}(\Delta_{12}^2 + \Delta_{23}^2 + \Delta_{31}^2)$ wird dann

$\Phi = \frac{9}{2} k x_1^2,$	$\Phi = \frac{3}{4} k (x_1^2 + 3 y_1^2 + \sqrt{3}\, x_1 y_1),$

und die kinetische Energie

$T = \frac{3}{2} m \dot{x}_1^2$	$T = m(\dot{x}_1^2 + 3\dot{y}_1^2).$

Die Schwingungsgleichungen lauten daher

$-3m\omega^2 + 9k = 0$	$\left(\frac{3}{2}k - 2m\omega^2\right) x_{1a} + \frac{3}{2}\sqrt{3}\, k y_{1a} = 0,$ $\frac{3}{2}\sqrt{3}\, k x_{1a} + \left(\frac{9}{2}k - 6m\omega^2\right) y_{1a} = 0,$

mit den Lösungen

$\omega_1^2 = 3k/m,$	$\omega_4^2 = \frac{3}{2} k/m, \quad x_{1a} = \sqrt{3}\, y_{1a},$
x_1 beliebig.	und $\omega_5^2 = 0,\ x_{1a} = -\sqrt{3}\, y_{1a}$ (Translation $\parallel y_3$). Wenn $q_{4a,5a} = 0$ an Stelle von $q_{4b,5b} = 0$ angenommen wird, so vertauschen sich auch x_{1a}, y_{1a} mit x_{1b}, y_{1b} und die Vorzeichen von x_1/y_1 kehren sich um. Die Frequenzen selbst werden aber dadurch nicht beeinflußt.

Die bisher behandelten entarteten Schwingungen waren nicht trennbar entartet. Bei trennbar entarteten Schwingungen hätte man es nach § 7 mit Darstellungen ersten Grades aber mit komplexem Charakter zu tun. Dann können q_a und q_b einer entarteten Schwingung zu einer komplexen

Koordinate $q = q_a + i q_b$ zusammengefaßt werden, die sich gemäß den in § 7 für $\mathfrak{C}_n$ angegebenen eindimensionalen Darstellungen transformiert, was auf eine Multiplikation mit einer Einheitswurzel hinausläuft. Dann können die oben beschriebenen Methoden ohne weitere Änderungen benutzt werden. Real- und Imaginärteil der komplexen Symmetriekoordinaten ergeben dann die miteinander entarteten Koordinaten.

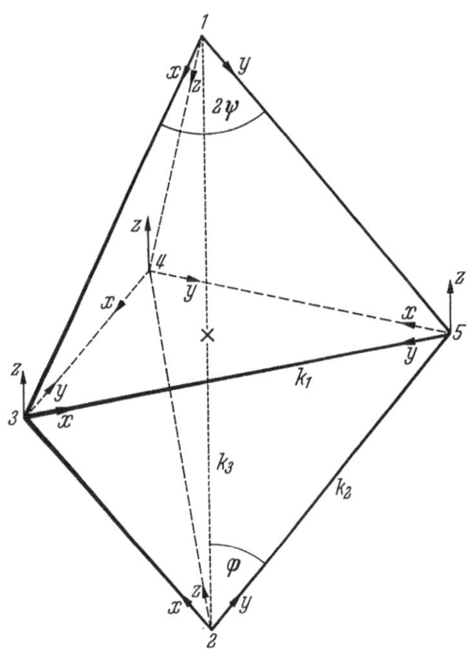

Abb. 20. *Koordinaten für X_2Y_3-Molekül*
1, 2 = X;
3, 4, 5 = gleichseitiges Y-Dreieck senkrecht zu 1—2;
x, y, z = Punktkoordinaten,
k_i = Kraftkonstanten verschiedener Bindungen

c) Räumliche Moleküle. Gelegentlich, insbesondere bei räumlichen Molekülen, ist es zweckmäßig, schiefwinklige Punktkoordinaten einzuführen. Um ein Beispiel zu geben, berechnen wir die Frequenzen eines X_2Y_3-Moleküls, wie es in Abb. 20 dargestellt ist. Es hat die Symmetrie $\mathfrak{D}_{3h}$, und aus den Abzählungsregeln folgt leicht, daß es zwei Schwingungen vom Typ A_1', eine von A_2', eine von A_2'', drei von E' und zwei von E'' geben muß. Je eine uneigentliche Schwingung gehört zu den vier letztgenannten Typen.

Die Bestimmung der nicht-entarteten Symmetriekoordinaten bietet keine Besonderheiten, und wir geben sofort das Ergebnis an:

$$A_1': \quad q_1 = x_1 + y_1 + z_1 + x_2 + y_2 + z_2, \quad q_2 = x_3 + y_3 + x_4 + y_4 + x_5 + y_5.$$

$$A_2': \quad q_3 = x_3 + x_4 + x_5 - y_3 - y_4 - y_5.$$

$$A_2'': \quad q_4 = x_1 + y_1 + z_1 - x_2 - y_2 - z_2, \quad q_5 = z_3 + z_4 + z_5.$$

Für die entarteten Koordinaten seien etwas mehr Einzelheiten erwähnt:

Typ E': Anwendung von σ_h [(3, 4, 5) (1, 2); $x \to x$, $y \to y$; $z \to z$ für 1 u. 2, $z \to -z$ für 3, 4, 5; $\chi = 2$, $q_a' = q_a$, $q_b' = q_b$] ergibt mit der gleichen Bezeichnung wie früher

$$a_1 = a_2, b_1 = b_2, c_1 = c_2, \alpha_1 = \alpha_2, \beta_1 = \beta_2, \gamma_1 = \gamma_2,$$
$$c_3 = c_4 = c_5 = \gamma_3 = \gamma_4 = \gamma_5 = 0.$$

Anwendung von C_2 [(3, 4) (5) (1, 2); $x \leftrightarrow z$, $y \to y$ für 1 und 2, $x \leftrightarrow y$, $z \to -z$ für 3, 4, 5; $\chi = 0$, $q'_a = q_a$, $q'_b = -q_b$] ergibt zusätzlich

$$a_1 = c_2,\ \alpha_1 = -\gamma_2,\ \beta_1 = 0,\ a_3 = b_4,\ a_4 = b_3,\ a_5 = b_5,\ \alpha_3 = -\beta_4,$$
$$\alpha_4 = -\beta_3,\ \alpha_5 = -\beta_5.$$

Anwendung von C_3 [(3, 4, 5) (1) (2); $x \to y \to z \to x$ für 1 und 2; $x \to x$, $y \to y$, $z \to z$ für 3, 4, 5; $\chi = -1$, $q'_a = -\frac{1}{2} q_a + \frac{\sqrt{3}}{2} q_b$, $q'_b = -\frac{\sqrt{3}}{2} q_a - \frac{1}{2} q_b$] ergibt

$$-\frac{1}{2} a_3 + \frac{\sqrt{3}}{2} \alpha_3 = a_4,$$

$$-\frac{1}{2} b_3 + \frac{\sqrt{3}}{2} \beta_3 = b_4 \quad \text{oder} \quad -\frac{1}{2} a_4 - \frac{\sqrt{3}}{2} \alpha_4 = a_3,$$

$$-\frac{1}{2} a_5 + \frac{\sqrt{3}}{2} \alpha_5 = a_3,$$

$$-\frac{1}{2} b_5 + \frac{\sqrt{3}}{2} \beta_5 = b_3 \quad \text{oder} \quad -\frac{1}{2} a_5 - \frac{\sqrt{3}}{2} \alpha_5 = a_4,$$

woraus $a_5 = -(a_3 + a_4)$, $\alpha_5 = -(\alpha_3 + \alpha_4)$.

Ferner ist $-\frac{1}{2} b_1 + \frac{\sqrt{3}}{2} \beta_1 = c_1$, woraus $b_1 = -2c_1$.

Weitere mögliche Beziehungen ergeben keine neuen Ergebnisse. Die Symmetriekoordinaten für E' sind daher

$$q_{6a} = x_1 - 2y_1 + z_1 + x_2 - 2y_2 + z_2, \quad q_{7a} = x_3 + x_4 - x_5 - y_5,$$
$$q_{8a} = x_4 + x_3 - x_5 - y_5,$$

$$q_{6b} = x_1 + x_2 - z_1 - z_2, \quad q_{7b} = x_3 - x_4 - x_5 + y_5,$$
$$q_{8b} = x_4 - x_3 - x_5 + y_5.$$

In analoger Weise erhält man die Symmetriekoordinaten für E'' als

$$q_{9a} = x_1 - x_2 - z_1 + z_2, \quad q_{10a} = z_3 - z_4,$$

$$q_{9b} = x_1 - 2y_1 + z_1 - x_2 + 2y_2 - z_2, \quad q_{10b} = z_3 + z_4 - 2z_5.$$

Wie üblich, erhalten wir nun die Bedingungen, denen die Punktkoordinaten jedes Typs entsprechen müssen, aus den Symmetriekoordinaten, und zwar wie folgt:

A_1': $x_1 = y_1 = z_1 = x_2 = y_2 = z_2$, $x_3 = x_4 = y_3 = y_4 = x_5 = y_5$, $z_3 = z_4 = z_5 = 0$.

A_2': $x_3 = x_4 = x_5 = -y_3 = -y_4 = -y_5$, alle anderen Null.

A_2'': $x_1 = y_1 = z_1 = -x_2 = -y_2 = -z_2$, $z_3 = z_4 = z_5$, alle anderen Null.

E' (nur für eine Komponente)

$x_1 = x_2 = -z_1 = -z_2$, $y_3 = -x_4$, $y_4 = -x_3$, $x_5 = -y_5 = -(x_3 + x_4)$, alle anderen Null.

E'' (nur für eine Komponente)

$x_1 = -x_2 = -z_1 = z_2$, $z_3 = -z_4$, alle anderen Null.

Daraus ergeben sich die Abstandsänderungen

A_1': $\Delta_{12} = 6x_1 \cos\varphi$, $\Delta_{34} = \Delta_{45} = \Delta_{53} = 3x_3$,
$\Delta_{13} = \Delta_{14} = \Delta_{15} = \Delta_{23} = \Delta_{24} = \Delta_{25} = \sqrt{3}\, x_3 \sin\varphi + 3x_1 \cos^2\varphi$.

A_2': alle $\Delta_{ik} = 0$.

A_2'': $\Delta_{13} = \Delta_{14} = \Delta_{15} = -\Delta_{23} = -\Delta_{24} = -\Delta_{25} = z_3 \cos\varphi + 3x_1 \cos^2\varphi$, alle anderen Null.

E': $\Delta_{35} = -\Delta_{45} = \frac{3}{2} x_3$, $\Delta_{13} = \Delta_{23} = -\Delta_{14} = -\Delta_{24}$
$= 2x_1 \sin^2\psi + x_3 \sin\psi - x_4 \sin\psi$, alle anderen Null.

E'': $\Delta_{13} = -\Delta_{14} = -\Delta_{23} = \Delta_{24} = z_3 \cos\varphi + 2x_1 \sin^2\psi$, alle anderen Null.

Aus $\Phi = \sum_i \frac{1}{2} k_i \Delta_{ik}^2$ und T[(4) von § 15] erhält man wieder die Frequenzgleichungen, die nach elementaren Umrechnungen die folgenden Lösungen geben. (Die Bezeichnung der Kraftkonstanten siehe in Abb. 20; außerdem wurde die Beziehung $\sin^2\psi = \frac{3}{4}\sin^2\varphi$ benutzt.):

A_1': $\omega_1^2 + \omega_2^2 = (3k_2 \cos^2\varphi + 2k_3)/m_1 + (3k_1 + 2k_2 \sin^2\varphi)/m_3$,
$\omega_1^2 \omega_2^2 = (9k_1 k_2 \cos^2\varphi + 6k_1 k_3 + 4k_2 k_3 \sin^2\varphi)/m_1 m_3$.

A_2': $\omega_3^2 = 0$ (Rotation).

A_2'': $\omega_4^2 = (3/\mathrm{m}_1 + 2/m_3)\, k_2 \cos^2\varphi$, $\omega_5^2 = 0$ (Translation).

$$E': \quad \omega_6^2 + \omega_1^2 = 3k_1/2m_3 + (3/2m_1 + 2/m_3)\, k_2 \sin^2\varphi,$$
$$\omega_6^2\omega_1^2 = (9/4m_1m_3 + 3/2m_3^2)\, k_1 k_2 \sin^2\varphi;$$
$$\omega_8^2 = 0 \quad \text{(Translation)}.$$

$$E'': \quad \omega_9^2 = (2\cos^2\varphi/m_3 + 3\sin^2\varphi/2m_1)\, k_2, \qquad \omega_{10}^2 = 0 \quad \text{(Rotation)}.$$

In gleicher Weise können die Frequenzen eines ZX_2Y_3-Moleküls berechnet werden. Das Z-Atom sei mit der Masse M im Mittelpunkt des Y_3-Dreiecks gelegen. Seine x- und y-Koordinaten sollen auf die Punkte 3 und 5 in Abb. 20 gerichtet sein; ihre Transformationseigenschaften sind

$$x \to y - x, \; y \to -x, \; z \to z \text{ für } C_3 \text{ und } x \to -y, \; y \to y - x, \; z \to -z \text{ für } iC_6.$$

Die anderen sind trival. Zusätzlich zu k_1 und k_2 von Abb. 20 nehmen wir noch folgende Kräfte an: abstandserhaltende zwischen Z und Y (Kraftkonstante k_0') und zwischen Z und X (k_0''); winkelerhaltende am Winkel XZY (d). Die Konstante k_3 von Abb. 20 ist jetzt überflüssig. Die Abstandsänderungen werden ähnlich wie im vorigen Beispiel erhalten. Als Beispiel für Winkeländerungen wählen wir δ ($\sphericalangle\, Y_{(3)} Z X_{(1)}$):

$$\delta = \frac{1}{R}\,(z_3 \operatorname{tg}\varphi + \sqrt{3}\, x_1 \sin\psi),$$

wo R die Entfernung $Z - X$ ist und als eine der Größen s_i im allgemeinen Ausdruck für Φ benutzt wird (§ 17).

Wir geben nur das Endergebnis der Frequenzformeln an, nämlich:

$$A_1': \quad \omega_1^2 + \omega_2^2 = (k_0' + 3k_1 + 2k_2\sin^2\varphi)/m_3 + (k_0'' + 3k_2\cos^2\varphi)/m_1,$$
$$\omega_1^2\omega_2^2 = (k_0'k_0'' + 3k_0'k_2\cos^2\varphi + 3k_0''k_1 + 2k_0''k_2 + 9k_1k_2\cos^2\varphi)/m_1m_3.$$

$$A_2': \quad \omega_3^2 = 0 \quad \text{(Rotation)}.$$

$$A_2'': \quad \omega_4^2 + \omega_5^2 = (2/M + 1/m_3)\, k_0'' + (3/m_1 + 2/m_3)\, k_2\cos^2\varphi + (6/M + 2/m_3)\, d,$$

$$\omega_4^2\omega_5^2 = (2/Mm_1 + 4/Mm_3 + 2/m_1m_3)\, k_0'' k_2 \cos^2\varphi$$
$$+ (6/Mm_1 + 4/Mm_3 + 2m_1m_2)\, k_0'' d$$
$$+ (18/Mm_1 + 12/Mm_3 + 6/m_1m_3)\, k_2 d \cos^2\varphi.$$

$$\omega_6^2 = 0 \quad \text{(Translation)}.$$

$$E': \quad \omega_7^2 + \omega_8^2 + \omega_9^2 = 3k_1/2m_3 + (3/2m_1 + 2/m_3)\,k_2 \sin^2\varphi$$
$$+ (3/2M + 1/m_3)\,k_0' + (3/M + 3/2m_1)\,d,$$

$$\omega_7^2\omega_8^2 + \omega_8^2\omega_9^2 + \omega_9^2\omega_7^2 = (9/4m_1m_3 + 3/2m_3^2)k_1k_2 \sin^2\varphi$$
$$+ (9/4Mm_3 + 3/4m_3^2)\,k_1k_0' + (9/2Mm_3 + 9/4m_1m_3)\,k_1 d$$
$$+ (9/4Mm_1 + 3/Mm_3 + 3/2m_1m_3)\,(k_2k_0' \sin^2\varphi$$
$$+ 2k_2 d \sin^2\varphi + k_0' d),$$

$$\omega_7^2\omega_8^2\omega_9^2 = (27/8Mm_1m_3 + 9/4Mm_3^2 + 9/8m_1m_3^2)\,(k_1k_2k_0' \sin^2\varphi$$
$$+ 2k_1k_2 d \sin^2\varphi + k_1k_0' d);$$

$$\omega_{10}^2 = 0 \quad \text{(Translation)}.$$

$$E'': \quad \omega_{11}^2 = (3/2m_1 + 2\,\text{cotg}^2\,\varphi/m_3)\,(k_2 \sin^2\varphi + d),$$

$$\omega_{12}^2 = 0 \quad \text{(Rotation)}.$$

Die hier erläuterten Methoden sind ohne weiteres auch auf dreifache Entartung übertragbar, indem man von (3) und (3a) von § 7 ausgeht, die Koeffizienten wieder so bestimmt, daß die Orthogonalität gewahrt wird und daß als Summe der Diagonalkoeffizienten der Charakter der Symmetrieoperation in der betreffenden Darstellung erhalten wird. Und natürlich müssen die Matrizen die Gruppenpostulate erfüllen. Wir geben weiter unten die Transformationsmatrizen für $\mathfrak{T}_d$ (oder die dazu isomorphe Gruppe $\mathfrak{O}$) an[1]. Die Matrizen für die anderen Gruppen der kubischen Symmetrie sind daraus leicht abzuleiten. Die Symmetrieelemente sind nicht nur durch ihr allgemeines Symbol bezeichnet, sondern genauer durch Angabe der Vertauschungen der Punkte eines regulären Tetraeders. Für Symmetrieelemente der gleichen Art, aber verschiedener räumlicher Orientierung sind in manchen Fällen verschiedene Matrizen gültig, wofür auch ein Beispiel gegeben wird.

Für die F-Matrizen bezieht sich das obere Vorzeichen auf F_1, das untere auf F_2.

---

[1] Vgl. Seitz, F.: Z. Krist. **88**, 433 (1934). — Matossi, F.: J. Chem. Phys. **19**, 1612 (1951). Die von T. Venkatarayudu [Proc. Indian Acad. Sci., A **17**, 75 (1943)] angegebenen Matrizen erfüllen nicht alle genannten Forderungen.

Die E-Matrizen sind		Die F-Matrizen sind	
$\begin{pmatrix} -\frac{1}{2} & +\frac{\sqrt{3}}{2} \\ -\frac{\sqrt{3}}{2} & -\frac{1}{2} \end{pmatrix}$	für C_3 (1 2 3) (4)	$\begin{pmatrix} 0 & 0 & -1 \\ 1 & 0 & 0 \\ 0 & -1 & 0 \end{pmatrix}$	für C_3 (1 2 3) (4)
$\begin{pmatrix} 1 & 0 \\ 0 & 1 \end{pmatrix}$	für alle C_2	$\begin{pmatrix} 1 & 0 & 0 \\ 0 & -1 & 0 \\ 0 & 0 & -1 \end{pmatrix}$	für C_2 (1 2) (3 4)
$\begin{pmatrix} -\frac{1}{2} & -\frac{\sqrt{3}}{2} \\ -\frac{\sqrt{3}}{2} & \frac{1}{2} \end{pmatrix}$	für S_4 (1 2 3 4)	$\begin{pmatrix} 0 & \pm 1 & 0 \\ \mp 1 & 0 & 0 \\ 0 & 0 & \pm 1 \end{pmatrix}$	für S_4 (1 2 3 4)
$\begin{pmatrix} 1 & 0 \\ 0 & -1 \end{pmatrix}$	für S_4 (1 3 2 4)	$\begin{pmatrix} +1 & 0 & 0 \\ 0 & 0 & \pm 1 \\ 0 & \mp 1 & 0 \end{pmatrix}$	für S_4 (1 3 2 4)
$\begin{pmatrix} 1 & 0 \\ 0 & -1 \end{pmatrix}$	für σ (1 2) (3) (4)	$\begin{pmatrix} \mp 1 & 0 & 0 \\ 0 & 0 & \mp 1 \\ 0 & \mp 1 & 0 \end{pmatrix}$	für σ (3 4) (1) (2)
$\begin{pmatrix} -\frac{1}{2} & -\frac{\sqrt{3}}{2} \\ -\frac{\sqrt{3}}{2} & \frac{1}{2} \end{pmatrix}$	für σ (2 4) (1) (3)	$\begin{pmatrix} 0 & \pm 1 & 0 \\ \pm 1 & 0 & 0 \\ 0 & 0 & \mp 1 \end{pmatrix}$	für σ (2 4) (1) (3)

Auch wenn keine Moleküle der Ikosaedergruppe $\mathfrak{P}$ vorliegen, so sollen der Vollständigkeit halber die Matrizen entarteter Darstellungen für diese Gruppe angeführt werden, und zwar für nur zwei Elemente der Gruppe, aus denen sich alle anderen durch Produktbildung ergeben. A stellt eine C_5 dar, B eine C_2. Wenn A durch den Mittelpunkt eines Fünfecks (1 2 3 4 5) des Pentagondodekaeders geht, so soll C_2 die durch den Mittelpunkt von (1 2) gehende zweizählige Achse sein. Dann sind folgende Matrizen gültig:

Für F_1:

$$A\begin{pmatrix} \cos\varphi & \sin\varphi & 0 \\ -\sin\varphi & \cos\varphi & 0 \\ 0 & 0 & 1 \end{pmatrix}, \quad B\begin{pmatrix} -1 & 0 & 0 \\ 0 & -\cos 2\psi & -\sin 2\psi \\ 0 & -\sin 2\psi & \cos 2\psi \end{pmatrix}$$

$$\text{mit } \varphi = \frac{2\pi}{5} \text{ und } \cos 2\psi = \frac{\cos\varphi}{1-\cos\varphi} = \frac{\sqrt{5}-1}{3-\sqrt{5}},$$

Für F_2:

$$A\begin{pmatrix} \cos 2\varphi & \sin 2\varphi & 0 \\ -\sin 2\varphi & \cos 2\varphi & 0 \\ 0 & 0 & 1 \end{pmatrix}, \quad B\begin{pmatrix} -1 & 0 & 0 \\ 0 & -\cos 2\psi' & -\sin 2\psi' \\ 0 & -\sin 2\psi' & \cos 2\psi' \end{pmatrix}$$

$$\text{mit } \cos 2\psi' = \frac{\cos 2\varphi}{1-\cos 2\varphi}\,.$$

Für G:

$$A\begin{pmatrix} \cos\varphi & 0 & 0 & \sin\varphi \\ 0 & \cos 2\varphi & \sin 2\varphi & 0 \\ 0 & -\sin 2\varphi & \cos 2\varphi & 0 \\ -\sin\varphi & 0 & 0 & \cos\varphi \end{pmatrix}, \quad B\begin{pmatrix} \frac{2}{\sqrt{5}} & -\frac{1}{\sqrt{5}} & 0 & 0 \\ -\frac{1}{\sqrt{5}} & -\frac{2}{\sqrt{5}} & 0 & 0 \\ 0 & 0 & 0 & 1 \\ 0 & 0 & 1 & 0 \end{pmatrix}.$$

Für H[1]:

$$A\begin{pmatrix} 1 & 0 & 0 & 0 & 0 \\ 0 & \cos\varphi & 0 & 0 & \sin\varphi \\ 0 & 0 & \cos 2\varphi & \sin 2\varphi & 0 \\ 0 & 0 & -\sin 2\varphi & \cos 2\varphi & 0 \\ 0 & -\sin\varphi & 0 & 0 & \cos\varphi \end{pmatrix}, \quad B\begin{pmatrix} -\frac{1}{5} & 0 & 0 & -\frac{\sqrt{12}}{5} & -\frac{\sqrt{12}}{5} \\ 0 & -\frac{1}{\sqrt{5}} & -\frac{2}{\sqrt{5}} & 0 & 0 \\ 0 & -\frac{2}{\sqrt{5}} & \frac{1}{\sqrt{5}} & 0 & 0 \\ -\frac{\sqrt{12}}{5} & 0 & 0 & \frac{3}{5} & -\frac{2}{5} \\ -\frac{\sqrt{12}}{5} & 0 & 0 & -\frac{2}{5} & \frac{3}{5} \end{pmatrix}.$$

Zum Schluß weisen wir nochmals darauf hin, daß Symmetriekoordinaten im allgemeinen nicht Normalkoordinaten sind. Deren Bestimmung und damit die Festlegung der Schwingungsform für jede einzelne Frequenz eines Typs erfordert die tatsächliche Lösung der Säkulargleichung. In gewissen Fällen ist es aber möglich, auch ohne diese Lösung die Schwingungsform zu erhalten, und zwar aus einem Extremalprinzip, das von K. Schaefer[2] für die Summe der Frequenzen eines Schwingungstyps aus der Schrödinger-Gleichung abgeleitet wurde. Aus diesem Prinzip können die Schwingungsrichtungen der Atome wenigstens für nicht-entartete Schwingungen bestimmt werden. Das Prinzip kann in der folgenden Weise formuliert werden: Die Kraftkonstanten sollen der Bedingung gehorchen, daß die Summe der Frequenzen, als Funktion dieser Kraftkonstanten, ein Extremum annimmt bei Variation der Massen des Systems.

[1] Diese Matrix verdanke ich einer freundlichen Mitteilung von Herrn F. L. Bauer, Mainz.

[2] Schaefer, K.: Göttinger Nachr., Math.-Phys. Kl. **1944**, p. 121.

§ 20. Anwendung auf Kristalle (Wurtzit-Gitter, lineare Kette)

Die Basiszelle des Wurtzit-Gitters ist in Abb. 21 beschrieben. In diesem Gitter kristallisieren z. B. Wurtzit (ZnO) und Bromellit (BeO). Aus Abb. 21 kann man die Symmetrieelemente der Raumgruppe dieses Gitters, $\mathfrak{C}_{6v}^4$, entnehmen. Jedes X-Atom ist von 4 Y-Atomen in einem beinahe regulären Tetraeder umgeben, und in gleicher Weise ist jedes Y-Atom der Mittelpunkt eines YX_4-Tetraeders. Die Punktkoordinaten

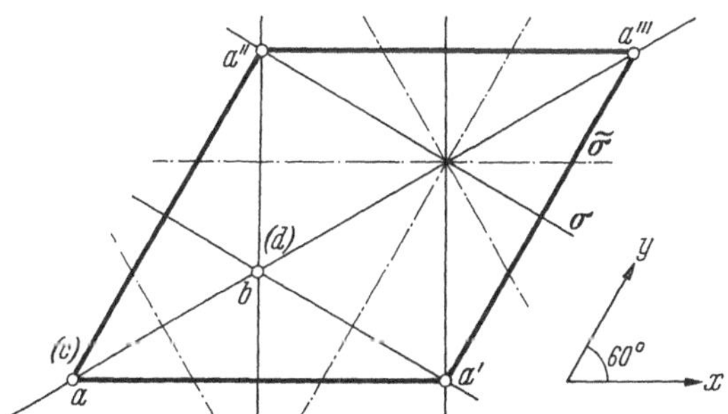

Abb. 21. *Projektion der Basiszelle des Wurtzit-Gitters*

a, b = X-Atome, a in der Zeichenebene; b in der Höhe $\frac{1}{2}$h über der Zeichenebene.
c, d = Y-Atome in $\frac{3}{8}$h oberhalb a und b;
h = X—X-Abstand senkrecht zur Zeichenebene.

Symmetrieelemente:
—·—·— Spuren vertikaler Ebenen σ und $\tilde{\sigma}$;
C_3 = Schnitt dreier Ebenen σ;
$\tilde{C}_6$ = Schnitt dreier Ebenen σ und dreier Ebenen $\tilde{\sigma}$

sind ebenfalls in Abb. 21 angedeutet, wobei die z-Achse senkrecht zur x—y-Ebene steht. Wir formulieren die Symmetrieeigenschaften des Gitters und der Koordinaten in der üblichen Form:

E: (a) (b) (c) (d).

C_3: (a) (b) (c) (d); $x \to y,\ y \to -(x+y),\ z \to z$.

$\tilde{C}_6$: (ab) (cd); $x \to -(x+y),\ y \to x,\ z \to z$.

$\tilde{C}_2$: (ab) (cd); $x \to -x,\ y \to -y,\ z \to z$.

σ_v: (a) (b) (c) (d); $x \to y,\ y \to x,\ z \to z$.

$\tilde{\sigma}_{v'}$: (ab) (cd); $x \to -x,\ y \to -y,\ z \to z$.

Die Abzählungs- und Auswahlregeln ergeben

2 Raman-aktive polarisierte, ultrarot-aktive Schwingungen A_1,

2 Raman-inaktive, ultrarot-inaktive Schwingungen B_1,

2 Raman-aktive depolarisierte, ultrarot-aktive Schwingungen E_1,

2 Raman-aktive depolarisierte, ultrarot-inaktive Schwingungen E_2.

Je eine Translation gehört zu A_1 und E_1.

Die Symmetriekoordinaten werden ohne Schwierigkeit bestimmt, und zwar nach dem Verfahren der vorhergehenden Paragraphen. Aus ihnen erhält man die folgenden Schwingungsformen (M und m sind die Massen der X- und Y-Atome):

A_1: $x_i = y_i = 0,\ z_a = z_b,\ z_c = z_d,\ M z_a = - m z_c.$

B_1: $x_i = y_i = 0,\ z_a = - z_b,\ z_c = - z_d.$

$$\left.\begin{array}{l} E_1:\ z_i = 0,\ x_a = y_a = x_b = y_b,\ x_c = y_c = x_d = y_d; \\ \text{oder } z_i = 0,\ x_a = - y_a = x_b = - y_b,\ x_c = - y_c = x_d = - y_d; \end{array}\right\} M x_a = - m x_c.$$

E_2: $z_i = 0,\ x_a = y_a = - x_b = - y_b,\ x_c = y_c = - x_d = - y_d;$

oder $z_i = 0,\ x_a = - y_a = - x_b = y_b,\ x_c = - y_c = - x_d = y_d.$

Wie vorher erhalten wir aus diesen Beziehungen die Abstandsänderungen für jeden Schwingungstyp und daraus wieder die potentielle Energie als Funktion der Punktkoordinaten. Wir nehmen diesmal Zentralkräfte an, und zwar nur zwischen nächsten Nachbarn. Wie schon früher erwähnt wurde, gehören dazu auch Kräfte zwischen den vier Atomen der Basis (§ 5) und nächsten Nachbarn aus anderen Zellen. Ferner nehmen wir an, daß homologe Punkte mit gleicher Phase und Amplitude schwingen. Unter dieser Annahme ist das hier ausgearbeitete Verfahren, wie es bei Molekülen benutzt wurde, auch für Kristallgitter ohne weiteres zulässig. Wir erhalten dann aber nur die Grenzfrequenzen für unendlich große Wellenlänge (§ 10), die ja aber auch für die Beobachtung die weitaus wichtigsten sind. Wechselwirkungsglieder werden ebenfalls vernachlässigt.

Dann ist die potentielle Energie

$$\begin{aligned} \Phi = \frac{1}{2} k (\Delta_{ac}^2 + \Delta_{bd}^2) + \frac{1}{2} k' (\Delta_{bc}^2 + \Delta_{bc'}^2 + \Delta_{bc''}^2 + \Delta_{ad'}^2 + \Delta_{a'd'}^2 + \Delta_{a''d'}^2) \\ + \frac{1}{2} k'' \cdot 2 (\Delta_{cd}^2 + \Delta_{c'd}^2 + \Delta_{c''d}^2) + \frac{1}{2} k''' \cdot 2 (\Delta_{ab}^2 + \Delta_{a'b}^2 + \Delta_{a''b}^2), \end{aligned}$$

wobei Δ_{ik} die Abstandsänderungen der Punkte i und k angibt und a' einen zu a homologen Punkt in einer Nachbarzelle bedeutet. In Φ sind alle notwendigen Glieder enthalten. So ist z. B. das Atom b den Kräften unterworfen, die von einem Atom d und von drei Atomen c ausgehen (nämlich den Ecken des b umgebenden Tetraeders), ferner denen von sechs Atomen a (drei in der unteren, drei in der oberen Begrenzungsfläche der Basiszelle). Die kinetische Energie braucht natürlich nur für die vier Atome der Basis hingeschrieben zu werden. Allgemein kann man das hier verwendete Prinzip zur vollständigen Aufzählung aller Kräfte mittels des Begriffs „homologer Abstände" aussprechen. Homologe

Abstände seien solche, die allein durch Gittertranslationen auseinander hervorgehen. Dann sollen alle nicht-homologen Abstände, die von Basisatomen ausgehen, berücksichtigt werden, homologe Abstände aber nur einmal gezählt werden.

Die Ableitung der Frequenzgleichungen ist jetzt nur noch Routinearbeit. Das Ergebnis ist (wenn die Atomabstände aus der regulärtetraedrischen Näherung berechnet werden)

$$\text{für } A_1\colon\ \omega_1^2 = (k + k'/3)/\mu,\quad 1/\mu = 1/M + 1/m;$$
$$\omega_2^2 = 0 \quad (\text{Translation});$$

$$\text{für } B_1\colon\ \begin{vmatrix} -M\omega_{3,4}^2 + \mu\omega_1^2 + 8k''' & -k + k'/3 \\ -k + k'/3 & -m\omega_{3,4}^2 + \mu\omega_1^2 + 8k'' \end{vmatrix} = 0;$$

$$\text{für } E_1\colon\ \omega_5^2 = 4k'/3\,\mu;$$
$$\omega_6^2 = 0 \quad (\text{Translation});$$

$$\text{für } E_2\colon\ \begin{vmatrix} -3M\omega_{7,8}^2 + 3\mu\omega_5^2 + 8k''' & 3\mu\omega_5^2 \\ 3\mu\omega_5^2 & -3m\omega_{7,8}^2 + 3\mu\omega_5^2 + 8k'' \end{vmatrix} = 0.$$

Die Kraftkonstanten k und k' können verschieden sein, obwohl sie sich auf Kräfte in einem (fast) regulären Tetraeder beziehen. Man muß aber bedenken, daß zwar die Umgebung eines Atoms eine hohe Lokalsymmetrie besitzen kann, daß aber die niedriger-symmetrische Gesamtstruktur Unterschiede innerhalb der lokal gleichwertig erscheinenden Richtungen aufzwingen kann. Für $k = k'$ wäre $\omega_1 = \omega_5$. Man hätte also hier ein einfaches experimentelles Kriterium, um zu entscheiden, ob lokale Symmetrie oder Gesamtsymmetrie vorherrschen in der Dynamik des Kristallgitters[1].

Selbst wenn jedoch die Valenzkräfte zwischen nächsten Nachbarn anisotrop sind, so kann diese Anisotropie durch den Einfluß der weitreichenden Coulomb-Kräfte wesentlich verwischt werden. Die Coulomb-Kräfte bewirken außerdem eine richtungsabhängige Aufspaltung von ω_5, die jedoch in den ausgezeichneten Kristallrichtungen verschwindet[2].

Wie schon oben gesagt wurde, haben wir nur die Grenzfrequenzen für $\lambda = \infty$ erhalten. Man kann aber auch wenigstens eine Abschätzung für den andern Grenzfall $\lambda = \lambda_{\min}$ erhalten, wenn man homologen Atomen

[1] Ein ähnlicher Fall liegt im Rutil vor [Matossi, F.: J. Chem. Phys. **19**, 1543 (1951)], wo das Schwingungsspektrum keineswegs durch die lokale Symmetrie beherrscht wird.

[2] Merten, L.: Z. Naturforsch. **15**a, 512, 626 (1960). Die Grenzfrequenzen des Wurtzitgitters für $\lambda = \infty$ werden in diesen Arbeiten mit einem allgemeineren Kraftsystem behandelt, und zwar in einer Form, die die Verallgemeinerung zur Behandlung des gesamten Gitterspektrums erleichtert.

abwechselnd in jeder zweiten Zelle entgegengesetzte Schwingungsphasen zulegt, aber im übrigen die oben angegebenen Beziehungen zwischen den Koordinaten beibehält. So würde man z. B. die Atome a' und a'' in Abb. 21 untereinander mit gleichen aber zu a entgegengesetzten Phasen schwingen lassen. Diese Art der Rechnung ist nicht notwendigerweise streng richtig, da erst mit anderen Methoden festgestellt werden müßte, ob die so erhaltenen Schwingungen zu den durch die Symmetrie des Gesamtgitters zugelassenen Schwingungsmöglichkeiten gehören, was nicht selbstverständlich ist. Dies könnte grundsätzlich durch eine Analyse im Rahmen der Bornschen Gitterdynamik geschehen, die sogar das gesamte Spektrum aller Wellenlängen geben würde, aber praktisch in den wenigsten Fällen vollständig durchführbar ist.

Die eben angedeutete Methode, homologe Atome mit entgegengesetzten Phasen zu versehen, soll beispielshalber auf die A_1-Schwingungen angewandt werden. Während für $\lambda = \infty$ nur Abstandsänderungen $z_a - z_c$ auftreten, sind nun einige der Δ_{ik} durch $z_a + z_c$ gegeben, und zwar ist $\Delta_{ac} = \Delta_{bd} = 3\Delta_{bc} = z_a - z_c$ und $3\Delta_{bc'} = 3\Delta_{bc''} = z_a + z_c$ und ähnlich für andere Abstände. Daraus ergibt sich leicht

$$\Phi_{\lambda\,\min} = k\,(z_a - z_c)^2 + \frac{k'}{3}\,(z_a^2 + z_c^2) \quad \text{und} \quad T = M\dot{z}_a^2 + m\dot{z}_c^2$$

und daraus, nach üblicher Methode,

$$\omega_1'^2 = \frac{1}{2}\,\omega_1^2 + \frac{1}{2}\left[\omega_1^4 - \frac{4k'}{3Mm}\left(2k + \frac{k'}{3}\right)\right]^{1/2},$$

$$\omega_2'^2 = \frac{1}{2}\,\omega_1^2 - \frac{1}{2}\left[\omega_1^4 - \frac{4k'}{3Mm}\left(2k + \frac{k'}{3}\right)\right]^{1/2}.$$

ω_1' gehört zum optischen Zweig, ω_2' zum akustischen Zweig, dessen Grundfrequenz für $\lambda = \infty$ der Translation $\omega_2 = 0$ entspricht. Die Lage der Frequenzen zueinander ist qualitativ die in Abb. 16 angedeutete.

Eine mehr systematische Behandlung der Grenzfrequenzen für minimale Wellenlängen kann dadurch geschehen, daß man eine „Überzelle" einführt (Bhagavantam u. Venkatarayudu, l. c.), die aus acht Basiszellen besteht, nämlich einer Ausgangszelle und den durch die drei Fundamentaltranslationen T_x, T_y, T_z aus ihr entstehenden Nachbarzellen. Die gruppentheoretische Behandlung[1] dieser Überzelle kann dann mittels einer endlichen Raumgruppe durchgeführt werden, die durch $T_x^2 = T_y^2 = T_z^2 = E$ definiert ist. Sie enthält als invariante Untergruppe acht Translationen (E, T_x, T_y, T_z, T_xT_y, T_yT_z, T_zT_x, $T_xT_yT_z$), deren acht Darstellungen durch $\chi(T_x) = \pm 1$, $\chi(T_y) = \pm 1$, $\chi(T_z) = \pm 1$

[1] Chelam, E. V.: Proc. Indian Acad. Sci., A 18, 283 (1943).

charakterisiert sind. Zu jedem „Vektor“ $\chi(T_x)$, $\chi(T_y)$, $\chi(T_z)$ gehört eine entsprechende Verteilung der Phasen 0 und π auf die acht Zellen der Überzelle. Man hätte nun die Charaktertabelle der dazugehörigen endlichen Raumgruppe aufzustellen und nach den üblichen Regeln zu verfahren.

Es treten dabei Besonderheiten auf, die die Aufgabe vereinfachen. An Stelle der achtfachen Anzahl von Klassen und Darstellungen tritt meist eine viel kleinere auf, da einige der Darstellungen, die in der reinen Translationsgruppe unabhängig sind, durch die Anwendung der Symmetrieelemente der dazugehörigen Punktgruppe einander äquivalent werden, bzw. da einige Klassen aus demselben Grund zusammenfallen. Dadurch wird unter Umständen der Entartungsgrad von Darstellungen erhöht. So enthält z. B. die endliche Raumgruppe der Überzelle von $\mathfrak{D}_h$ 20 Darstellungen (an Stelle von 80), deren Entartungsgrade bis zu $\chi(E) = 8$ heraufgehen. Die vollständige Charaktertabelle dieser Gruppe[1] findet man bei BHAGAVANTAM u. VENKATARAYUDU, l. c.

Für den Fall, daß die endliche Raumgruppe als direktes Produkt der invarianten Unterguppe und einer Punktgruppe geschrieben werden kann, ergeben sich weitere Vereinfachungen. (Die Voraussetzung ist z. B. nicht erfüllt im Diamantgitter, wo wegen der Lage der Symmetriezentren zwischen den Gitterpunkten die Produkte aus Translationen und Inversionen nicht kommutativ sind.) Man braucht nun zu jedem unabhängigen Vektor χ nur die Punktgruppe aufzusuchen, die diesen Vektor invariant läßt. Die Abzählungs- und Auswahlregeln sowie die Methoden zur Frequenzberechnung beziehen sich dann nur auf diese Punktgruppe, die „Gruppe des Vektors“. Solche Gruppen spielen hier dieselbe Rolle wie die in § 9i erwähnten Sterngruppen; äquivalente Vektoren χ entsprechen einem „Stern“. Die Definition des Sterns bezog sich jedoch auf den Wellenvektor, so daß „Gruppe des Vektors“ und „Sterngruppe“ formal verschieden sind. Um nicht nur die Frequenzen, sondern sämtliche Schwingungsformen der miteinander entarteten Schwingungen zu erhalten, darf man sich aber nicht mit je einem der äquivalenten χ-Vektoren begnügen, sondern hat die vollständige endliche Raumgruppe zu berücksichtigen.

Ergebnisse der Berechnung von Frequenzen auf Grund der Überzellenmethode liegen in zahlreichen Arbeiten von RAMAN und seinen Mitarbeitern vor[2], wobei im allgemeinen die Gruppentheorie nicht explizit herangezogen wird, sondern die vorgegebenen Phasenbeziehungen werden analog zu dem oben angeführten Beispiel mehr anschaulich zur Aufstellung der Symmetriekoordinaten benutzt. Leider verwenden viele

[1] Für $\mathfrak{D}_h^7$ siehe VENKATARAYUDU, T.: J. Chem. Phys. **22**, 1269 (1954).

[2] Wir nennen summarisch nur CHELAM, C. V., R. S. KRISHNAN, K. G. RAMANATHAN mit Arbeiten in Proc. Indian Acad. Sci., A **18** (1943); **26** (1947); **28** (1948).

indische Autoren ein Kraftsystem, das eine Beziehung zum Valenzkraftsystem nur schwer erkennen läßt. Die Kräfte werden im allgemeinen nicht auf Abstands- und Winkeländerungen bezogen, sondern auf die Bewegung einzelner Atome. Daher geben wir hier nur die Frequenzen für das Diamantgitter im Valenzkraftsystem (CHELAM, Anm. 1 auf S. 158, BHAGAVANTAM u. VENKATARAYUDU, l.c.). Die Kraftkonstanten sind dabei wie folgt definiert:

K_1 bezieht sich auf Abstandsänderung zu nächsten Nachbarn,

K_2 auf Winkeländerungen,

K_3 auf Abstandsänderungen zu übernächsten Nachbarn.

Dann ergibt sich für die Grenzfrequenzen des Diamantgitters

$$\omega_1^2 = (8K_1 + 64K_2)/m \qquad \text{(gleiche Phasen, } \lambda = \infty\text{)}$$

$$\left.\begin{aligned} \omega_2^2 &= (2K_1 + 8K_3)/m \\ \omega_3^2 &= (2K_1 + 64K_2 + 24K_3)/3m \\ \omega_4^2 &= (8K_1 + 34K_2 + 6K_3)/3m \\ \omega_5^2 &= (6K_2 + 2K_3)/m \end{aligned}\right\} \text{entgegengesetzte Phasen in aufeinanderfolgenden Oktaederflächen}$$

$$\left.\begin{aligned} \omega_6^2 &= (4K_1 + 40K_2 + 24K_3)/3m \\ \omega_7^2 &= (12K_2 + 4K_3)/m \\ \omega_8^2 &= (8K_1 + 4K_2 + 12K_3)/3m \end{aligned}\right\} \text{entgegengesetzte Phasen in aufeinanderfolgenden Würfelflächen.}$$

Außer ω_1 sind alle Frequenzen Raman-inaktiv; ihre Oktaven jedoch Raman-aktiv. Eine Zuordnung zu akustischen und optischen Zweigen wird nicht erhalten und ist auch ohne wesentliches Interesse.

Über weitergehende Folgerungen RAMANS aus den Schwingungen der Überzelle unter der durch $T^2 = E$ definierten endlichen Raumgruppe vgl. § 23. Hier sei nur erwähnt, daß es sich im Licht der Bornschen Gitterdynamik bei der Überzellenmethode nur um eine allerdings brauchbare und nützliche Näherungsmethode handeln kann.

Berechnungen des vollständigen Spektrums der Gitterschwingungen auf der Grundlage der Bornschen Gitterdynamik liegen nur für wenige typische Fälle vor[1], wobei aber die Methode der Symmetriekoordinaten

[1] KELLERMANN, E. W.: Phil. Trans. Roy. Soc. (Lond.) **238**, 513 (1940); Proc. Roy. Soc. A **178**, 17 (1941); NaCl-Gitter. — SMITH, H. M. J.: Phil. Trans. Roy. Soc. **241**, 105 (1948); Diamantgitter. — ROSENSTOCK, H. B.: J. Chem. Phys. **21**, 2064 (1953); Graphit. — HSIEH, Y.: J. Chem. Phys. **22**, 306 (1954); Ge, Si. — WALNUT, T. H.: J. Chem. Phys. **26**, 10 (1957); NCJ-Molekülgitter. — MERTEN, L.: Z. Naturforsch. **13a**, 662, 1067 (1958); Zinkblendegitter. Für Näherungsmethoden vgl. BOWERS, W. A., and H. B. ROSENSTOCK: J. Chem. Phys. **18**, 1056 (1950) und die dort angegebene Literatur (HOUSTON, W. V., E. W. MONTROLL).

nicht explizit angewandt wurde, obwohl jedoch die Symmetrieeigenschaften des Gitters benutzt werden, um auf Grund der Invarianz der potentiellen Energie deren Ausdruck zu vereinfachen. Die Einführung von Symmetriekoordinaten bringt im allgemeinen Fall endlicher Wellenlänge keine wesentliche Vereinfachung, im Gegensatz zur Berechnung der Grenzfrequenzen für unendlich lange Wellen.

Vereinfachungen durch gruppentheoretische Hilfsmittel ergeben sich nur für solche Frequenzzweige, die bestimmten Richtungen des reziproken Gitters zugeordnet sind[1], wo die Gruppen der k-Vektoren (§ 9 i) Verwendung finden können. Damit wird aber nur ein Teil des Gesamtspektrums erfaßt.

An einem einfachen Beispiel soll aber gezeigt werden, wie die Methode der Symmetriekoordinaten anzuwenden ist, wobei wir uns allerdings auf den Fall einer Liniengruppe beschränken. In Abb. 22 ist das Schema eines trimeren Moleküls angegeben, das als periodisches lineares Gitter aufgefaßt werden soll. Die zugehörige Liniengruppe besteht aus drei Translationen T_1, T_2, $T_3 = T_0 = E$ und den Elementen der Punktgruppe $\mathfrak{C}_2$. Auf Grund von § 9k gibt es die folgenden Darstellungen ($\varepsilon = e^{2\pi i/3}$):

	T_0	T_1	T_2	$T_0C_2 = C_2$	T_1C_2	T_2C_2
$A^{(0)}$	1	1	1	1	1	1
$B^{(0)}$	1	1	1	-1	-1	-1
$A^{(1)}$	1	ε	ε^2	1	ε	ε^2
$B^{(1)}$	1	ε	ε^2	-1	$-\varepsilon$	$-\varepsilon^2$
$A^{(2)}$	1	ε^2	ε	1	ε^2	ε
$B^{(2)}$	1	ε^2	ε	-1	$-\varepsilon^2$	$-\varepsilon$
u_i	12	0	0	0	0	0
$\tilde{\chi}_i$	3	3	3	-1	-1	-1

Auf Grund der Abzählungs- und Auswahlregeln gibt es daher je sechs Schwingungen für jede Darstellung, wovon nur die für $A^{(0)}$ und $B^{(0)}$ ultrarot- und Raman-aktiv sind.

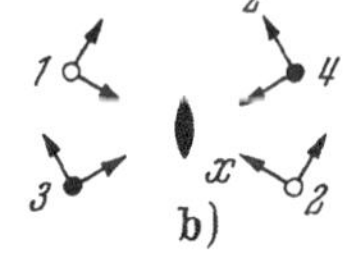

Abb. 22 *Schematisches Kettenmolekül.*

a Projektion senkrecht zur Achse C_2,

b Projektion längs Achse C_2;

● oberhalb ○ unterhalb Zeichenebene;

x, y, z = rechtwinklige Punktkoordinaten;

d = „Gitterkonstante"

[1] Vgl. z. B. YANAGAWA, S.: Progr. Theor. Phys. **10**, 83 (1953).

Die Transformationseigenschaften der Symmetrieelemente sind im üblichen Schema gegeben durch:

$$\left.\begin{array}{llll} T_1: & 1\to 1', & 1'\to 1'', & 1''\to 1 \text{ usw.} \\ T_2: & 1\to 1'', & 1'\to 1, & 1''\to 1' \text{ usw.} \end{array}\right\} x\leftrightarrow x,\ y\leftrightarrow y,\ z\leftrightarrow z$$

$$\left.\begin{array}{llll} C_2: & 1\leftrightarrow 2, & 3\leftrightarrow 4 & \text{usw.} \\ T_1C_2: & 1\to 2', & 3\to 4' & \text{usw.} \\ T_2C_2: & 1\to 2'', & 3\to 4'' & \text{usw.} \end{array}\right\} x\leftrightarrow x,\ y\leftrightarrow y,\ z\leftrightarrow -z.$$

Die Symmetriekoordinaten seien geschrieben in der Form

$$q = \sum_{i=1}^{4} (a_i x_i + b_i y_i + c_i z_i + a_i' x_i' + \ldots + a_i'' x_i'' + \ldots),$$

deren Koeffizienten in derselben Weise bestimmt werden wie für die bisher betrachteten Beispiele. So erhält man z. B. aus der Anwendung von T_1 und C_2 für die Koordinaten von $A^{(1)}$ die folgenden Beziehungen:

$$\begin{array}{lll} a_i' = \varepsilon^2 a_i, & b_i' = \varepsilon^2 b_i, & c_i' = \varepsilon^2 c_i, \\ a_i'' = \varepsilon a_i, & b_i'' = \varepsilon b_i, & c_i'' = \varepsilon c_i; \\ a_1 = a_2, & b_1 = b_2, & c_1 = -c_2, \\ a_3 = a_4, & b_3 = b_4, & c_3 = -c_4; \end{array}$$

also sechs unabhängige Koeffizienten, wie es sein muß. Analoge Beziehungen werden für die übrigen Darstellungen erhalten. Daraus ergeben sich die Bedingungen für die Punktkoordinaten eines Typs durch Nullsetzen der Symmetriekoordinaten der anderen Typen. Auch hier nur ein Beispiel: Für die y-Koordinaten in $A^{(1)}$ ergibt sich

$$\begin{array}{lllll} y_2 = y_1, & y_2' = y_1', & y_2'' = y_1'', & y_1' = \varepsilon^2 y_1'', & y_1 = \varepsilon y_1''; \\ y_4 = y_3 & y_4' = y_3', & y_4'' = y_3'', & y_3' = \varepsilon^2 y_3'', & y_3 = \varepsilon y_3''. \end{array}$$

Die Koordinaten der verschiedenen „Zellen" unseres linearen „Kristalls" gehen also auseinander durch Phasenverschiebung um je $2\pi/3$ hervor. Übrigens ist $y_i + y_i' + y_i'' = 0$, in Übereinstimmung mit der optischen Inaktivität von $A^{(1)}$.

Bis jetzt haben wir die komplexe Schreibweise beibehalten, da nur lineare Beziehungen auftraten. Für das Einsetzen in die Energieausdrücke ist aber spätestens jetzt auf die Realteile überzugehen, also $\varepsilon = \cos\frac{2\pi}{3}$, $\varepsilon^2 = \cos\frac{4\pi}{3}$ zu setzen. Man hätte auch von vornherein durch Zusammenfassung der Elemente zu Oberklassen reell rechnen können, was aber hier keine besonderen Vorteile gebracht hätte.

Die potentielle Energie sei durch

$$\Phi = \frac{1}{2} k_1 [\Delta_{12}^2 + \Delta_{34}^2 + \Delta_{1'2'}^2 + \Delta_{3'4'}^2 + \Delta_{1''2''}^2 + \Delta_{3''4''}^2]$$
$$+ \frac{1}{2} k_2 [\Delta_{13}^2 + \Delta_{24}^2 + \ldots] + \frac{1}{2} k_3 [\Delta_{31'}^2 + \Delta_{3'1''}^2 + \Delta_{3''1}^2 + \Delta_{42'}^2 + \ldots]$$

gegeben. Die kinetische Energie ist

$$T = \frac{1}{2} m \sum_i (\dot{x}_i^2 + \ldots).$$

Die Abstandsänderungen Δ_{ik} ergeben sich aus

$$\Delta_{12} = x_1 + x_2, \Delta_{34} = x_3 + x_4, \Delta_{31} = \alpha (x_1 + x_3) + \beta (y_1 - y_3) + \gamma (z_1 - z_3),$$
$$\Delta_{31'} = \alpha' (x_{1'} + x_3) + \beta' (y_{1'} - y_3) + \gamma' (z_{1'} - z_3), \text{ usw.},$$

wobei die Koeffizienten α, α' usw. von den speziellen Winkeln der Abstände untereinander abhängen, die wir in diesem Beispiel nicht näher zu spezifizieren brauchen.

Um die weitere Rechnung nicht algebraisch zu belasten, beschränken wir uns auf solche Schwingungen, für die $x_i = z_i = 0$ ist, was zwar eine einschränkende ad hoc-Annahme ist, aber am Wesentlichen der Methodik nichts ändert. Dann stellen sich auf Grund der oben angeführten Beziehungen die Energien für den Typ $A^{(1)}$ wie folgt dar ($\varphi = 2\pi/3$):

$$\Phi = k_2 \beta^2 \eta (y_{1''} - y_{3''})^2 + k_3 \beta'^2 [\eta (y_{1''}^2 + y_{3''}^2) - 2\eta' y_{1''} y_{3''}],$$
$$T = m\eta (\dot{y}_{1''}^2 + \dot{y}_{3''}^2);$$

$$\eta = 1 + \cos^2 \varphi + \cos^2 2\varphi, \quad \eta' = \cos \varphi + \cos 2\varphi + \cos \varphi \cos 2\varphi.$$

Hieraus folgt ohne weiteres die Säkulargleichung mit der Lösung

$$\omega^2 (A^{(1)}) = \frac{k_2 \beta^2 + k_3 \beta'^2}{m} \pm \frac{k_2 \beta^2 + k_3 \beta'^2 \eta'/\eta}{m}.$$

Die Lösung für $A^{(2)}$ kann aus $\omega (A^{(1)})$ durch Vertauschen von $\cos \varphi$ und $\cos 2\varphi$ erhalten werden, was in unserem speziellen Fall zur gleichen Frequenz führt. Es ist also nicht nötig, die Schwingungsgleichungen für jede Darstellung einzeln aufzustellen, falls man nicht von Anfang an numerische Werte für $\cos \varphi$ einsetzt. Dies gilt auch für allgemeinere Fälle. Für $\varphi = 0$ erhält man dann die Lösung für $A^{(0)}$, d. h. die Grenzfrequenzen, wovon eine verschwindet (starre Translation parallel C_2). Das entspricht dem Auftreten eines optischen und akustischen Zweigs. Zwei weitere akustische Zweige würde man für die B-Typen erhalten, für die das Verfahren analog verläuft. Die Zweige bestehen hier nur aus je drei Frequenzen, von denen aber zwei bei den speziellen hier gemachten Annahmen zusammenfallen.

Zum Schluß sei nochmals darauf hingewiesen, daß das hier behandelte Beispiel insofern unrealistisch ist, als N zu klein ist, um durch die Behandlung des Moleküls als Kristall eine ausreichend genaue Beschreibung der Schwingungen zu erhalten. Ein abgeschlossenes Molekül der in Abb. 22 dargestellten Struktur hat tatsächlich ein anderes Schwingungsspektrum als das oben angegebene, das nur die mathematische Methode illustrieren sollte.

§ 21. Schwingungen verknüpfter Punktsysteme

Trotz aller Vereinfachungen wird die Berechnung der Frequenzen vielatomiger Moleküle oft sehr schwierig. Dazu gehören insbesondere organische Moleküle. Man begnügt sich dann oft mit halbempirischen Regeln mittels der Einführung von Begriffen wie Kettenfrequenzen, Gruppenfrequenzen, deren Diskussion aus dem Rahmen dieses Buchs fällt. Wir verweisen auf die in § 17 zitierten Bücher von KOHLRAUSCH und HIBBEN[1]. Auch die Silicate sind ein solcher Fall, der auf halbempirischer Grundlage diskutiert werden konnte[2]. In deren Struktur tritt aber nun die Eigenart auf, daß Punktsysteme miteinander „verknüpft" sind, z. B. derart, daß tetraedrische SiO_4-Gruppen über gemeinsame O-Atome mit anderen SiO_4-Tetraedern verbunden sind. Es erhebt sich dann die Frage, ob die Frequenzen eines solchen verknüpften Systems aus denen der individuellen Systeme berechnet werden können, was unter Umständen die direkte Lösung des Problems für ein vielatomiges Molekül vermeiden lassen würde, da es auf solche einfacherer Moleküle zurückgeführt werden könnte. Tatsächlich ist dies unter gewissen Voraussetzungen möglich[3].

Das Ergebnis dieser Überlegungen kann leicht ohne Rechnung verstanden werden, falls das verknüpfende Atom ein Symmetriezentrum des Gesamtsystems ist. Wir nehmen dabei an, daß Kräfte nur zwischen den n Punkten jedes Einzelsystems wirken. Das einfachste Beispiel wäre CO_2, das als eine zentrisch-symmetrische Verknüpfung zweier CO-Gruppen über ein gemeinsames C-Atom aufgefaßt werden kann.

---

[1] Nach KOHLRAUSCH werden zur Berechnung der Kettenfrequenzen die H-Atome als fest mit den C-Atomen verbunden gedacht; die CH_n-Gruppen werden isoliert betrachtet. Kürzlich haben jedoch KING, W. T., and B. CRAWFORD, jr. [J. Mol. Spectr. **5**, 421 (1960)], im Rahmen des Wilsonschen Formalismus eine genauere Näherungsmethode ausgearbeitet, bei der die Gruppenfrequenzen aus einem „Standardmolekül" (= CH_n-Gruppe gebunden an unendlich schweren Molekülrest) bestimmt werden. Die Atomgruppe als Ganzes nimmt nun an den Kettenschwingungen mit „effektiven" Massen und Kraftkonstanten teil, die sich je nach dem Typ der Schwingung aus den Gruppenschwingungen bestimmen lassen.

[2] SCHAEFER, CL., F. MATOSSI u. K. WIRTZ: Z. Physik **89**, 210 (1934). — MATOSSI, F., u. H. KRÜGER: Z. Physik **99**, 1 (1936).

[3] MATOSSI, F., u. R. MAYER: Naturwissenschaften **33**, 219 (1946).

Alle Schwingungen sind entweder symmetrisch oder antisymmetrisch mit Bezug auf das Symmetriezentrum. Bei symmetrischen Schwingungen muß das Symmetriezentrum, also das verknüpfende Atom, in Ruhe bleiben. Man erhält daher die symmetrischen Frequenzen des Gesamtsystems aus den Frequenzen des Einzelsystems, wenn man darin die Masse des verknüpfenden Punktes unendlich groß werden läßt. Man muß natürlich als Einzelsystem ein solches benutzen, das der durch die Massenänderung etwa bewirkten herabgesetzten Symmetrie entspricht, also z. B. an Stelle eines XY_4-Tetraeders eine XY_3Z-Gruppe verwenden.

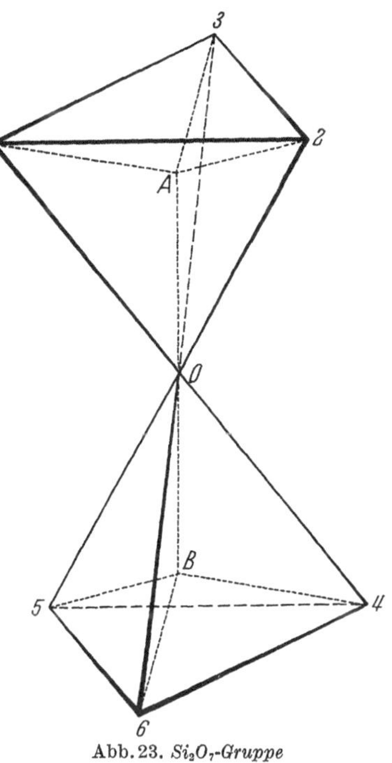

Abb. 23. Si_2O_7-Gruppe

A, B = Si-Atome in den Mittelpunkten } eines regulären Tetraeders
0, 1, ... O-Atome in den Ecken }

Bei den zum Symmetriezentrum antisymmetrischen Schwingungen ist der verknüpfende Punkt schwingungsfähig. Wenn man nun die potentielle und kinetische Energie betrachtet, so erkennt man, daß zunächst alle Glieder der kinetischen Energie, die den $n - 1$ nicht-verknüpfenden Punkten entsprechen, im Gesamtsystem doppelt auftreten. Nur die zum verknüpfenden Punkt gehörenden Glieder bleiben unverändert. In der potentiellen Energie werden dagegen alle Glieder verdoppelt, da ja gerade doppelt so viele Bindungen wie im Einzelsystem auftreten. Alle Punktverschiebungen, Abstands- und Winkeländerungen in einem System wiederholen sich wegen der Antisymmetrie im anderen System, nur mit anderen Vorzeichen. Daher ist also das Gesamtsystem gleichwertig einem Einzelsystem, in dem alle Massen außer der des verknüpfenden Punkts und alle Kraftkonstanten verdoppelt sind, oder in bequemerer, aber gleichwertiger Formulierung: Das Gesamtsystem ist für antisymmetrische Schwingungen einem Einzelsystem äquivalent, in welchem dem verknüpfenden Punkt die halbe ursprüngliche Masse zugeteilt wird.

Anwendung dieses Prinzips auf das CO_2-Molekül ergibt, daß die CO_2-Frequenzen aus denen zweier „korrigierter" Einzelsysteme, eines $O\,\infty$-Moleküls und eines $O\frac{C}{2}$-Moleküls, bestehen. Dieses Ergebnis kann leicht verifiziert werden. Man erhält allerdings nicht solche Schwingungen, bei denen Kräfte in Frage kommen, die den Winkel am verknüpfenden Punkt stabilisieren. Diese greifen ja vom einen auf das andere System über und wurden bei der Betrachtung ausgeschlossen.

Wenn der Verknüpfungspunkt nicht Symmetriezentrum ist, ist die Methode in dieser einfachen Form nicht anwendbar. Aber auch hier kann man, wenigstens für nicht-entartete Schwingungen, gewisse Aussagen über die dem Verknüpfungspunkt durch die Symmetrie auferlegten Bewegungsbeschränkungen machen. Für die an dessen Masse anzubringenden Korrekturen liegen aber keine Ergebnisse vor.

Wenn mehr als zwei Systeme verknüpft sind, ist die Methode ebenfalls nicht mehr streng gültig. Aber man darf annehmen, daß wenigstens angenähert richtige Ergebnisse erhalten werden. So sind z. B. vernünftige Werte für einige Frequenzen von Quarz aus den Frequenzen von $\mathrm{Si}\left(\frac{\mathrm{O}}{2}\right)_4$ und $\mathrm{Si}(\infty)_4$ erhalten worden[1].

Hier soll als Beispiel nur die Si_2O_7-Gruppe (Abb. 23) behandelt werden, auf die die Voraussetzungen streng zutreffen. Diese Gruppe der Symmetrie $\mathfrak{D}_{3d}$ enthält zwei verknüpfte SiO_4-Tetraeder. Die korrigierten Einzelsysteme sind ein $SiO_3\infty$-Molekül und ein $\mathrm{SiO_3}\frac{\mathrm{O}}{2}$-Molekül, jedes von der Symmetrie $\mathfrak{C}_{3v}$. Die für ein ZXY_3-Molekül der Symmetrie $\mathfrak{C}_{3v}$ gültigen Frequenzformeln lauten, wenn Kräfte nur zwischen X und Y (Kraftkonstante k_1) und zwischen X und Z (k_2) angenommen werden,

$$\begin{aligned}
\omega_1^2 + \omega_2^2 &= (1 + 3m_Y \cos^2\alpha/m_X)\, k_1/m_Y + (1 + m_Z/m_X)\, k_2/m_Z,\\
\omega_1^2\omega_2^2 &= (1 + m_Z/m_X + 3m_Y \cos^2\alpha/m_X)\, k_1 k_2/m_Y m_Z,\\
\omega_3^2 &= (1 + 3m_Y \sin^2\alpha/2m_X)\, k_1/m_Y,
\end{aligned}$$

wobei α der Winkel zwischen Y—X und X—Z ist, und zwar ist $\cos^2\alpha = 1/9$. Aus diesen Formeln erhält man nun, wenn $m_Z = \frac{1}{2} m_Y$ gesetzt wird,

$$\begin{aligned}
\omega_1'^2 + \omega_2'^2 &= (1/m_Y + 1/3m_X)\, k_1 + (2/m_Y + 1/m_X)\, k_2,\\
\omega_1'^2 \cdot \omega_2'^2 &= (2/m_Y^2 + 5/3m_X m_Y)\, k_1 k_2,\\
\omega_3'^2 &= (1/m_Y + 4/3m_X)\, k_1.
\end{aligned}$$

Diese Schwingungen sind als antisymmetrische Schwingungen ultrarotaktiv. ω_1' und ω_2' gehören zum Typ A_{2u}, ω_3' zu E_u der Gruppe $\mathfrak{D}_{3d}$.

Für $m_Z = \infty$ erhält man die ultrarot-inaktiven Frequenzen

$$\left.\begin{aligned}
\omega_1''^2 + \omega_2''^2 &= (1/m_Y + 1/3m_X)\, k_1 + k_2/m_X,\\
\omega_1''^2 \cdot \omega_2''^2 &= k_1 k_2/m_X m_Y,
\end{aligned}\right\} (A_{1g})$$

$$\omega_3''^2 = \omega_3'^2. \qquad (E_g)$$

[1] MATOSSI, F.: J. Chem. Phys. 17, 679 (1949).

Zusätzlich zu diesen Frequenzen hätte man auch noch die Rotationen der Einzelsysteme zu berücksichtigen, die im Gesamtsystem Anlaß geben zu einer Libration um die C_3-Achse, die zum Typ A_{1u} gehört, und zu einer Biegung am Verknüpfungspunkt (E_u). Wegen des hier vorausgesetzten Kraftsystems wird aber deren Frequenz gleich Null erhalten.

Die so aus den korrigierten Einzelsystemen berechneten Frequenzen stimmen überein mit denen, die aus einer direkten Berechnung der Si_2O_7-Gruppe erhalten werden.

§ 22. Kurze Zusammenfassung der Methode

In der Form einer Anweisung sollen hier nochmals die einzelnen Schritte angeführt werden, die bei der praktischen Verwendung der Symmetriekoordinaten in Frage kommen. Die Anweisung ist für die beliebig entarteten Koordinaten eines einzelnen Schwingungstyps gegeben. Die Bezeichnungen sind gegenüber denen in den Beispielen der §§ 19 und 20 etwas geändert.

1. Definiere

$$q_a = \sum a_i x_i + \sum b_i y_i + \sum c_i z_i$$
$$q_b = \sum a_i' x_i + \sum b_i' y_i + \sum c_i' z_i$$
$$\vdots$$

(f Koordinaten)

$x_i, \ldots =$ Punktkoordinaten.

2. Stelle die Transformationsgleichungen

$$q_a' = \alpha_1 q_a + \beta_1 q_b + \cdots$$
$$q_b' = \alpha_2 q_a + \beta_2 q_b + \cdots$$
$$\vdots$$

für jede Symmetrieoperation auf. Die Matrix $M_A = \begin{pmatrix} \alpha_1 & \beta_1 \cdots \\ \alpha_2 & \beta_2 \\ \vdots & \end{pmatrix}$

für das Symmetrieelement A ist bekannt aus den Bedingungen

$$\alpha_1 + \beta_2 + \cdots = \chi_A,$$
$$\alpha_1^2 + \beta_1^2 + \cdots = 1,$$
$$\alpha_1\alpha_2 + \beta_1\beta_2 + \cdots = 0,$$
$$M_A \cdot M_B = M_C, \text{ wenn } A B = C.$$

3. Erhalte q'_a usw. als Funktion der Punktkoordinaten aus q_a usw. durch Anwendung der Symmetrieoperationen auf die Punktkoordinaten.

4. Bestimme a_i usw. durch Vergleich der Koeffizienten gleicher Punktkoordinaten in den Gleichungen des Schritts 2, unter Umständen unter Zuhilfenahme der Bedingung, daß die Koordinaten eines Typs orthogonal zu den Koordinaten aller anderen Typen sein müssen. Beginne dabei mit den nicht-entarteten Typen. Aus diesem Schritt ergeben sich so viel unabhängige Symmetriekoordinaten, wie es unabhängige Koeffizienten a_i usw. gibt, und diese Anzahl muß gleich n_j sein, der aus der Abzählungsregel erhaltenen Zahl der Schwingungen des betreffenden Typs. Die unabhängigen Symmetriekoordinaten sind dann die Linearkombinationen der Punktkoordinaten, die mit je einem der unabhängigen a_i multipliziert sind.

5. Bestimme die möglichen Schwingungsformen eines Typs durch Nullsetzen der Symmetriekoordinaten aller anderen Typen.

6. Drücke alle in der potentiellen Energie vorkommenden inneren Koordinaten als Funktionen der Punktkoordinaten aus, unter Benutzung der aus Schritt 5 erhaltenen Beziehungen zwischen den Punktkoordinaten.

7. Schreibe potentielle und kinetische Energie als Funktion der Punktkoordinaten unter Benutzung der Resultate von Schritt 6.

8. Erhalte aus der Energie mittels der Lagrangeschen Gleichungen die Bewegungsgleichungen. Bilde und löse die dazugehörige Säkulargleichung. Dies gibt die Schwingungsfrequenzen. Setze diese in die Bewegungsgleichungen ein und erhalte für jede Frequenz die Verhältnisse der Schwingungsamplituden der Punkte, wobei Erhaltung von Schwerpunkt und Drehimpuls berücksichtigt werden soll, wenn dies nicht schon vorher geschehen ist.

9. Die so erhaltenen Frequenzen sind klassische Schwingungsfrequenzen eines mechanischen Punktsystems, die aber mit den quantentheoretischen Strahlungsfrequenzen für den Übergang zwischen Grundzustand und erstem angeregten Schwingungszustand eines Moleküls identifiziert werden dürfen. Die Zahlenwerte der Frequenzen oder der Kraftkonstanten, die aus den Frequenzformeln berechnet werden können, sind jedoch als Näherungswerte für harmonische Kräfte und Abwesenheit jeglicher Wechselwirkung mit Rotations- oder anderen Zuständen anzusehen, was aber im wesentlichen nur bei Ober- und Kombinationsschwingungen eine Rolle spielt. In jedem Fall sind die klassischen Schwingungsfrequenzen die wichtigsten Parameter auch der vollständigen Theorie der möglichen Energiezustände eines Moleküls. Unabhängig von der Annahme harmonischer Kräfte bleiben jedoch die Klassifizierung und die Symmetrieeigenschaften der Schwingungen.

§ 23. Bemerkungen zur Kritik der Gitterdynamik

Die Anwendung der Gruppentheorie zur Frequenzberechnung steht selbstverständlich in enger Beziehung zu den physikalischen Grundlagen der Theorie der Schwingungen. Wie bei dem entsprechenden Problem in § 13 haben sich in der Anwendung auf Gase keine Schwierigkeiten ergeben, wohl aber in der Anwendung auf Kristalle. Wie schon erwähnt (§ 10), hat RAMAN wesentliche Einwände gegen die Bornsche Gitterdynamik erhoben. Nach der Ansicht von RAMAN dürfen als Normalschwingungen eines Gitters, die optisch beobachtbar werden können, nur solche herangezogen werden, bei denen homologe Atome benachbarter Zellen nicht nur mit gleicher Amplitude, sondern auch entweder mit überall gleicher Phase oder abwechselnd mit 180° Phasendifferenz schwingen. Diese Schwingungen entsprechen also Wellenlängen $\lambda = \infty$ und $\lambda = \lambda_{\min}$. Schwingungen mit Wellenlängen $\lambda = n\lambda_{\min}$ seien als Normalschwingungen nicht möglich; solche Wellenlängen gehören zu elastischen Wellen. Diese Annahme sucht RAMAN aus der Homogenität eines Kristallgitters zu begründen, wobei er aber die einschränkende und nicht notwendige Forderung erhebt, daß nur reelle Größen in die Rechnung eingehen sollen. Zwar wurde die Ramansche Theorie auch etwas eingehender damit zu begründen versucht[1], daß bei Fortpflanzung einer Störung nach langer Zeit eine Bewegung übrigbleibt, die sich mathematisch in der Tat durch Schwingungen mit den von RAMAN geforderten Phasenbeziehungen darstellen läßt. Da deren Amplituden aber mit $1/\sqrt{t}$ abnehmen, würden diese Schwingungen physikalisch bedeutungslos sein und außerdem wieder einem Fourier-Spektrum aus vielen Frequenzen entsprechen.

Die Einwände RAMANs gegen die Gitterdynamik beruhen zum großen Teil auf einer anderen Einschätzung des Einflusses der periodischen Randbedingung und damit des Einflusses der makroskopischen Dimensionen auf das Spektrum. Die elastischen (akustischen) Schwingungen niedriger Frequenz hängen ja von den makroskopischen Dimensionen ab, die optischen und elastischen Schwingungen hoher Frequenz aber offensichtlich nicht, obwohl auch hier der über viele Atomabstände entfernte Rand eine Rolle spielen soll. Die hier auftretende Schwierigkeit ist ohne Belang, solange die „großen" Wellenlängen der Bornschen Gitterdynamik zwar groß gegen die Atomabstände sind, aber klein gegen die üblichen Kristalldimensionen. Ein starker Einfluß der Annahme periodischer Randbedingungen auf die Gitterschwingungen wäre erst zu erwarten, wenn die Dimensionen in den Bereich der Lichtwellenlänge gelangen[2]. Darüber

[1] VISWANATHAN, K. S.: Proc. Indian Acad. Sci., A **35**, 265 (1952); **36**, 306 (1952); **37**, 424, 435 (1953).

[2] LYDDANE, R. H., and K. F. HERZFELD: Phys. Rev. **54**, 846 (1938).

liegen keine experimentellen Untersuchungen vor. Der Übergang der Gitterschwingungstheorie in die makroskopischen Theorien der Wechselwirkung zwischen Gitter und elektromagnetischem Feld oder mechanischen Kräften ist natürlich ein besonderes Problem. Man vergleiche hierzu wie überhaupt für die Einzelheiten der Gitterdynamik die Handbuch-Artikel von LEIBFRIED und BLACKMAN[1] und das in § 10 zitierte Buch von BORN und HUANG.

Ein weiterer Einwand RAMANS bezieht sich darauf, daß die Wellen im Gitter sich wegen der Dämpfung nicht beliebig weit fortpflanzen können oder, in anderer Sprache, daß Phononen eine endliche freie Weglänge haben. Aber diese ist groß genug, daß auch hier keine Notwendigkeit vorliegt, eine Wellenfortpflanzung nur in den beiden Grenzfällen zu fordern, in denen von vornherein eine Schwingung und keine eigentliche Welle vorliegt.

Der Ramanschen Theorie liegt die Anschauung zugrunde, daß die Einheitszellen natürliche Einheiten seien, die wohl in Wechselwirkung zueinander treten können, aber doch isoliert betrachtet werden dürfen. In Molekülkristallen oder mit Bezug auf die inneren Schwingungen von Atomgruppen ist diese Auffassung zweifellos berechtigt, aber trivial. Das Problem tritt daher in voller Schärfe bei Atom- oder Ionengittern vom Typ der Alkalihalide auf. Mit dieser Auffassung hängt auch zusammen, daß bei RAMAN die elastischen Wellen Vielfache einer kleinsten Wellenlänge sind, während bei BORN nur Teile einer größten Wellenlänge auftreten.

Wenn nun auch die Bedenken gegen die Gitterdynamik unberechtigt und unbegründet erscheinen, so besteht doch die empirische Tatsache, daß einige Beobachtungen die Ramansche Auffassung zu stützen scheinen, und zwar besonders im Raman-Effekt. Der für die Beobachtung maßgebende Unterschied der beiden Theorien liegt ja darin, daß nach RAMAN das Raman-Spektrum nur aus wenigen Linien bestehen darf, nämlich aus den Oktaven und Kombinationsfrequenzen der nach der Überzellenmethode erhaltenen Frequenzen, während nach BORN ein Quasikontinuum vorliegt, dem aber Intensitätsspitzen überlagert sein können, nämlich dort wo die Frequenzen besonders dicht liegen. Die Dichteverteilung und ihre singulären Stellen können zwar berechnet werden[2]; die große Zahl der Parameter der Bornschen Theorie macht

[1] LEIBFRIED, G.: Handbuch der Physik, Band VII_1. Berlin-Göttingen-Heidelberg: Springer 1955; BLACKMAN, M.: ebd.

[2] Zum Beispiel BORN, M., and M. BRADBURN: Proc. Roy. Soc. (Lond.), A **188**, 161 (1947). — LEIGHTON, R. B.: Rev. Mod. Phys. **20**, 165 (1948). — MONTROLL, E. W., and D. C. PEASLEE: J. Chem. Phys. **12**, 98 (1944). — KARO, A. M.: J. Chem. Phys. **31**, 1489 (1959); **33**, 7 (1960). — Für die Intensitätsverteilung im Spektrum einer Kette vgl. auch VIDRO, L. I., u. B. I. STEPANOV: Dokl. Akad. Nauk S.S.S.R. **82**, 557 (1952).

aber einen exakten Vergleich zwischen Theorie und Beobachtung sehr schwierig. Hinzu kommt, daß über die Auswahlregeln im Gitterspektrum keine spezifischen Angaben möglich sind. Bei der linearen Kette häufen sich die Frequenzen tatsächlich an den Enden des Wellenlängenspektrums; das ist aber im dreidimensionalen Fall nicht notwendigerweise auch so. Immerhin ist die besondere Bedeutung der minimalen Wellenlängen verständlich. Wir kommen am Ende dieses Paragraphen hierauf in anderem Zusammenhang zurück.

Abb. 24 zeigt das Raman-Spektrum von NaCl nach KRISHNAN[1]. Die von KRISHNAN identifizierten Frequenzen lassen sich aus den nach der Überzellenmethode berechneten Frequenzen mit nur zwei Kraftkonstanten gut wiedergeben, und es ist leicht, das Spektrogramm als die Überlagerung von Linien aufzufassen. Es ist aber ebensogut möglich, die Beobachtungen dahin zu deuten, daß ein Kontinuum mit Intensitätsspitzen vorliegt, so daß eine eindeutige Entscheidung nicht gewonnen werden kann. Untersuchungen von WELSH u. Mitarb.[2] geben einen deutlichen Hinweis, daß die nach KRISHNAN „scharfe" Linie bei 235 cm^{-1} sicher breiter ist als die Rayleigh-Linien des erregenden Quecksilberspektrums. Auch andere Beobachtungen[3] sind mit der Bornschen Auffassung verträglich.

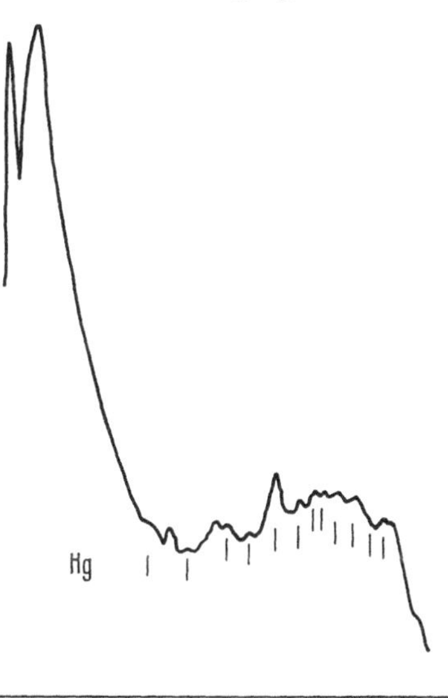

Abb. 24. *Registrierung des Raman-Spektrums von NaCl (Krishnan).* Die hauptsächlichen, von KRISHNAN als Raman-Linien identifizierten Linien sind durch Striche markiert. Ihre Wellenzahlen sind von links nach rechts (in cm^{-1}): 85, 135, 184, 202, 235, 258, 276, 286, 300, 314, 343, 350

BORN u. BRADBURN haben in der Tat gezeigt, daß KRISHNANS Beobachtungen sich durch eine geeignete Überlagerung von Dichteverteilungen der Frequenzen verschiedener Zweige von Ober- und Kombinationsschwingungen mindestens qualitativ beschreiben lassen, und zwar für NaCl mit Intensitätsmaxima bei etwa 210, 247, 285 und 361 cm^{-1}. Auch für Diamant ergibt sich eine gute qualitative Übereinstimmung[4]. Die

[1] KRISHNAN, R. S.: Proc. Indian Acad. Sci., A **26**, 419 (1947). — Vgl. auch KRISHNAN, R. S., and P. S. NARAYANAN: Nature **163**, 57 (1949); Proc. Indian Acad. Sci., A **28**, 296 (1948) für KBr.

[2] WELSH, H. L., M. L. CRAWFORD and W. J. STAPLE: Nature **164**, 737 (1949).

[3] GROSS, E., and A. STEKHANOV: Nature **159**, 474 (1947). — STEKHANOV, A. I.: Zhur. Eksptl. Teoret. Fiz. **20**, 330 (1950).

[4] SMITH, H. M. J.: Trans. Roy. Soc. (Lond.) **241**, 105 (1948).

Beobachtungen[1] können jedenfalls nicht ohne Zwang als ein Linienspektrum gedeutet werden.

Für das analoge Problem im ultraroten Spektrum ist kürzlich ein sorgfältiger Vergleich zwischen der Born-Huangschen Theorie und der Beobachtung vorgenommen worden[2]. Schon 1930 hatte CZERNY im Reflexionsspektrum der Alkalihalide neben den den Grundfrequenzen entsprechenden Hauptmaxima auch Nebenmaxima gefunden, die von BORN u. BLACKMAN auf die Mitwirkung der Kombinationen der Frequenzzweige infolge anharmonischer Kopplung zurückgeführt wurden. Inzwischen ist die Theorie auf sicherere Basis gestellt worden, insofern nicht nur die Gitterdynamik als solche herangezogen wird, d. h. die Verteilung der Frequenzen in den verschiedenen Zweigen, sondern es liegt nun auch eine brauchbare Dispersionstheorie durch BORN u. HUANG vor, die erst die in den Spektren beobachtbare Wechselwirkung elektromagnetischer Strahlung mit den Gitterschwingungen einwandfrei auf quantentheoretischer Grundlage zu beschreiben gestattet[3].

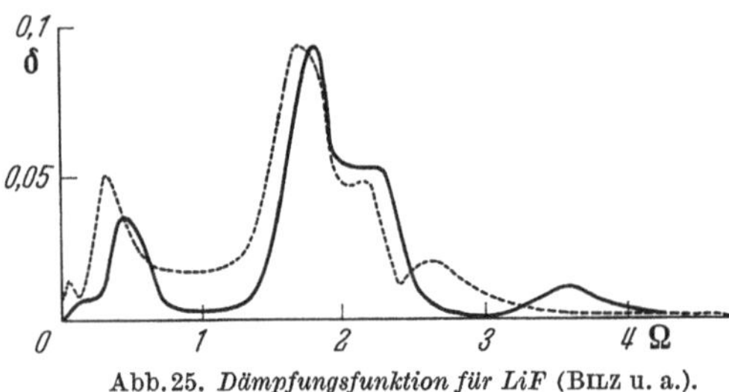

Abb. 25. *Dämpfungsfunktion für LiF* (BILZ u. a.). ·········· Beobachtung; ——— Theorie; $\Omega = \omega/\omega_R$

Aus dem Spektrum können nun die optischen Konstanten n und k erhalten werden. Diese sollen gemäß der Theorie einer Dispersionsformel gehorchen, in der eine frequenzabhängige Dämpfungsfunktion $\delta(\Omega)$ vorkommt ($\Omega = \omega/\omega_R$, ω_R = Eigenfrequenz), die aus $n(\omega)$ und $k(\omega)$ als empirische Funktion berechnet werden kann. In Abb. 25 ist diese Funktion für LiF nach BILZ, GENZEL u. HAPP in der gestrichelten Kurve dargestellt.

Die theoretische Kurve der Abb. 25 wurde dadurch erhalten, daß Kombinationen $\Omega_1 \pm \Omega_2$ von Frequenzen je zweier Zweige unter Beachtung der Auswahlregeln für Gitterschwingungen gebildet wurden; der Beitrag jeder Kombination zur Dämpfungsfunktion auf Grund der Born-Huangschen Theorie wurde durch Gewichtsfunktionen bestimmt, die aus der theoretischen Frequenzverteilung in den Zweigen abgeleitet wurden; die Beiträge der verschiedenen Zweig-Kombinationen wurden dann unter Berücksichtigung ihrer thermischen Anregung addiert. Trotz Anwendung verschiedener Näherungen (z. B. Mittelwerts-

[1] NARAYANAN, P. S.: Proc. Indian Acad. Sci., A **34**, 1 (1951).

[2] BILZ, H., L. GENZEL u. H. HAPP: Z. Physik **160**, 535 (1960). Dort auch weitere Literatur.

[3] BORN, M., and K. HUANG: s. Anm. 1 auf S. 80. — Anwendung auf lineare Kette: MARADUDIN, A. A., and R. F. WALLIS: Phys. Rev. **120**, 442 (1960).

bildungen, Vernachlässigung der Ionenpolarisation) ist gute Übereinstimmung festzustellen.

Unabhängig aber vom Vergleich des Experiments mit einer speziellen Auswertung der Born-Huangschen Theorie ist darauf hinzuweisen, daß die beobachteten Werte der optischen Konstanten *nicht* dargestellt werden können durch Überlagerung von diskreten Eigenfrequenzen der Ramanschen Theorie mit konstanten Dämpfungsgliedern der zugehörigen Dispersionsformeln. Eine Zuordnung von frequenzabhängigen Dämpfungsfunktionen zu diesen Frequenzen könnte aber kaum anders als wieder durch Hinzuziehung der Bornschen Auffassung begründet werden.

Nur insofern kommt auch hier der Ramanschen Theorie Bedeutung zu, als die Maxima der Dämpfungsfunktion der Abb. 25 wenigstens näherungsweise Kombinationen von Grenzfrequenzen minimaler Wellenlänge entsprechen, ohne daß daraus aber die Dämpfungsfunktion als Ganzes rekonstruiert werden kann.

Aus alledem folgt, daß zwar der Ramansche Gedanke einen Kern Wahrheit enthält, wenn man ihn als Näherungsmethode für den wichtigen Grenzfall kleiner Wellenlängen ansieht, und dies insbesondere im Raman-Effekt. Andererseits reichen die Beobachtungen sicher nicht aus, um die im übrigen wohlbegründeten Grundlagen der Bornschen Theorie zu widerlegen, um so weniger als ernste Bedenken gegen sie nicht erhoben werden können. Im Gegenteil, die Diskussion des ultraroten Spektrums der Alkalihalide läßt deutlich Schwächen der Ramanschen Auffassung erkennen. Die mechanischen Schwingungsmöglichkeiten eines Atomgitters werden durch die Bornsche Gitterdynamik mit ausreichender Genauigkeit dargestellt, und dies gilt ebenso für die Wechselwirkung der Gitterschwingungen mit elektromagnetischer Strahlung nach der Theorie von Born u. Huang.

Ein weiterer Gesichtspunkt zur Diskussion der Struktur des Absorptionsspektrums endlicher Kristalle ist von Rosenstock[1] behandelt worden. Wenn man an Stelle der Bornschen periodischen Randbedingung realistischere einführt, so ergibt sich, daß bei dreidimensionalen Gittern neben den Grenzfrequenzen der Bornschen Theorie weitere kritische Frequenzen auftreten, die bei Anwesenheit von weitreichenden (Coulomb-)Kräften zu endlicher Absorption führen, da die bei periodischer Randbedingung vorhandene Kompensation aller Dipolmomente außer für $\lambda = \infty$ hier nicht mehr zutrifft. Die Absorption wächst mit der Oberfläche und nicht etwa mit dem Verhältnis Oberfläche/Volumen.

Für NaCl liegen die kritischen Frequenzen theoretisch bei 220 cm^{-1} (Grenzfrequenz); 166 und 218 cm^{-1}; 93 und 150 cm^{-1}. Für einen sehr großen Kristall sollte die Grenzfrequenz die größte Intensität aufweisen,

[1] Rosenstock, H. B.: J. Phys. Chem. Solids **15**, 50 (1960) und frühere Arbeiten.

dann kommen in absteigender Folge die beiden anderen Gruppen von je zwei Frequenzen. Für kleine Kristalldimensionen, wie sie für manche Beobachtungen benutzt wurden, können sich die Intensitätsverhältnisse ändern. Die Tragweite dieser Ergebnisse läßt sich noch nicht exakt abschätzen. Nach den oben berichteten Untersuchungen von BILZ u. Mitarbeitern dürfte jedoch der Einfluß der Anharmonizität die größere Rolle spielen.

Wenn auch die Anwendbarkeit der Bornschen Randbedingungen bei Vorliegen Coulombscher Kräfte problematisch ist[1], so ist doch die Frequenzverteilung praktisch unabhängig von der Art der Randbedingungen. Die Werte der „Grenzfrequenzen" für große Kristalle und Wellenlängen hängen jedoch von der Reihenfolge der Grenzübergänge $\lambda \to \infty$ und Kristalldimension $\to \infty$ ab[2].

---

[1] ROSENSTOCK, H. B.: Phys. Rev. **121**, 416 (1961).

[2] MARADUDIN, A. A.: Bull. Amer. Phys. Soc. **6**, 22 (1961).

Namenverzeichnis

Die in der Literaturzusammenstellung auf S. 133—135 auftretenden Namen sind hier nicht verzeichnet.

Sachverzeichnis

(Deutsch-Englisch)

Subject Index

(English-German)

Zeitfracht Medien GmbH
Ferdinand-Jühlke-Straße 7
99095 Erfurt, Deutschland
produktsicherheit@kolibri360.de